电视中心工艺技术系统建设

建设与管理

电视中心工艺技术系统建设丛书编委会　编著

中国广播影视出版社

图书在版编目（CIP）数据

建设与管理 / 电视中心工艺技术系统建设丛书编委会编著. -- 北京 ：中国广播影视出版社，2017.11
（电视中心工艺技术系统建设）

ISBN 978-7-5043-7860-6

Ⅰ. ①建… Ⅱ. ①电… Ⅲ. ①电视中心－管理信息系统－建设②电视中心－管理信息系统－管理 Ⅳ. ①TN948.61

中国版本图书馆CIP数据核字(2017)第011968号

建设与管理

电视中心工艺技术系统建设丛书编委会　编著

责任编辑　黄月蛟
封面设计　嘉信一丁

出版发行　中国广播影视出版社
电　　话　010-86093580　010-86093583
社　　址　北京市西城区真武庙二条9号
邮　　编　100045
网　　址　www.crtp.com.cn
电子信箱　crtp8@sina.com

经　　销　全国各地新华书店
印　　刷　北京顺天意印刷有限公司

开　　本　710毫米×1000毫米　1/16
字　　数　300（千）字
印　　张　20
版　　次　2017年11月第1版　2017年11月第1次印刷

书　　号　ISBN 978-7-5043-7860-6
定　　价　88.00元

《电视中心工艺技术系统建设—建设与管理》撰写人员名单

编　著

《电视中心工艺技术系统建设》系列丛书编辑部

编委会成员

季小军　邓向东　徐建新　曹建新　杨　健　叶秋实

编辑部成员

编　辑

施天舸　黄　斌　胡　睿　路朝晖　赵　宇　赵翔宇

王　伟　王菊霞　居　茵

校　审

胡　睿（兼）　居　茵（兼）

编　务

黄　斌（兼）　史豫琦　任肖雪　赵　贺　陈　进

序言

从20世纪80年代至今，电视技术从传统的模拟电视技术历经数字电视技术发展到高清晰度电视技术以及超高清晰度电视技术，伴随着与数字编码技术和网络技术及信息技术的融合，使电视技术的发展进入到了一个全新的领域，达到了极高的水平。

与此同时我国的电视事业也得到了迅猛发展，在这一时期我国电视事业从国家级的电视机构到省和地区的电视机构都完成了新的电视中心的建设，广播电视节目的播出频道数量、节目播出量和节目覆盖率（人口覆盖率/地理面积覆盖率）都有了突破性的发展，中国的广播电视节目已经传遍全球。

在这一发展过程中我国电视技术工作者为国家的电视事业的发展做出了重要贡献，在电视中心的建设过程中特别是在电视中心的电视工艺技术系统的建设中发挥了重要作用积累了丰富的经验。

本丛书的编著者们都是长年工作在电视中心的电视节目制作播出技术领域第一线，并在电视技术领域从事电视中心的电视工艺技术系统规划、设计、建设、运行和管理的专业电视技术工作者。在他们的手中建设了我国第一个国家级电视中心的模拟彩色电视工艺技术系统、第一个全数字化电视制作系统、第一个全数字演播室、第一个网络化制作系统、第一个真正实现完整媒体资产管理理念的媒体资产管理系统—中国广播电视音像资料馆、第一个全网络化、全文件化和全高清化的超大型电视中心工艺技术系统，实现了把中国的广播电视节目传向全世界。

本丛书编著者们在多年的实际工作中积累了丰富的经验，但这些深藏在他们脑海里的、零散的、未经整理的宝贵经验就如同散落在浩瀚沙海里的一粒粒金沙，无法展现其宝贵的价值。此丛书的编著就是期望把这一粒粒金沙经过采集、提炼、融汇，最大限度地体现出它们的整体价值，以推进我国电视技术水平的持续发展和前进，也为我国的电视工艺技术系统的建设留下浓墨重彩的一笔。

本丛书的编著者们也期望能通过此丛书的出版向长期在广播电视技术领域辛勤耕耘默默无闻的专业电视技术工作者们致以崇高的敬意。

前言

作为广播电视行业的工程技术人员，日常工作的重点是现有电视工艺技术系统的运行、管理和技术上的升级改造，很难有条件和机会参加完整的电视中心工艺技术系统的设计和建设工作。设计和建设一个全新的电视工艺技术系统并圆满兑现系统的设计功能和设计指标是电视技术工作者难得的机遇，也是巨大的挑战。在电视工艺技术系统的建设过程中，如何通过有效的管理进行系统建设并正确处置系统建设过程中的重点和难点，是系统建设成功的至关重要的保障。

本书的编著者们都曾亲身参与并负责实施过各类电视工艺技术系统的建设，并且在一个大型电视中心的电视工艺技术系统建设的管理过程中采用国际先进的项目管理理论使系统建设克服了重重困难，规避了系统建设过程中出现的各类风险，成功实现了系统建设的预期目标，并且在这一过程中创建了一套针对项目的电视工艺技术系统建设的管理体系。

本书分为两部分，第一部分《建设与管理》全面描述了项目管理理论和电视工艺技术系统建设项目管理体系和实施架构的组建。第二部分《管理工作手册》汇集了电视工艺技术系统建设概要设计、深化设计、基础施工、现场施工、系统测试、系统完工、系统验收测试、系统整备、系统竣工和质量保证各个阶段的项目管理工作中各项具体管理工作的管理流程和详细描述。两部分内容的结合涵盖了一个大型电视工艺技术系统建设的项目管理的各个方面。

一　建设与管理

第一章
电视中心的电视工艺技术系统

第二章

电视工艺技术系统的工程建设

第三章

电视工艺技术系统建设的项目管理

第四章

电视工艺技术系统建设工艺项目群管理办公室

第五章 电视工艺技术系统项目群管理

二 管理工作手册

第六章 流程管理

第七章 建安工程调改管理

第八章

项目管理

第九章
设备管理

第十章

测试管理

第十一章

施工管理

一 建设与管理

1

Chapter

第一章

电视中心的电视工艺技术系统

新中国的电视媒体经过几代人几十年的艰苦努力，目前已经发展成为在国内外具有广泛影响的电视媒体，其中电视技术是促进这种发展的一个重要的方面，它的发展过程经历了几个重要的阶段。

从50年代末到70年代初，我们国家只能进行黑白电视广播。1973年初中央电视台（当时叫北京电视台）采用我国自己研制的彩色电视设备，建立起由一套演播系统和一套实况转播系统组成的我国第一个彩色电视广播系统，中国由此进入了彩色电视节目播出的时代。到1979年我国电视广播完成了从黑白电视向彩色电视的过渡。

1985年以前，中央电视台的播出节目主要在城市和国家主干微波线路通过的部分地区进行了有限的节目覆盖，微波传输网未覆盖的地区还不能正常收看中央电视台电视节目。后来，中央电视台通过卫星实现电视节目向全国传送覆盖，并且在1996年实现了电视节目的全球覆盖。至今，全国各省级电视台的节目都已通过卫星实现了全国传输，电视信号的传输也通过微波、卫星、光缆等多种传输手段并存发展，互为补充和备份，从而使我国的电视广播从传送手段上实现了向全面化、高效化、现代化的转换。

在电视广播开始时期，电视信号从制作、播出到传输使用的均是模拟信号，模拟信号有着复制效果差、传输易受干扰等弱点。到21世纪初我国的电视行业已基本完成了电视系统从模拟信号到数字信号的转换，数字信号在多代复制和传输上的种种优越性，使节目制作的手段和质量得到显著提高。以中央电视台从1999年开始进行试播高清晰度电视节目为开端，我国的电视广播开始全面进入高清晰度电视时代。

早期的电视行业由于客观条件的限制，只能完成简单的节目制作。随着技术的日益成熟，先进设备的引进，制作的节目更加丰富多彩，节目中大量应用了动画特技等效果，极大地提高了节目的视觉效果。电视节目制作在向虚拟现实、多层电子合成、网络化、文件化等方面发展。

由于电视技术的发展，国民对信息的需求量急剧增加，传统的信息单向传输已不能完全满足需求。为了满足更多视角更多层次观看电视节目的需要，在2001年中央电视台开办了交互电视频道，提供新型电视服务，使得观众摆脱了过去只能单方面接收的收看状况，并有了更多的选择，从而改变了节目制作和播出的形式，更有利于以电视节目为中心的多种业务的开展。

在我国电视广播开办以后的很长一段时间，由于社会发展和经济水平的限制，电视节目的播出套数和播出时间都很少。随着电视事业的发展和广大观众对电视节目需求的增长，电视频道的单一综合形式已经不能满足受众对节目在数量上和质量上的要求。因此，以频道专业化为特点，开办多套专业化频道就成了必然。截止到2013年底，仅中央电视台就已开办40多套节目，其中文艺、体育、电影、电视剧等频道已经具备专业化频道的功能和内容。

随着高新技术的不断进步，广播电视、通信和计算机网络逐渐融合，相互渗透，并共同发展。信息技术的发展推动了广播电视事业，给广播电视事业的进一步发展带来了新的机遇，也使广播电视事业面临着新的挑战。

电视节目信息化为电视产业的增值服务奠定了充实的基础，同时也给电视节目生产的手段提供了更为广阔的空间，并扩充了电视节目的播出、发布、交易手段，使电视节目无形资产能最大限度地发挥作用。

电视产业发展到现在，各种相关的高新技术不断涌现，层出不穷，其趋势也从具体化、局部化向全盘化、规模化发展。电视中心的电视工艺技术系统针对不同的应用有着许多不同的解决方案，由于有着成本、通用性、沿袭性、发展性等各种因素，不同的出发点就可能导致不同的抉择。

1 电视中心

电视中心是承担电视节目的素材采录、编辑制作以及节目编排、调度、交换和播出的场所。

在电视中心设有大量电视技术设备和设施，主要实现电视节目制作、播出传送的任务。具体包含信号控制、节目播出、节目传输、演播室、节目制作、外场制作系统及辅助系统等完备的工艺技术系统。

电视中心视其服务对象，有全国性和地方性的区别，规模也不相同。全国各地的电视中心都可相互连通，组成全地区和全国范围的电视节目网，还可以接通其他国家的电视节目网进行国际电视节目交换。电视中心可以播出多套节目。

电视中心的主体业务和管理已经实现智能化、自动化、专业化和信息化，并且在延续传统业务的基础上，不断探索新技术、新工艺的应用。

2 电视中心的基本组成部分

电视中心由节目制作和播出传送两个主要部分组成，在建筑群体组合上常分为节目制作和节目播出两大区。

节目制作区内设有网络化节目制作设施、演播室和传统制作设施以及储存各种节目成品和素材的节目资料存储设施等。网络化节目制作建立在高速的网络交换、高度集中的存储管理、高效的应用服务基础之上，基于文件化的节目信息综合应用数字摄录、非线性编辑、数字虚拟演播室、计算机多媒体制作等多种技术，为电视节目制作提供一个功能完善的节目制作平台。传统制作设施包括演播室、转播车、基于磁带的线性电子编辑、插播编辑、音频编辑、影片磁带转录、复制等多种技术设施，基于基带节目信号生产制作各种电视节目。电视中心内节目制作和播出用的演播室的数量多少不等，视电视中心的规模而定。大演播室面积达1000平方米以上，小演播室只有几十平方米左右。

节目播出区内建有各套电视节目的播出控制机房，进行电视节目交换用的传送机房、总控制机房、卫星地面站机房、微波终端机房以及监测调度机房等。

在电视中心内还根据不同级别用电要求配备相应的供配电室（包括自备应急发电室）、锅炉房、给排水设备室、空调机房，以及通信、消防、保卫的各种辅助设施。

2.1 节目制作

演播室、网络化节目制作和传统节目制作是电视中心节目制作的核心。

演播室是新闻、综艺、专题、访谈等类型电视节目的编排、演出场所。主要完成新闻、综艺、专题、访谈等类型节目的录制和直播。演播室内独立的视频服务器用于相关节目的录制，演播室可以直接调用系统素材库中的节目素材，演播室直播和制作的节目信号也可通过视频服务器录制并上载到系统素材库或播出节目库中。

网络化节目制作是以媒体数据存储为核心，通过信息网络技术集电视节目的采集、编辑、播出、管理、存储为一体，能够对各种用户需求提供充分、合理的制作资源和手段及素材媒体数据。

网络化节目制作通过进行整体设计，可做到系统与系统之间、应用与应用之间的无缝连接，通过设置高效的管理流程与业务流程，实行高效的节目制作和资源共享。

节目制作还包括现场节目制作，现场节目制作一般通过转播车、电子现场节目制作系统（EFP）和电子新闻采集系统（ENG）等便于移动或携带的采访录制设施和设备进行，可满足对新闻事件、体育、文艺及各类大型活动的新闻采录、实况转播等不同的节目制作和播出需要。

2.2 播出传送

电视中心的播出传送包含日常节目播出、播出节目的传输以及其他各类电视信号的接收和发送，可对播出和传送信号的参数进行调整、监测/监看和系统运行维护；负责对电视中心内部基带信号进行传输调度，同时也对信号本身质量进行调整；处理各种信号的输入输出，并根据要求通过光缆、微波和卫星线路传送信号。

播出传送还提供电视中心工艺技术系统所需的同步基准、标准时钟信号，受理各种传送业务的申请并监控所有与节目播出和传送相关的电视信号。负责所有频道的播出，并能在紧急情况下保证播出信号的不间断。大型电视中心的播出传送分为播控、总控两个部分，分别完成上述各项功能。

3 电视中心工艺技术系统

电视中心内设有包括信号控制系统、节目播出系统、节目传输系统、演播室系统、节目制作系统、节目资料存储系统、基础网络系统、辅助系统在内的完备的电视工艺技术系统，各系统共同构成电视中心整体的电视工艺技术系统。

3.1 总控系统

总控系统是节目播出、传送、信号交换的重要环节和枢纽，负责电视中心内部及对外的信号调度和传送，按照不同的需要对各类电视信号进行分配、传送和处理等方面的工作，同时根据国际、国内节目传输的要求对光缆、微波和卫星线路进行申请、受理和协调。

总控系统由信号调度系统、全台同步系统、时钟系统、调度监视及控制系统等部分组成。

总控系统工作内容主要有以下几个方面：

（1）对各种类型节目所涉及的内部和外部视音频信号进行处理、分配和调度；

(2)向电视中心各个系统提供同步基准信号；

(3)向电视中心各个系统提供时钟信号；

(4)对直播、传送等各类节目中的内部和外部电视信号所涉及的信号通路进行管理。

总控系统以计算机网络系统和信息技术进行控制和管理。作为电视中心入出信号的门户，完成入出信号的各种格式变换，并同时支持将信号以高清或标清格式送出。

3.2 播出系统

播出系统承担电视中心日常节目播出工作，负责电视中心各频道的电视节目播出。播出系统的节目播出已全面实现计算机程序控制，系统按预先编排的节目播出程序由系统控制自动进行节目播出。播出系统具有电视中心工艺技术系统最高的可靠性等级和安全运行等级，可以保证播出信号在系统发生故障时不中断，在非常情况下具备人工干预手段，可人为控制节目播出。播出系统以硬盘自动化播出为主，使用视频服务器并与播出节目库结合，大型电视中心的综合化播出系统还建有播出信号预处理系统。

3.2.1 播出预处理系统

播出预处理是对播出信号在播出前进行视、音频的技术处理，包括混音处理、配音处理、节目包装和延时播出等，处理后信号直送播控系统。

在进行延时处理时，需要对延时前和延时后的信号设立独立的监听和监看。

3.2.2 播控系统

播控系统以视频播出服务器为主体，利用播出服务器的硬盘存储播出节目，可靠性和稳定性都高于传统的录像机等节目播放设备。播出服务器具有的多通道资源共享的特点，能轻松实现各节目之间的串编播出、各种插播和定时播出之间的控制管理，简化制作和播出的工作流程提高工作效率。

硬盘播出系统采用相互独立的双盘完全复制方法来保护数据，以100%的冗余实现数据的快速恢复。每个视频服务器使用独立的存储硬盘，各视频服务器之间完全互不干扰，再采用完全镜像备份，系统可靠性高。

硬盘播出系统采用光纤网与以太网结合的双网结构，利用光纤网传输视音频节目信息，用以太网传送控制信息。

3.3 传输系统

传输系统主要完成电视中心素材信号和播出节目信号的接收和对外发送，是信号传输的关键环节，在系统中的地位非常重要。

传输系统工作内容包括：

（1）承担播出节目的日常传输以及信号的接收和发送，执行参数调整、监测/监看、系统运行维护等功能；

（2）节目传输系统是节目播出、信号接收和发送的重要环节，主要负责对台内、台外各种信号的输入输出，并根据要求在光缆、微波和卫星线路上传送信号；

（3）节目传输系统主要由播出传输系统、信号接收/传送系统两大部分组成。对播出节目能进行压缩打包传输，是加入CA管理信息的关键地方；

（4）节目传输有多种途径和手段，除通过光缆、微波和卫星进行节目传输，还可采用直播卫星进行节目广播，提供多种服务，扩大节目的传输覆盖范围；

（5）依靠传输网络进行多功能开发利用，开拓多种业务市场，建立综合信息服务平台，开展卫星新闻采集（SNG）和数据广播等业务，可以逐步向用户提供交互业务、互联网接入、实时信息发布、电视会议、多媒体手段融合等多种服务。

互联网应用是电视节目传输覆盖的新扩展，电视媒体通过互联网技术将视音频信息及文字信息进行传播，可以提高工作效率，扩大受众范围，将传统电视单向播出、固定收看的方式转变为自主选择、随时移动收看。同时也为电视记者利用互联网络及时回传新闻提供便捷手段。

3.3.1 电视中心内部信号传输

电视中心内部信号的传输，包括系统、设备之间节目信号的传送。信号通过同轴电缆或光缆进行传输。

过去大多数数字电视设备的接口使用基带信号，在网络制播的环境下，编码后的电视信号按照网络协议以网络信息文件的形式进行传输，传输介质有光纤和网线（五类线等）。此外在传输覆盖方面，使用光纤干线网（SDH）对打包的节目信号进行传输，使用的介质有光纤、同轴电缆、网线等。但信号的传输方式已不像以往的单向模式，而是遵照相关的传输协议具有双向、按照文件传输特性进行信号传输的特点。

3.3.2 电视中心外部信号传输

电视中心外部信号传输，包括节目广播、信息回传。外部信号传输采用光缆、微波、激光、卫星、地面广播等方式进行电视信号的远距离传输。

3.4 演播室系统

演播室系统是电视中心各类电视节目的编排、演出场所。主要完成新闻、综艺、专题、访谈等类型节目的录制和直播。

目前演播室系统广泛采用独立的视频服务器用于相关节目的录制，已经极少使用磁带录像设备，在演播室通过制播网络可以直接调用素材库中的节目素材，演播室直播和制作的节目信号也可通过视频服务器录制后直接上载到素材库或节目库中。

3.4.1 直播演播室

直播演播室用于时效性强的直播节目采访制作，直播演播室的现场节目由直播演播室系统直送播出系统播出。直播演播室系统设有独立的视频服务器用于相关节目的录制，直播演播室可以直接调用节目/素材库中的节目素材用于节目直播。直播演播室制作的直播节目可以直接送至播控系统播出，同时可直接通过视频服务器录制并上载到节目/素材库中。

直播演播室系统主要由中心系统、照明与控制、布景与舞美等组成。

中心系统是直播演播室系统的核心，它包括基本视音频系统的主备系统、信号分配、同步系统、内部通话系统等。直播演播室与播出安全直接相关，所以系统安全等级和可靠性等级很高，可以保证在直播过程中系统不会因设备原因影响播出安全。系统包括摄像机及其控制器，切换、特技、调音扩音、字幕、监看监测、重放和记录等设备。

视频服务器建立在演播室系统内，基带信号数据化后上传至存储中心。电视信号经切换、特技、字幕等处理过程后直接送入视频服务器，经过它的采集、编码、压缩后存进视频服务器中。简化了复杂的视音频传输系统和布线难度，同时也提升了信号传输的安全指数。但是由于视频服务器离媒体数据存储中心比较远，而且数据集中、容量又大，故对数据网络的建设会提出很高的要求。

直播演播室通常在电视中心演播室系统中承担各种新闻类、大中型综艺类、专题类高清晰度电视节目的直播和录制任务，其中演播室面积从几十至几千平方米不等。

3.4.2 制作演播室

制作演播室系统以非直播类节目为主。制作演播室的构成主要由中心系统、照明与控制、布景与舞美等组成。

制作演播室不直接参与播出，所以系统对安全级别和可靠性级别的要求较直播演播室低，在建设上系统相对简化。

系统包括摄像机及其控制器，切换、特技、调音扩音、字幕、监看监测、重放和记录等设备。演播室是电视信号的主要源头，必须用最高质量的节目制作系统来制作节目的母版，根据需要再变换成其他质量的节目。目前记录设备已由视频服务器代替录像机，把原来以磁带为载体的线性记录方式改为以磁盘为载体的非线性记录方式。

视频服务器建立在演播室系统内，基带信号数据化后上传至存储中心。摄像机拍摄的现场信号经切换、特技、字幕叠加等处理过程后直接送入视频服务器。

3.4.3 演播室灯光系统

演播室灯光系统是演播室系统中重要的组成部分。根据演播室面积和功能不同而有很大差异。系统包括灯具、悬挂设施、控制部分等。目前灯光控制、调光等已全面实现数字化，控制系统也已全面网络化。

3.5 制作系统

制作系统可以分为两类：即传统制作系统和网络制作系统。

传统制作系统包括自编、合成编辑、字幕叠加、磁带复制、胶转磁和音频制作等。

网络制作系统包括节目制播网、非线性编辑、动画制作、图文创作和特殊制作等。

3.5.1 传统制作系统

传统制作系统基于基带视音频信号和磁带记录介质的传统技术进行节目制作。其主要制作业务是在电视中心用传统的常规技术手段制作节目，系统一般具有相对独立的编辑、合成系统机房，有相对独立的控制室，基本功能完整，有用于简单录制配音的配音间和供在节目制作过程中一般性审看和技术审查使用的审看间。

传统自编：传统自编是通过系统对所拍摄的素材进行初级编辑，不做任何其他加工，只对镜头顺序和长短进行剪辑，系统简单，只要一放一录两台录像机和监视器即可。

合成编辑：合成编辑是传统编辑的核心，在该过程中要完成节目的精确剪辑、特技制作、字幕叠加、同期声和背景声的处理。系统根据录放像机的数量、切换台的M/E通道数和有没有特技台等分为简单编辑控制或复杂编辑控制。

字幕叠加通常都与合成编辑系统建设合为一体。有个别节目需要单独进行字幕叠加的也都通过合成系统来完成，不再单独建设字幕叠加系统。

磁带复制：磁带复制业务实质上并不涉及对节目的制作，只是在相同格式的磁带或不同格式的磁带之间对节目进行复制拷贝，它的基本系统与自编相同，主要区别在于自编系统是一台放像机对应一台录像机，复制系统只有一台放像机，但可能有多台录像机。但由于复制过程中有时需要进行制式转换和格式转换，因此系统要比自编复杂。

胶转磁：胶转磁通过专用设备把电影胶片的光信息转化为电视信号的电信息，因为最早的电视信号记录介质为录像磁带，所以又称为胶转磁。主要是为了解决胶片拍摄的节目通过电视编辑技术进行方便的编辑制作和在电视播放等问题。

高级制作：高级制作中的传统制作系统是指沿用传统技术的编辑制作系统。兼顾到一些制作人员的习惯，考虑到网络化节目制作的发展不可能完全代替传统制作形式，以及现有制作设备继续有效利用的问题，电视中心在一段时间内保留这部分系统也是十分必要的。目前其业务范围基本上是高清晰度磁带节目的后期编辑制作，在此系统中加入适当的网关服务器就可以融合到网络化制作系统中去。

传统制作系统简单、直观、可靠性比较高，由于大部分系统都是孤立的，所以维护起来也很方便，不同的节目在制作过程中不会相互影响。但是资源共享性差，造成重复投资，建设及设备维护成本高。

3.5.2 网络制作系统

网络制作系统采用先进的计算机信息网络技术，节目信息以数据文件形式存储在系统中，基于制播网通过编辑制作工作站对节目进行加工、编辑以及再创作。

上载：上载机房负责将节目素材上载到制播网供编辑制作或入库归档，也可以从制播网上把节目下载到需要的介质上。为了能够将各种素材文件上载到素材库，上载机房需要多种类型的设备来完成上载任务。除完成上载外，上载机房还要完成对素材文件的审核、格式转换、粗编处理等工作。支持服务器上载、记录介质（磁带、光盘、硬盘、半导体存储体）上载、基带信号收录以及互联网文件上载等多种上载方式，能将各种素材文件转换成符合制播网需求的统一的文件格式存储在素材库中。

桌面编辑：桌面编辑工作方式采用网络化高压缩比（低码流）的编辑制作，系统终端为基于普通台式计算机的桌面简易终端，由编导自行操作编辑，编辑完成的结果是EDL表，节目生成系统通过EDL表生成所需要的成品节目文件。桌面编辑可以实现编辑、字幕、合成、特技、效果、简单动画等制作功能，适用于大多数普通节目制作。

简易制作：简易制作是低压缩比（高码流）的编辑制作，日常节目编辑制作都可在这里实现。简易制作基于一般性能的专用编辑工作站，可以实现编辑、字幕、合成、特技、效果、简单动画等制作功能。

高级制作：高级制作主要负责节目的精包装、片头片尾制作、高级效果处理、合成拍摄、虚拟场景和效果制作、高级动画制作等，通常并不用来进行一般性的节目编辑。系统主要由高端、专用工作站组成。高级制作系统硬件功能强大，图像质量无压缩，所制作的节目层次复杂，需要运用抠像、颜色矫正、动态跟踪、建模、渲染、布尔运算等进行创作。

高级制作系统中包括部分传统编辑系统，但是完成的节目也可以上载保存在视频服务器中，并可以通过视频服务器实现与制作网的数据传送。

3.6 音频制作系统

随着高清技术在电视制播领域的普及，以单声道为主的电视节目伴音制作模式已经远远不能满足需要。立体声播出与环绕声播出的增加，对于高级专业音频的制作需求越来越强。

电视工艺技术系统中的节目制作系统除音频制作系统外还包括多个高端制作、常规制作、新线性制作、混合制作、新闻制作和包装制作等综合制作系统。相对于音频制作系统这些综合制作系统以视频加工为主，从节目内容上涵盖纪录片、专题片、动画片、新闻和体育节目以及各类大中型综艺晚会等节目的制作，各类节目都有着自己独特的制作流程和对制作设备及系统的要求，但都涉及在相关制作环节的前期和后期所进行的音频制作，而以视频制作为主的综合制作系统只具备简单的音频制作功能，如果需要复杂、专业的音频制作都必须依赖于专门的音频制作系统。

音频制作系统能很好地满足各类节目的专业音频的单声道、立体声以及环绕声的音频制作任务，同时作为电视中心电视节目制播网络系统的一部分，音频制作系统又是整体制播网络系统的一部分，与各其他综合制作系统构成电视工艺技术系统的主要组成部分。

音频制作系统主要包括：音频合成制作系统、音乐录音棚、演播室音频系统、审听室、音乐制作编辑室、录音合成机房和音乐制作系统基础网络等部分。

3.6.1 音频合成制作系统

音频合成制作系统包含了音乐制作编辑室和录音合成机房，主要进行音频制作的音乐创作和后期混录，各机房具备相应的工作站，通过基础网络直接和音频制作系统相连实现音频制作。

3.6.2 音乐录音棚

音乐录音棚是传统音乐现场录制的专用场所，部署传统的音频周边设备，辅助音乐创作及录音合成机房工作，提供单独工作站与音频制作系统进行节目信息及文件的传递。

3.6.3 演播室音频系统

演播室音频系统为演播室提供现场还音的音频文件，完成演播室节目的最终播出，对于精品的演播室节目，特别是多声道节目，演播室的多轨收音也由演播室音频系统完成，主要设备有独立的多轨录音设备，通过音频制作系统实现多轨素材的上载及编目。

3.6.4 审听室

虽然随着音频制作系统全面数字和网络化，音频资料已具备相当高的质量，对质量的检测也拥有全面的技术设备和手段，但是对音频资料的质量仅在基本的音频技术指标上做出检测是不够的，要真实反映和评价音频资料的质量还是需要通过专业人员的主观评价，这就要求具有一个专业的审听室。

作为音频制作系统的审听室，应兼容多种介质音源的审听，审听室接入的设备主要包含CD机、DVD机，由于目前国内外部分珍贵音频资料还存储在传统音频记录介质上，审听室设备还应根据实际需要为电唱机、磁带机等传统播放设备预留接口。

3.6.5 音乐制作编辑室

音乐制作编辑室具备为纪录片、专题片、动画片以及演播室综艺节目等提供原创音乐制作或素材音乐编辑的能力。音乐制作编辑室主要采用两声道立体声制作模式，为适配环绕声节目制作部分音乐制作编辑室应该具备5.1环绕声制作能力。

3.6.6 录音合成机房

在录音合成机房内录音师对同期声进行必要的修补和整理，然后进行语言录音和效果声的套剪，还可以根据需要访问系统音频资料检索下载效果声素材。

录音合成机房由音控室和配音室两部分组成，音频系统具备立体声制作能力，其核心设备为音频工作站和一体化控制台。由于功能强大的软件效果器被越来越多地应用到专业音频制作领域，所以系统内一般仅配置混响器和人声处理器两台硬件效果器设备。

3.7 基础网络系统

电视中心工艺技术系统的网络系统是一个企业级局域网系统，但又与通常的企业级局域网系统有所不同。由于网络系统在电视工艺技术系统中是支撑其他系统运行的基础，所以电视中心工艺技术系统的网络系统又称为基础网络系统。

在电视工艺技术系统向信息化、网络化发展的过程中，电视中心的节目制作和播出、业务运行和业务管理都逐渐全面实现信息网络化。系统资源和数据的集中化应用体系架构使各种资源高度集中，电视节目的制作播出系统和业务管理系统的广泛部署都是通过基础网络系统来实现的。

完善的基础网络系统已经成为电视中心工艺技术系统的基础系统平台，不但提供系统内部各种数据的传输同时支持与外部互联网的接入，提供各种与外部系统的连接用以进行电视节目的传输和素材的交换。基础网络系统设有全网安全保障体系，可针对不同业务特征的业务应用进行合理的安全规划确保业务系统的安全运行，并能对网络中运行的业务系统实施有效的管理和维护保证整个系统的正常运行。

基础网络系统在技术上具有以下特点：

（1）集成多种先进网络技术的综合业务平台；

（2）支持基于高清晰度电视的视音频数据的节目制作、传输、存储和播出的所有电视节目生产播出业务；

（3）具有极高的系统可靠性、稳定性和安全性；

（4）具有灵活多样的系统接入手段和能力；

（5）具有完善多样和有效的网络管理手段；

（6）具有方便灵活适应性广的升级和扩展能力。

电视工艺技术系统的基础网络系统所承载的业务系统根据电视中心的业务功能的不同会各不相同，主要包括：电视节目生产播出系统、综合业务管理系统、电视节目生产播出业务管理系统、数据存储系统、行政事务管理系统等各种与电视中心业务相关的应用系统。

随着电视工艺技术系统全面的信息网络化进程，电视工艺技术系统的基础网络系统已经发展成为电视工艺技术系统的基础与核心，其系统性能、功能、稳定性、可靠性、安全性、可管理性、可扩展性等一系列问题都直接影响着电视工艺技术系统的可靠有效运行。

2

Chapter

第二章

电视工艺技术系统的工程建设

1 电视工艺技术系统工程建设的特点

1.1 多技术多系统整合的项目

电视工艺技术系统的技术构成十分复杂，涉及的专业内容很多。一个完整的业务流程需要不同属性的子系统，通过多种技术（电视技术、信息技术）手段来联合实现。

作为现代化电视中心的重要基础和基本特征，电视工艺技术系统全面涵盖一个电视中心电视节目的制作和播出全过程，是一个综合多项技术的工艺技术系统。按照一个完整的全功能电视中心的规划和设计，电视工艺技术系统可以包含十几至几十个不同功能的子系统，在专业技术上涉及与电视技术和信息技术领域相关的不同的专业技术领域。各子系统的建设都需要相关专业领域的工程团队来实施。每个子系统都会是一个或是几个建设项目。而参与设计、建设的项目执行团队由于专业属性的不同、工作内容和性质的不同都具有各自不同专业的工程背景，使电视工艺技术系统建设项目在整体上是一个多行业、多技术专业、多工程领域的综合建设项目。不同专业不同工程领域的建设施工团队共同实施电视工艺技术系统的建设，多样性的组合使项目的建设在工作方式、沟通模式与管理方法等方面都需要通过一个集中的管理团队来建立一个统一合作的工作模式，有效发挥团队效能，避免过程中的失误。如何尽快使工作团队达到高效能的工作状态，对项目管理团队是个挑战。

此外，项目的执行需要整合不同技术背景的专家来共同实施项目的内容，如何使所有参与工程建设的团队和个人都在一致的工作基础上进行协调与决策，共同完成项目的建设总体目标，也是项目管理团队所需要考虑的重点。

1.2 高风险高投资项目

电视行业是高技术高投入的行业，电视工艺技术系统的工程项目建设投资金额巨大，人力投入多，项目建设周期长。巨大的投资规模，一旦项目失败影响非常严重，或出现任何闪失，不但浪费金钱和成本上的投入，项目建设所耗费的机会成本更是无法估计。

1.3 变革转型项目

一个电视机构通过新的电视工艺技术系统建设工程的实施，必然会有新技术的使用、新业务理念的引入和新业务流程的建立。同时为了应对外部运营环境及竞争发展的需要，必定引发电视机构自身的转型和变革。

新的电视工艺技术系统的建设承载着一个电视机构技术、业务、管理及创新的使命，所以系统建设在起始阶段就必须要在规划、设计和施工等环节中去贯彻落实，特别是在施工阶段，是兑现系统功能的最后一步，而如何保障施工工作圆满兑现系统的设计功能和设计指标对施工管理提出了很高的要求。面对系统建设过程中的重点和难点，在电视中心的电视工艺技术系统建设项目中如何做好管理，对于项目的成败至关重要。

2 电视工艺技术系统建设面临的风险

电视工艺技术系统建设项目投资巨大、周期长、工作范围广、参与的厂商多、管理过程复杂。为保障整体项目保质保量按时地实施，使电视工艺技术系统建设项目的管理水平能适配系统建设的要求，需要采用先进的管理理念和管理方法，在整个项目的实施过程中建立先进的管理机制。

电视工艺技术系统建设项目具有大型、复杂、实施过程长、肩负电视机构业务及工作转型等特性，使得项目本身的风险及难度大大提高。

主要表现在：

2.1 “孤岛”风险

电视中心的业务特点是流程长，涉及环节多，一个业务流程，从节目制作到节目播出，涉及多个专项工艺技术系统及多个业务管理部门。在工艺技术系统的设计建设中具体专业项目的建设团队往往关注自身项目的完成而总体业务目标容易被忽视或出现扯皮现象，项目执行中容易出现“孤岛”现象，一旦相关项目上线，联调、协调、流程及接口等系统间隐含的一些问题会相继暴露，使业务流程无法实现，造成计划延迟，投入增加。

2.2 “集成”风险

工艺工程与建安工程间的依赖关系以及工艺工程中诸多子项目间的关系与联动十分繁杂，各个子项目或工程之间的业务协调、技术协调、工作协调变得十分重要，处理不当将影响整体项目的执行。另外，电视工艺业务的技术进步以及快速推进对于电视与信息技术的支持水平要求越来越高，对“集成”的要求也日益增长，使项目“集成”的质量掌控难度很大。

2.3 “协同”风险

由于工艺技术系统建设的项目群规模大、涉及技术范围广、参与单位多，在整个项目实施过程中，对内对外的交流和沟通变得十分复杂，容易造成合作沟通的问题，影响实施效率。如何尽快使各合作工作团队达到高效能的工作状态，对整体项目管理是个挑战。

此外，项目的执行需要整合具有不同技术背景的专家（电视技术、信息技术）来共同实施项目的内容，如何使大家都在一致的工作基础上进行协调与决策，共同完成项目的总体目标，也是项目管理所需要考虑的重点。

2.4 “规划”风险

电视工艺技术系统建设项目整体实施时间跨度长，众多项目个体的同时启动和并行设计，使整体项目群的前期规划和实施的复杂程度剧增，在既保障进度又要保证质量的前提下，规划实施起来复杂程度高，技术风险大。

2.5 “人员”风险

由于未来新的电视工艺技术系统的使用，造成电视媒体业务流程发生变化，运行体系专业技能要求提高，使用新的工艺技术及设备需要操作人员具有新的业务能力水平，促使对相关岗位人员的技能要求发生改变，在一定时期会造成岗位合格人员以及维护队伍紧缺状态。而同时，由于电视工艺技术系统项目的实施涉及面广（涉及电视机构内部众多的业务部门和外部的合作单位），相对已往的业务运作模式也有较大的变化，在实施推进的过程中会碰到各种由于片面误解或者沟通不畅所引发的抵触和冲突，如果处理不当，不但对业务运行岗位人员工作效率造成影响，也会对整个电视工艺技术系统项目建设质量带来较大的影响。

2.6 “运行”风险

新系统上线和整体协调运作的难度加大。电视工艺技术系统项目群规模大、内容复杂、项目之间的依赖度高，在保证播出工作提供不间断服务的前提下，很大程度上增加了各个系统割接的复杂度，对整体管理和项目运营的要求都大幅度提高。

所有这些困难与风险都是由于电视工艺技术系统项目建设自有的特性所带来的潜在风险，从整个项目群工作的一开始便已经存在，需要从整体项目群管理的角度加以认识和采取必要的防范措施。因此，进行电视工艺技术系统建设需要从项目管理的角度出发，引入先进的项目管理理念，组建专业的项目管理团队，组建专职负责电视工艺技术系统建设的工艺项目群管理组织体系来进行整个项目建设的实施管理。

3 电视工艺技术系统建设的主要阶段

电视工艺技术系统建设根据其特性可分为若干阶段，每个阶段都有明确的工作要求、工作内容和成果，各阶段相互承接和延续，构成整个建设过程。

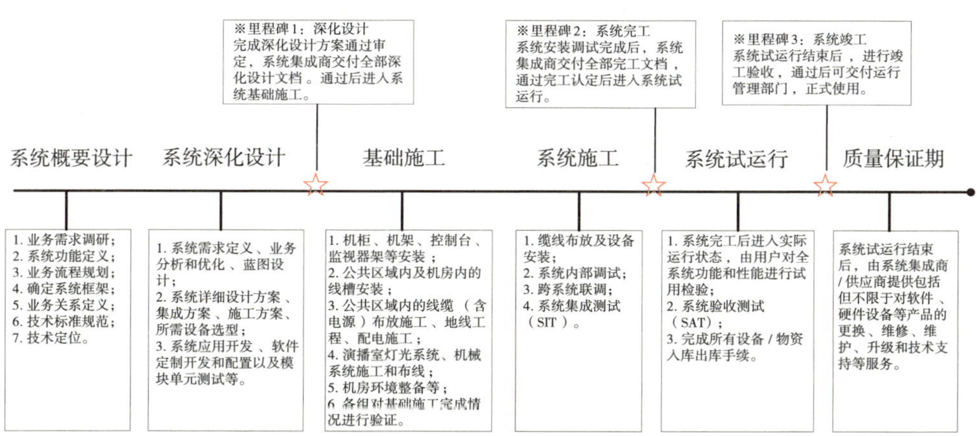

图2–1 电视工艺技术系统建设的主要阶段

3.1 概要设计

电视工艺技术系统概要设计的设计内容按业务聚类可分为总控播送业务、新闻制播业务、综合制作业务、音频制作业务、网络和存储业务、业务支持业务等六大部分，设计工作的实施可依此划分为各个相关设计工作组。

概要设计内容包括系统定义、功能描述，系统业务流程及关键业务环节、系统结构框架及主要环节的相互关系、包括接口及对其他系统要求在内的与其他系统之间的相互关系、需求说明书、系统软硬件环境所涉及的关键技术及标准规范、系统框图或设计系统图、可用度分析、安全性评估及备份应急方案等。

概要设计的相关依据：

◎电视中心建设工程《需求分析报告》；

◎电视中心建设工程《设计任务书》；

◎电视中心建设工程《业务分析报告》；

◎电视中心建设工程《工艺大纲》；

◎电视中心建设工程《建安工艺初步设计》；

◎电视中心建设工程《电视中心建设工程施工图设计》。

3.2 深化设计

深化设计是在确定的概要设计方案的基础上深入进行需求和业务流程梳理、调研和分析，功能和业务流程设计，总体架构设计论证，关键技术和设备的调研、测试、研发，相关标准规范的制定，设备选型和清单的制定，软件开发和集成方案的制定等。

在概要设计的基础上，完成业务需求的调研分析工作，对电视工艺技术系统的业务现状和需求进行多阶段深入调研分析，总结其在全新工艺流程下的功能需求和业务流程，以保证深化设计工作能满足业务需求和未来的发展需要。

深化设计工作主要包括：

◎技术方案验证；

◎方案设计、集成设计、蓝图设计；

◎深化设计审定；

◎系统技术需求设计；

◎技术需求审定；

◎系统开发配置及内部测试。

3.3 基础施工

一个完整的电视中心工艺技术系统的建设通常是伴随着电视中心楼宇建设一并

进行的，其中一些基础施工工作应该是在楼宇建设的建筑工程进入尾声但还没有完成交付时进行，以便于这些工艺技术系统的基础施工在实施过程中涉及的一些与建筑施工相关的适配和调改能配合实施，避免不必要的重复拆改和重建。

电视工艺技术系统工艺施工的基础施工主要包括：

◎机柜机架安装；

◎工艺缆线线槽布放安装；

◎系统（机房）缆线布放施工；

◎工艺地线系统施工；

◎配电施工；

◎机房环境整备；

◎其他工艺配套施工。

3.4 系统施工

完成工艺施工的相关基础施工后，待工艺施工区域建安条件达到工艺施工的系统施工进场环境要求后，依据系统施工方案开始进行相关的现场系统施工工作，其中包括现场施工和系统测试部分。

3.7.1 现场施工

●缆线布放及设备安装

◎机房内的缆线（含电源）布放施工、地线工程、配电施工；

◎设备安装、设备上电、单机设备调测；

◎演播室灯光系统调光设备和灯具安装。

●系统内部调试

◎完成本系统功能的内部开通工作；

◎对本系统实现的功能进行调试和初步验证（除外部接口的验证）。

在现场施工完成后，各相关项目应按照系统施工验收方案进行有关的施工现场验收工作，形成施工验收报告并通过审定。

3.7.2 系统测试

系统测试工作应在现场施工完成后开展，相关测试方案应提前通过工程建设办公室的审定。其中，相关项目除完成施工工作和系统测试准备工作中规定的相关内容外，还需要完成设计开发阶段的前期相关试验的内容，并预先通过审定。

系统测试工作中应实施相关软件的管理和控制工作，防止出现因相关软件版本混乱给测试工作带来影响。

所有建设项目应按照审定通过的工艺项目系统测试方案，实施相应的系统测试工作，并如实记录相应的测试结果。

根据测试结果，如未能达到原定设计要求，相关项目建设部项目组应立即进行系统整改/调优，并在自测完成后再次提交申请进行测试；如系统整改/调优后，经自测指标仍未达到设计要求，则应通过设计工作会流程制定解决方案，并根据解决方案执行后续工作。

系统测试工作主要包括：

●跨系统联调：

◎验证各系统之间接口、工作/业务流程的连通性、正确性及功能；

◎在此期间发现的问题/缺陷及必要的改进工作应由各项目组在此期间完成；

◎所有需对外提供数据的系统/项目应参加此阶段的跨系统联调工作。

●系统集成测试（SIT）：

◎对已完成系统调试的相关系统进行功能和流程测试， 性能/指标测试；

◎根据最终测试结果，出具《系统集成测试报告》。

3.5　系统完工

在完成现场施工、系统测试及以下工作后，标志系统施工阶段结束，即“系统完工”，可进入系统试运行。

◎依据深化设计审定文稿，对系统实现过程中的所有设计变更进行逐项整理核实，形成《设计变更记录》，作为系统完工文档的一部分及竣工图纸的修改依据；

◎项目负责人及项目建设部项目组组长对相应系统进行完工认定，并确认《系统集成测试（SIT）报告》及其他相关完工文档；

◎按照规范的系统完工文档清单，并结合集成合同等约定，由项目建设部项目组或集成商负责更新有关文档，并提交项目群管理办公室质量控制部接收、存档；

◎系统通过完工认定后，可进入系统试运行。

3.6　系统试运行

系统试运行包括技术试运行和业务试运行两部分，试运行工作主要是通过电视机构的相关技术人员和业务人员实际运行新建工艺技术系统的相关项目，使系统达到设计要求并符合实际应用需求。

◎节目制作、播出系统：由电视机构相应部门按照实际工作形式进行适度规模的节目试制作、试播出；

◎业务管理系统：由电视机构相应部门根据实际工作流程进行相关业务管理工作；

◎基础平台系统：由电视机构相应部门根据实际工作流程运行基础平台系统，支持节目制作、播出系统和业务管理系统的试运行工作。

根据认定的试运行方案完成相应的技术试运行及业务试运行工作，并同期记录有关的试运行过程。

项目建设部项目组及相应集成商根据试运行过程发现的相关问题，在通过电视工艺技术系统项目建设的项目管理体系的相关工作程序确认后，通过设计变更程序对有关系统的功能、流程、性能等内容进行调改适配工作，并记录有关的修改内容。

3.7 系统验收测试（SAT）

由独立于电视机构和电视工艺技术系统项目建设的管理与实施机构的第三方测试机构对相关系统按要求进行系统验收测试：

◎功能和流程测试；

◎性能/指标测试；

◎合规性测试。

由第三方测试机构根据最终测试结果，出具《系统验收测试（SAT）报告》。

3.8 系统整备

试运行完成后，对有关系统依照系统正式运行的要求实施系统整备工作，其中包括：

3.8.1 系统部分

◎固化系统运行架构，固化系统软件版本；

◎按目标系统要求检查/调整系统参数，并形成运行系统参数配置表；

◎清理试运行阶段的临时数据，按正式运行配置用户参数；

◎执行“冒烟测试”，确保上述调整完成的系统达到正式运行要求；

◎对完成调整/配置的系统执行全面备份，为后续正式运行形成基线。

3.8.2 文档部分

◎根据系统最终调整结果，对试运行阶段的运行规范（试用）进行回顾/更新，形成正式运行阶段的运行管理规范；

◎对有关系统设计/实施文档，根据试运行结果完成调整/更新；

◎所有项目建设部项目组在完成相关文档的更新/修订后，提交到工艺项目群管理办公室，并依据相应规定的文档清单进行核对；

◎根据各项目建设部项目组提交的集成商竣工图纸，编制正式的工艺技术系统竣工图纸，经项目组复核后、签字确认，提交到工艺项目群管理办公室送相关系统建设责任方（人）签署；

◎第三方测试完成后，由第三方测试单位负责完成有关测试报告，并提交工艺项目群管理办公室；

◎在以上文档（含图纸）均交付工艺项目群管理办公室后，组织进行有关项目的竣工验收预审会，对相关文档进行初步审查，并提出预审意见；

◎各项目建设部项目组根据预审意见，对文档/图纸进行修订；

◎修订完成后，各项目建设部项目组可提出相关项目的竣工验收审定申请，由项目建设方组织安排有关项目的竣工验收审定会；

◎通过竣工验收的项目，应按照竣工验收审定会的要求，对有关内容进行修订和整理，形成最终的工程文档，并交付工艺项目群管理办公室，组织最终的签字确认；

◎按照相关集成合同的约定，由项目建设部项目组与集成商负责更新有关文档，并提交工艺项目群管理办公室接收、存档；

◎有关系统的交接前期准备（含相关文档工作）。

3.9 系统竣工

在系统试运行阶段完成下述工作后，系统试运行工作结束，即达到“系统竣工”。

◎按照功能/业务分类的原则，将电视工艺技术系统按功能/业务分类制定竣工验收工作方案；

◎参照深化设计方案审定的模式，由项目建设方的相关业务部门、技术运行部门以及相关专家或第三方机构参与，以系统竣工验收会的形式对已完成的工艺系统、竣工图纸和相关工程文档进行系统竣工验收审定；

◎根据系统竣工验收会审定结果，如系统通过竣工验收，按照有关的系统交接程序移交系统。如系统未通过竣工验收，则相应项目建设部项目组根据竣工验收审定会意见对系统进行调改后再次进行竣工验收审定；

◎系统竣工验收通过后完成相关系统集成合同的相应商务手续，依合同进入质量保证期。

3.10 质量保证期

质量保证期是项目集成商在项目集成工作完成后对项目质量提供相关工作的质量保证服务的时间期限，通常应当在与项目集成商签订的项目集成合同内对相关内容进行约定。其中主要应包括质量保证期的起始时间点和结束时间点的约定，质量保证期内项目集成商的责任和义务，相关服务的具体内容和要求等。其中：

起始时间点的确定应以项目建设完成并具备合同约定的基本的正常运行条件，可以进入到系统试运行阶段为前提。

结束时间点一般应在系统通过试运行解决全部问题，通过试运行确定系统已全面达到合同约定的系统性能、指标和质量，可以正常交付使用后。

3
Chapter

第三章

电视工艺技术系统建设的项目管理

1 项目管理基本原理

项目管理的出现可以追溯到几千年的古埃及时代，在现代，特别是近半个多世纪以来作为系统化的管理手段被应用于各类机构与组织，用作大型复杂项目的管理。20世纪五十年代，美国海军在其北极星计划中应用了现代的项目管理理论，在其后的六十和七十年代，美国国防部、NASA以及大型工程与建筑公司纷纷采用项目管理理论及工具，用以管理项目的巨额预算和工作进度。从八十年代开始，制造业及软件行业开始全面引入项目管理，用于复杂项目的管理工作。自九十年代，项目管理的理论、工具及相关技术已普遍应用于各行业和机构组织。

（注：项目管理理论及实践的发展历程请参见参考文献 2）

1.1 项目

项目是为创造独特的产品、服务或成果而进行的临时性工作。项目的“临时性”是指项目有明确的起点和终点。当项目目标达成时，或当项目因不会或不能达到目标而中止时，或当项目需求不复存在时，项目就结束了。但临时性并不一定意味着持续时间短，项目所创造的产品、服务或成果一般不具有临时性，大多数项目都是为了创造持久性的结果。

1.2 项目管理

项目管理就是将知识、技能、工具与技术应用于项目活动，以满足项目的要求。项目管理是通过合理运用与整合42个项目管理过程来实现的。可以根据其逻辑关系，把这42个过程归类成5大过程组，即：启动/规划/执行/监控/收尾。

管理一个项目通常要：

◎识别需求；

◎在规划和执行项目时，处理干系人的各种需要、关注和期望；

◎平衡相互竞争的项目制约因素，包括（但不限于）：范围/质量/进度/预算/资源/风险。

1.3 项目群

项目群是一组相互关联且被协调管理的项目。协调管理是为了获得对单个项目分别管理所无法实现的利益和控制。项目群中可能包括各单个项目范围之外的相关工作。一个项目可能属于某个项目群，也可能不属于任何一个项目群，但任何一个项目群中都一定包含项目。

1.4 项目群管理

项目群管理是指对项目群进行统一协调管理，以实现项目群的战略目标和利益。项目群中的项目通过产生共同的结果或整体能力而相互联系。

2 项目群过程管控

现代的项目管理已经被广泛运用于各类高度复杂、建设规模日趋庞大、项目外部环境变化频繁的大型项目，尤其是以项目群为管理对象的大型复杂项目管理，例如从传统的军事、航天逐渐拓广到建筑、石化、电力、水利、信息技术、软件开发等各个行业，成为政府和大企业日常管理的重要工具。同时，随着信息技术的飞速发展，现代项目管理的知识体系和职业逐渐成形，已经成为一个综合性管理科学分支，和作为一门学科和专业化管理职业在全球得到迅速的推广和普及。

目前国际通行的项目管理已经建立起一套公认的行业标准和相关规范[如项目管理协会（PMI）的项目管理知识体系（PMBOK）、软件工程协会（SEI）和国际标准组织（ISO）]，工艺系统建设项目也遵从国际上项目管理行业标准和相关规范，结合国际知名企业为全球范围内众多客户提供服务所总结的项目管理的实际经验，基于项目管理最佳实践提炼出的一套通用的项目管理方法。

具体主要体现在以下几个方面：

◎建立一套全球通用的项目管理方法；

◎对于重大的项目，选用经过认证的项目经理；

◎将项目成功列入项目经理与业务领导的绩效考核因素；

◎将项目管理作为一种专业，为项目经理提供长期的个人发展机会。

项目管理工作按十三个项目管理领域，从知识的角度进行分类。 每个项目管理领域又分成多个子管理领域，每个子管理领域又由一个或多个工作流程组成，每个工作流程下是具体的工作描述。

十三个项目管理领域是基于项目管理协会的九大知识领域，并在一定程度上进行了扩展：

1）项目变更管理；

2）项目沟通管理；

3）项目交付件管理；

4）项目问题管理；

5）项目人力资源管理；

6）项目定义；

7）项目质量管理；

8）项目风险管理；

9）项目合同管理；

10）项目供应商管理；

11）项目跟踪和监控；

12）项目技术环境管理；

13）工作计划管理。

2.1 项目管理工作样板集

项目工作样板集是由一系列的项目活动组成，是为了满足特定的项目管理目标或特定的项目管理要求。项目工作样板集可以划分为七大类项目活动组：定义项目、规划项目、启动项目、监控项目、处理意外事件、管理提交件、收尾。

七大类项目活动组构成及内容：

活动	说明
定义项目	•明确项目目标，确定解决方案，选择最适合的实施方法。此活动组的主要任务包括：明确项目目标，确定解决方案，描述整体的实施方法，明确项目范围，初步定义项目组织结构和责任分工，评估项目计划的有效性。
规划项目	•制定和整合项目计划，建立项目最初的基准线。此活动组的主要任务包括：制定和整合工作计划；确定子包商，准备与子包商的合同；明确项目管理系统的需求，初步制定项目管理计划；确认项目组织结构，明确人员及其分工名单。
启动项目	•项目管理系统准备就绪，可以开始项目实施工作。此活动组的主要任务包括：建立项目管理系统并执行，制定详细的工作计划并执行，建立技术环境，项目成员到位并开始工作。
监控项目	•进行项目的监督和控制，以确保项目按计划进行。此活动组的主要任务包括：周期性地进行项目的跟踪、控制；评估项目的费用估算，对比实际发生的与计划的费用，并做好预算；召开项目沟通会议，提交项目状态报告；审查子包商的工作；参加项目的质量审查，评估项目的健康状况等。
处理意外事件	•此活动组的主要任务包括：由偶发事件触动而执行诸如问题处理、行动推进、意外事故处理，处理项目变更等。
管理提交件	•确保项目提交件保质保量按计划提交。此活动组的主要任务包括：根据项目进度，准备提交件，进行提交件的验收等。
收尾	•项目的收尾阶段的工作重点是安排正式的项目完工仪式，确认客户验收通过，整理项目成果，总结经验教训，并完成与维护团队的交接。

图3–1 七大类项目活动

项目工作样板集中的活动与十三个项目管理知识领域中的相关流程相关联。实际的项目管理需要根据项目的具体情况，选择适用于项目的项目活动。

2.2 项目管理工作产品

项目管理工作产品是项目实施过程中应该产生的重要的和经过验证的工作成果。在项目管理理论中定义了项目实施过程中各项目管理知识领域，各项目流程和项目活动中应该产生的重要的工作产品，其目的是：

◎确定项目管理中共同需要的项目产品，以便更有效地管理项目；

◎定义项目实施过程中，为什么、如何、何时生成、更新和使用项目产品；

◎为建立和实施一个有效的项目管理系统打好基础。

2.3 项目管理系统模板

项目管理系统描述了如何管理项目的实施。包括了一系列的关于计划、步骤和各种记录的项目管理系统的模板，使项目经理更容易、更快地进行裁剪，以便满足项目的要求。

通过提供包括标准的项目工作产品、项目管理流程、项目实施过程中的典型项目活动、项目任务的指导等内容，促进了项目管理知识和经验的共享，主动规避项目中常见的易犯错误，从而确保了项目的效果。

在具体项目的执行过程中，项目经理仍然需要根据项目的具体特点，选择适当的工作产品和管理流程来构建个性化的项目管理方法。

2.3.1 管理环境

缺乏支持系统和工具的支持可导致项目管理延迟、质量不佳和高成本，使项目出现问题：

◎不利于信息的保存、整理、分析和报告。经过不同渠道得到的信息容易发生不一致，给决策带来困难；维护管理成本高；

◎项目管理方法和工具结合不够，常用的工具，如Excel、Word等更多是办公工具，没有结合项目管理方法；

◎很难进行项目历史信息的完整记录，无法形成经验方法过程库等可重用资产。

2.3.2 知识管理和质量管理

质量管理的目的是确保以下几点：

◎项目完成其内容，并达到预定的目标；

◎最终的系统是稳定的和可用的；

◎确保项目能按预定计划完成。

质量管理重点在以下三个方面。不能满足以下三个方面，将对项目的成功产生负面的影响：

◎项目中产生的工作产品的质量；

◎项目标准和规范的有效性和遵循情况；

◎项目管理系统的有效性。

对项目从概念阶段到具体实现的全生命周期均需要考虑质量管理。通过设立若干控制点，以期项目的质量是可控的。包括：

◎系统方案质量管理；

◎业务方案质量管理；

◎项目初始阶段质量管理；

◎项目进行中质量管理；

◎项目结束阶段质量管理。

质量控制队伍应独立于项目实施团队，作为项目成功的重要因素和保障，在项目执行过程中始终与项目实施团队保持密切联系。从专业项目管理的角度定期评估项目的健康状况，帮助项目实施团队从项目进度、质量、问题、风险、人员、财务状况等各方面检查项目的健康状况，并要求项目经理提出相关改进措施。对项目健康状况不佳或欠佳的项目，定义不同的项目审核检查点，推进项目状况的改善。

质量管理系统强调的是预防优于检查。预防发生错误的费用通常比纠正错误的费用少得多。另外，还要确保质量管理活动（如评估、验证等）已经包括在项目的各种工作计划中，如财务管理计划。

3　七要素管理法

七要素管理法根据管理七要素，采用七要素管理法进行项目健康状态检查和项目沟通，考察项目质量。七要素管理法是一个可靠的、全面的项目端到端的健康状态跟踪、评估和汇报的工具。在了解状态、识别风险的同时帮助提高项目整体质量。

七要素管理法从七个方面全方位地描述了项目的健康状态，为确保项目成功，必须考虑以下七个要素的单独作用和交互作用。

3.1 七要素管理法的构成

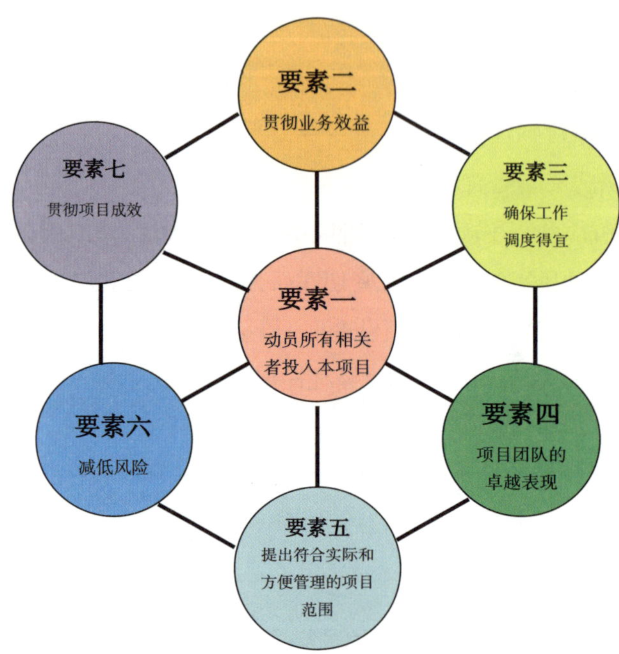

图3-2 七要素管理法

要素1 动员所有相关者投入本项目:

◎访谈本项目的利益相关者,了解项目目标;

◎了解其利益和影响所在;

◎确保他们满意有关工作;

◎监察其持久转变;

◎动员他们支持本项目。

要素2 贯彻业务效益:

◎提出切合实际需要的价值理念;

◎制定最优方案;

◎确保项目荐举人完全满意本项目的组织编制;

◎确保项目荐举人认同本项目的理念;

◎评估和突出组织编制的成效。

要素3 确保工作调度得宜:

◎确保项目计划符合标准;

◎务求项目各阶段按时完成；

◎务求按原定计划落实工作安排；

◎定期向项目荐举人汇报工作进度；

◎监察实际与预算开支的差距。

要素4　项目团队的卓越表现：

◎确保项目团队成员能胜任本项目的工作；

◎项目管理办公室与项目团队必须经常沟通；

◎提供充足的项目设施；

◎项目团队必须按时工作；

◎项目团队必须时刻保持工作效率；

◎重视团队成员的个人发展和培训；

◎维系人心，使其专注于项目工作；

◎保持团队的高昂士气。

要素5　提出符合实际和方便管理的项目范围：

◎提出明确的而且经双方协商的项目范围；

◎议定合同及/或项目范围；

◎确保交付成果符合既定范围，不多不少；

◎对项目范围进行适当监察。

要素6　减低风险：

◎确保项目团队了解该项目的潜在风险；

◎如项目进度受阻延，项目团队必须即时汇报项目管理办公室；

◎对舒减风险的措施进行紧密监察；

◎确立和监察风险及事故管理流程；

◎设法减低已识别的风险。

要素7　贯彻项目成效：

◎充分发挥项目团队的专业知识；

◎总结教训，并加以详尽记录；

◎实施阶段结束后，必须进行检讨，总结经验；

◎确保实际开支符合预算。

3.2 七要素管理法的五个要点

(1) 七要素管理法能反映项目健康状态或成功或失败的所有方面，是个全面的项目健康状态跟踪、评估和汇报的工具。

(2) 七要素管理法的每个要素都可以反映项目的健康或不健康的状态，因此，对于健康的方面，可以提升总结为最佳实践；对于有问题的方面，可以提高项目各方针对其可能发生的问题和由此产生的危害的警觉度，有利于问题的及时解决，使项目向健康的方面发展。

(3) 风险要素并不是要在此将项目风险罗列出来，而是评估项目中是否进行了有效的风险管理。风险要素侧重于是否有可靠的风险管理计划，是否正确地实施了风险管理计划，是否积极地主动地去发现潜在的风险而不是消极、被动地等待风险的发生，是否有责任人负责跟踪风险状态并解决相应的问题等。

(4) 七要素管理法的红黄绿灯状态是衡量补救行为的尺度，而不只是状态的显示。如果按照目前的计划和投入的资源，可以预期项目的成功，而不需要任何补救行动，则健康状态是绿灯；如果需要额外的补救行动，并且需要立即执行此补救行动，则健康状态是红灯；如果需要额外的补救行动，但补救行动可以延迟到不久的将来进行，则健康状态是黄灯。

(5) 即使一个成功的项目也不是在项目实施过程中各要素一路绿灯，某些要素有时会亮起黄灯或红灯。但一个成功的项目总是坚决迅速地发现问题，并及时采取补救行动。相反，一个失败的项目，从项目的早期一个或多个要素就亮起红灯，并且此红灯一直亮到项目结束。因此，成功应用七要素管理法的关键就是当项目某方面出现问题时，要敢于直面问题，积极主动地采取行动，解决问题。

七要素管理法不仅是一个可靠的、全面的项目端到端的健康状态跟踪、评估和汇报的工具，它还是项目沟通的重要工具。七要素管理法提供了项目端到端的连贯一致的术语和议程，使得项目各方，尤其是项目领导层，从项目启动阶段就将重点关注在正确的事情上，积极地解决问题，使项目各方达到双赢的目的，并有效帮助提高项目实施的质量，降低项目实施的风险。

4 项目管理办公室（PMO）

基于电视工艺技术系统建设项目的复杂性和技术特点，应在项目规划阶段引入项目管理办公室（PMO），在电视工艺技术系统建设的全过程推行全面的项目管理方法论，包括：项目管理人才培养、项目管理方法与工具、项目管理系统等。在电视工艺技术系统建设过程中，项目管理办公室（Project Management Office，即PMO）能有效支撑企业整体层面的项目实施。PMO的实施方式与电视工艺技术系统建设项目管理成熟度息息相关，PMO可在电视工艺技术系统建设中发挥出重大作用。项目管理的方法论如下图所示：

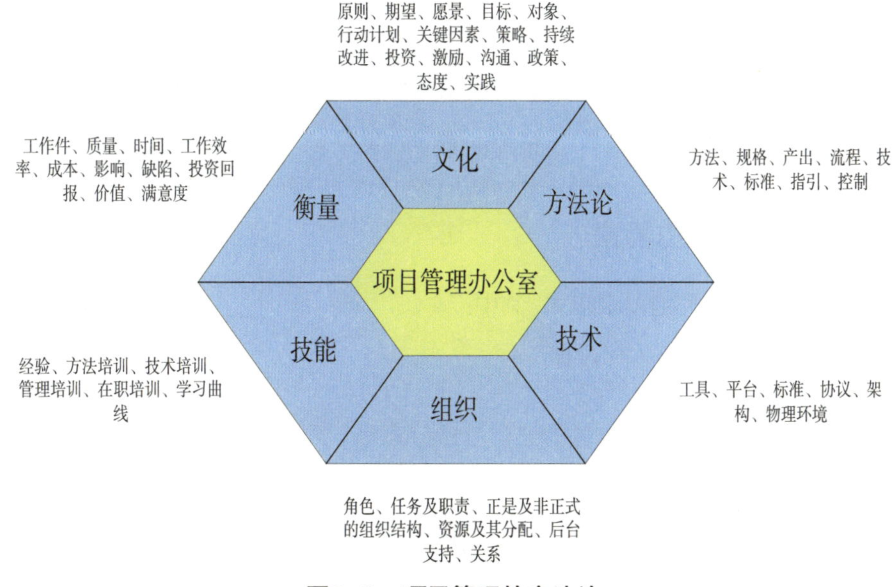

图3-3 项目管理的方法论

4.1 PMO实施组织形态

PMO实施的组织形态主要包括以下几种类型：

◎类型一：制度化的项目管理：支持项目管理活动、方法及流程的推广。

◎类型二：支持项目实施：在组织内部为项目经理及项目实施提供支持。

◎类型三：支持管理决策：提供准确的项目状态，协助尽早完成纠正活动。

◎类型四：控制项目：过程管理与控制，项目决策。

4.2 PMO组织形态优势

不同的PMO实施效率与企业的项目管理水平直接相关，而不同的PMO的组织形态带来的益处也各不相同。

优势	类型一	类型二	类型三	类型四
改进交付时间（应对市场需要的能力）	稍微有效	有效	部分有效	非常有效
降低项目实施成本	稍微有效	有效	部分有效	非常有效
增进组织内部沟通	有效	部分有效	有效	非常有效
增强应对问题的能力并快速响应	稍微有效	部分有效	有效	非常有效
增强“可能性”分析能力并制定应对计划	稍微有效	有效	有效	非常有效
增强组织内部的业务管理能力	部分有效	有效	部分有效	非常有效
汇集项目知识资产和历史数据，用于持续改进	稍微有效	有效	有效	非常有效

4.3 PMO成功要素

PMO实施成功的关键要素很多，其中：

●工艺项目群管理办公室特性

◎组织的需求；

◎流程管控能力的容忍度；

◎项目管理的成熟度。

●工艺项目群管理办公室的关键成功因素

◎领导的支持；

◎先要识别出正确、关键的事情；

◎初始范围的有效管控和新思路的试点验证/分布实施。

工艺项目群管理办公室服务是在复杂项目群管理中的具体运用，在遵循13个管理领域的基础上，针对项目群整体目标及跨项目间管理的特性，特别强调了项目组合管理和跨项目协调的功能。

4

Chapter

第四章

电视工艺技术系统建设工艺项目群管理办公室

电视工艺技术系统的工程建设庞大复杂，项目成功的关键取决于技术、业务和管理三者的有机结合。对于技术和业务方面，项目实施者通常会特别重视并给予很大的关注和投入。对项目实施的管理却可能相对重视程度不足，而对于大型复杂的项目实施，由于管理薄弱所造成的影响和损失是很难估价的。基于项目管理的重要性，在电视工艺技术系统建设中，组织建立工艺项目群管理办公室（PMO），由电视工艺技术系统的建设主管单位授权工艺项目群管理办公室确立其在电视工艺技术系统的建设工程中针对项目群的专业化管理的地位和在整个电视工艺技术系统建设工程中的管理作用，使技术和业务的实施能够与项目管理有效结合，最大限度地使项目建设成果达到预期的设计目标。

工艺项目群管理办公室是系统建设单位基于项目管理的理念以项目群为目标而实施管理的组织机构，最大的优点就是资源配置的低成本与高效率，能够针对项目的管理与运作，快速适应环境的变化，具有最大限度的柔性，使项目管理提高项目的运作效率。使电视中心的电视工艺技术系统建设以项目为中心的管理组织设置能够迅速、有效地对项目目标和建设方需求做出反应。

工艺项目群管理办公室是在项目建设单位具体的建设主管部门的直接领导下，直接对电视工艺技术系统工程建设项目的整体工作实施管理，并对参与工程建设的各合作方的工作实施横向和纵向的管理。建设主管部门将作为决策层，决定重大项目决策，听取工艺项目群管理办公室的工作汇报和进行指导，一般不执行具体的日常管理工作，由工艺项目群管理办公室面向各合作单位具体执行项目群的各项日常管理。即工艺项目群管理办公室向上为项目建设主管部门掌握项目进度，向下监督项目的实施状态，并为项目的成功进行各项具体的管理工作。

电视工艺技术系统建设所涉及的所有项目，均必须按照项目规律进行有效管理。因此，采用以项目为中心的管理理念、模式与方法，是保证项目建设顺利进行的有效手段。要树立以项目为中心的建设与管理意识，以项目为中心应用项目管理，在项目管理过程中不断提高项目管理水平，使建设项目的电视机构及利益相关者得到最大程度的满足。

工艺项目群管理办公室作为整体项目的总体协调机构，为项目的各利益相关方提供完整的整体项目视图和集成的项目状态，是项目关键信息能够及时准确地上传下达的中央枢纽。工艺项目群管理办公室还承担集成管理的角色，从整体项目的角度把握在长达数年的项目建设的实施过程中各实施方能够遵循既定的业务、技术方向和目标。同时，工艺项目群管理办公室是作为多项目协同工作的协调机构，为解决跨项目冲突和依赖搭建有效沟通的桥梁。

工艺项目群管理办公室最大的特色在于具有总体项目的管理指导中心的职能，能够以总体项目目标为最大决策因素来推动各项目的平衡执行。项目群的管理重点与项目管理略有不同，项目管理的重点在集成管理、沟通管理、质量管理、风险管理、采购管理、时程管理、范围管理、财务管理与人力资源管理；而项目群管理的内容除了上述的管理工作外，更多着力在跨项目间的沟通与协调、整体项目管理制度的建立与推动、整体技术方案实施、提升整体项目的投资回报率。

◇ 工艺项目群管理办公室对电视工艺技术系统建设实施项目管理十分重要。

现代电视工艺技术系统建设具有项目内容需求十分复杂、牵涉合作方多、项目工程专业内容繁复、项目间存在协作和制约关系等特征。如何整合各方的工作、促使沟通合作、规定执行标准和管理潜在的各项风险，并使众多的工作方执行一致的工作要求和规范，都有着很大的困难。同时，由于新系统、新业务、新技术的引进、新的业务流程的创建、旧的业务流程的调改或取消所必然带来的管理方式或流程甚至电视机构内部的组织机构在组织岗位上的变化，也会为新系统的预期有效发挥带来一定风险。在借鉴大规模系统建设经验的基础上，作为建设电视工艺技术系统的电视机构也需要学习和汲取相关行业或领域的系统工程建设和项目管理经验，将在IT领域及其他系统工程建设领域广泛应用的项目管理模式和方法扩展到电视媒体领域自身的建设、运行和管理中来。

而电视工艺技术系统建设完成后，整个管理工作水平要上升到一个新的与新系统的先进性相适配的高度，就需要有更先进的管理方法来加强和保证整个工程的实施过程有先进的管理机制、良好的工期和质量基础。

◇ 通过工艺项目群管理办公室建立项目实施的项目管理团队十分必要。

由于现代电视工艺技术系统的工艺项目建设是极其复杂的，工作量十分巨大，涵盖了电视技术专业领域已知的所有专业技术并且广泛吸收引用大量IT行业先进技术及理念和具体的业务应用。项目实施的工程周期长，而在这个实施周期内各子项目进度需要有先后次序，各子项目之间的物理和逻辑关系千头万绪，设计、施工、联调、测试相互涉及牵连，工程管理人员和技术人员也存在交叉关系和不确定等因素。同时电视工艺技术系统建设项目无论对项目设计还是项目的施工都提出了更高的目标和要求，以适配电视工艺技术系统的建设和电视机构未来事业发展的要求。要实施一流的工艺建设，就要用先进的管理手段为建设服务。为了能在项目实施过程中切实有效地管理项目的工程进度和质量，需要有一支专业的管理团队，指导和协调项目的实施进度，人力和物资等资源的调配，以及处理项目实施过程中出现的各类管理问题。因此，成立工艺项目群管理办公室是工程建设的实际需要。

工艺项目群管理办公室将是有效管理工程建设的专业组织，注重项目间的沟通与协调、整体项目管理制度的建立与推动，并将项目的技术方案实施方向与业务目标结合，提升项目整体的管理效率。它能为电视工艺技术系统建设的管理提供有力的保障，成为工程建设沟通、协调和管理的平台，提高工程建设的管理效率和水平，为工程建设探索和积累宝贵的管理经验，为工程建设顺利进行发挥不可替代的作用。

◇ 随着电视工艺技术系统建设工程的开展，应及时建立项目实施的项目管理团队。

在电视工艺技术系统建设项目的实施过程中，工艺项目群管理办公室应该与整体项目的实施同步开展工作，贯穿整个项目的建设周期。管理团队应该在项目建设团队成立并开展工作的同时成立，要在熟悉项目的情况下，提出针对性的管理理念，为项目建设做出周密、合理的计划，为控制建设工期和造价发挥建设性作用。提出指导性意见，建立管理模式，在工艺建设过程中履行管理职能。

电视工艺技术系统建设范围广、周期长，建设工作涉及来自多个不同专业、多个厂商的大量参与人员，管理十分复杂。对于这样大规模、宽跨度、长时间、子项目繁多的大型复杂项目群，如果没有集中的协同管理方法和充足的全面的管理人员的配备，工程建设的过程中将会面临很大的风险，所造成的影响和可能的损失是很难估价的。

◇ 专业化的项目管理对电视工艺技术系统建设具有非常重要的作用和意义。

统一的管理

通常电视中心的电视工艺技术系统的建设是与电视中心房屋建筑的建安工程直接相关的，两者间的依赖关系以及电视工艺技术系统建设项目与建安工程中诸多子项目间的关系与联动十分繁复，这会使各个项目或工程之间的业务协调、技术协调、工作协调产生困难影响整体项目的执行。而项目整体实施时间跨度长，众多项目个体的同时启动和并行设计，使项目规划、设计和实施的复杂程度剧增。整个电视工艺技术系统建设任务本身的艰巨和复杂更需要建立共同合作的、专门的和专业的项目管理团队。

专业的管理

电视工艺技术系统具有很强的专业性，工艺项目管理团队的人员组成必须具有深厚的工程技术背景。科学高效的项目管理，要求管理团队的组成人员既要熟悉电视工艺、工程的构成，又要有实际的工程技术经验，还要了解相关建筑施工的建安工程的建设情况、对电视媒体未来的业务模式有深刻的理解。只有在专业化人员组成的专门的管理团队的基础上，才能做出正确的判断和选择。

稳定的管理队伍

基于以上原因，组建一支专门的项目管理团队，吸收专业的人才，遵循统一的标准，秉持一致的理念，辅以高效的项目管理方法，可以加强沟通，提高工作效率。而当项目开展之后，管理队伍人员的稳定性和队伍的延续性更是顺利完成项目的重要保证，需要依靠相互之间的密切合作来实现成功的目标。

良好的沟通和管理

鉴于工艺项目规模巨大，技术复杂，要实现既定目标，又要依靠专业化的厂商进行合作。在整个工艺项目进行的过程中，工艺项目群管理办公室依据先进的管理理念提供技术和工具方面的支持，由项目管理团队实施管理。向上替领导层掌握项目进度，向下监督项目的实施状态，并为项目的成功进行提供协调、仲裁和咨询的服务。专门的项目管理团队能够把握工艺建设的有序进行、按时完成。能够坚持原则、决不迁就不合理的流程，既保证整体利益又兼顾局部利益，最终最大限度满足建设方的要求，真正实现工艺项目建设的整体方案。

管理人才的培养

电视机构的特殊性质也决定了具备一支优秀的项目管理队伍是电视机构未来发展的需要。专业的项目管理团队在完成电视中心的电视工艺技术系统的工程建设管理之后，可成长发展为一个在电视技术领域具有综合专业管理技能的管理团队。电视机构通过电视工艺技术系统建设工程，不但可以为自己培养一支具有高水平的工程项目管理队伍，而且还能为以后电视工艺技术系统的运行管理和发展培养造就一支系统全面的技术管理体系和管理团队。

综上所述，项目群管理方法和技术的应用，可以使得电视工艺技术系统的实施更加顺利，有效进行风险管控，降低项目的风险性，使项目最大限度地达到预期的目标。

1　建章立制

在启动电视工艺技术系统项目建设的同时，组建相应的项目管理机制和体系，确立由建设电视工艺技术系统的电视机构组建的电视工艺技术系统项目建设的管理、组织和实施体系架构。

在电视工艺技术系统的项目建设实施工作中，相关电视机构应由有关业务的最高领导者和相关决策人员组成项目实施领导小组，负责宏观领导和原则性决策，并设立相应的具体实施机构实施工艺技术系统项目建设工作。

工艺技术系统项目建设管理组织机构如图4-1所示：

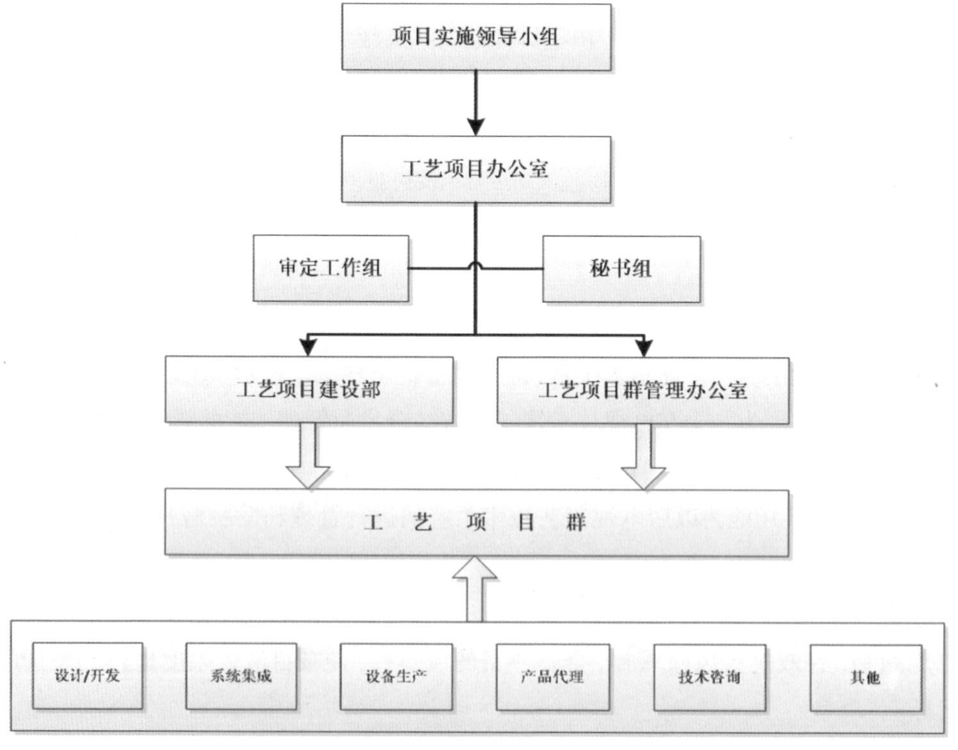

图4-1　工艺项目建设管理体系机构图

工艺项目办公室、项目实施领导小组和项目建设单位在工艺技术系统建设中的工作关系以及主要的工作职能如图4-2所示：

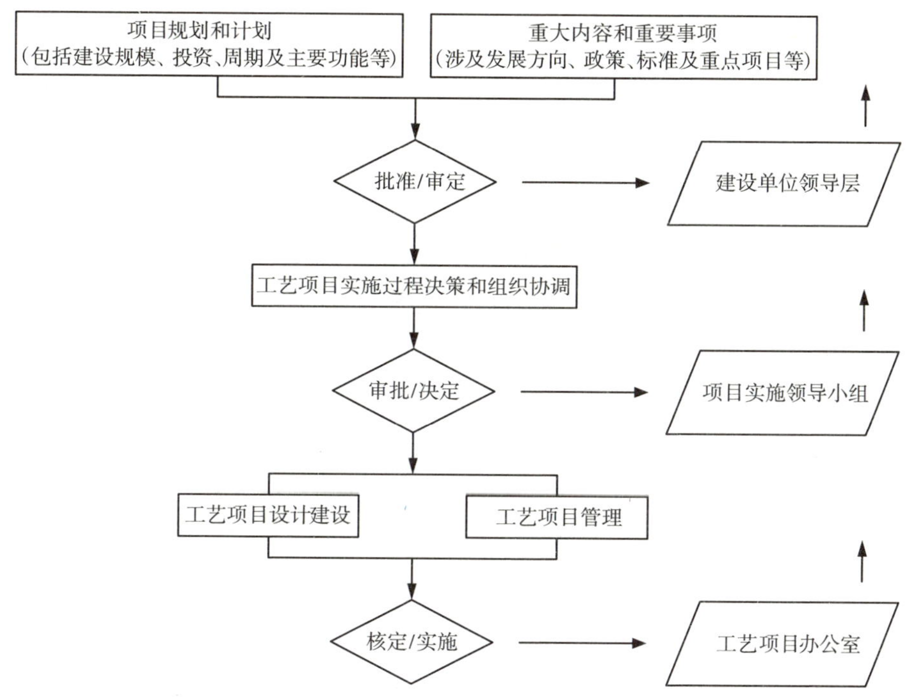

图4-2 工艺项目建设管理流程及职能图

1.1 项目实施领导小组

项目实施领导小组是建设电视工艺技术系统的电视机构负责项目实施的决策机构，负责工艺设计、实施计划、项目执行以及工程重大问题的最终决策和技术系统的基础建设战略。其主要工作职能：

◎领导工艺项目办公室工作，检查和监控项目实施进度；

◎负责工艺项目设计方案和实施计划的批复；

◎负责工艺项目资金预算的审核；

◎审议并决策工艺项目建设过程中出现的战略决策问题；

◎协调电视机构内部相关部门的工作配合问题；

◎负责向电视机构主管领导报告项目实施进展、重大决策事项。

1.2 工艺项目办公室

工艺项目办公室是项目实施领导小组的办事机构和工艺项目建设的具体实施机构，全面负责工艺项目实施工作。其主要工作职能：

◎领导和管理工艺项目建设部和工艺项目群管理办公室的各项工作；

◎确认各部门规章制度，制定工艺项目办公室年度工作计划，审核各部门工作计划，管控项目实施进度；

◎负责工艺项目资金预算的制定和内部审核；

◎对内协调各部门之间的工作关系，对外协调与其他部门之间的关系；

◎确定设计工作进度和质量目标；确认和审核完成的设计文件；

◎负责指导工艺项目建设部和工艺项目群管理办公室进行招标文件的编制、合同谈判；

◎负责监督、管理和配合承包商的工艺项目建设工作；

◎工艺项目建设资金预算批准后，负责工艺项目建设资金的运行和管理；

◎负责建设期工艺项目固定资产的暂管以及完成后整体移交工作；

◎负责工艺项目群管理办公室的组织、协调和管理。

工艺项目办公室的工作职能如图4-3所示，图中表明了工艺项目办公室内部工作关系和主要的工作职能：

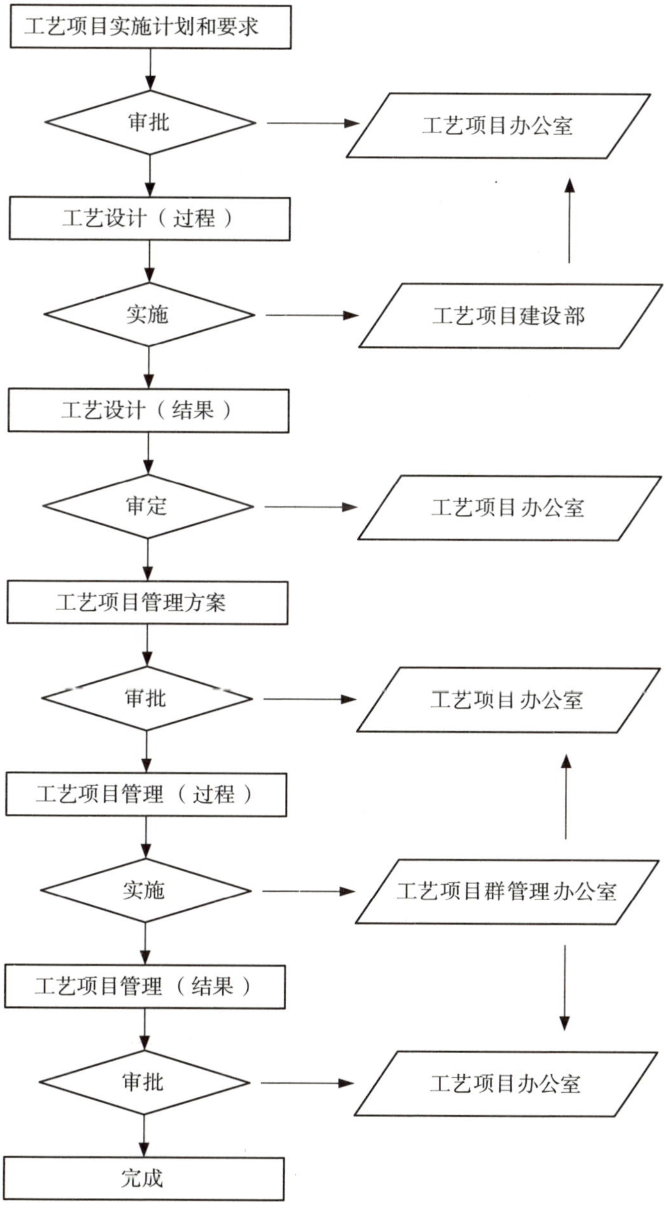

工艺项目实施计划和要求

审批 → 工艺项目办公室

工艺设计（过程）

实施 → 工艺项目建设部

工艺设计（结果）

审定 → 工艺项目办公室

工艺项目管理方案

审批 → 工艺项目办公室

工艺项目管理（过程）

实施 → 工艺项目群管理办公室

工艺项目管理（结果）

审批 → 工艺项目办公室

完成

图4–3　工艺项目办公室工作职能图

(1)工艺项目办公室秘书组

◎联系工艺项目建设部和工艺项目群管理办公室，协调、督促各组落实项目实施领导小组和工艺项目办公室确定的各项工作；

◎负责工艺项目办公室公文和档案的总体管理，并根据规定向电视机构有关部门移交档案。指导工艺项目建设部和工艺项目群管理办公室开展公文和档案管理工作；

◎负责项目实施领导小组会议纪要、工艺项目办公室主任办公会议纪要的起草、发放及其他管理工作；

◎负责项目实施领导小组、工艺项目办公室有关会议的组织工作；

◎负责工艺项目办公室行政办公经费的具体管理工作；

◎负责工艺项目办公室行政办公物品的日常管理工作；

◎负责工艺项目办公室行政办公规章制度的起草工作；

◎完成领导交办的其他事项。

（2）工艺项目办公室审定工作组

◎负责工艺项目办公室审定会议的组织工作；

◎负责确定和聘请审定专家，以及审定意见的起草和确认工作；

◎负责审定意见的报批。

1.3 工艺项目建设部

工艺项目建设部组织机构见图4-4，工艺项目建设部根据工艺技术系统所涉及的技术专业按业务可分为若干业务项目组，分别实施各业务项目的设计建设工作。

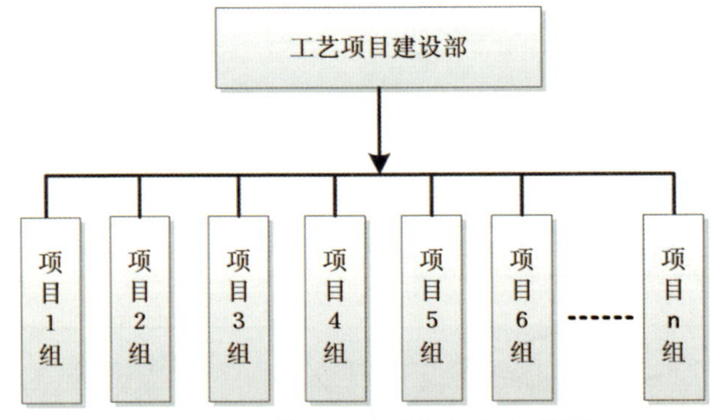

图4-4 工艺项目建设部组织机构图

工艺项目建设部主要工作职能：

在工艺项目办公室的领导下全面负责工艺技术系统项目建设的具体规划、设计、建设工作的组织管理和实施。其中主要包括：

◎领导、管理和督促下设各组的日常工作；

◎制定部门规章制度，制定年度工作计划；

◎对内协调各组之间的工作关系，对外协调与其他部门之间的关系；

◎召集和组织工艺设计工作例会，日常工作会议和联席会议；日常行政管理，公文往来；

◎确定设计工作进度和质量目标；

◎负责选定设计标准和规范；

◎指导和组织各项目组的工作，完成设计任务；

◎确认和审核完成的设计文件，配合工艺项目群管理办公室进行招标文件的编制和合同谈判；

◎负责监督、管理和配合承包商的工艺系统建设工作。

工艺项目设计工作流程：

工艺项目设计工作流程见图4–5，图中表明了工艺项目设计工作中各阶段的工作，相关部门的工作职责和工作流程。

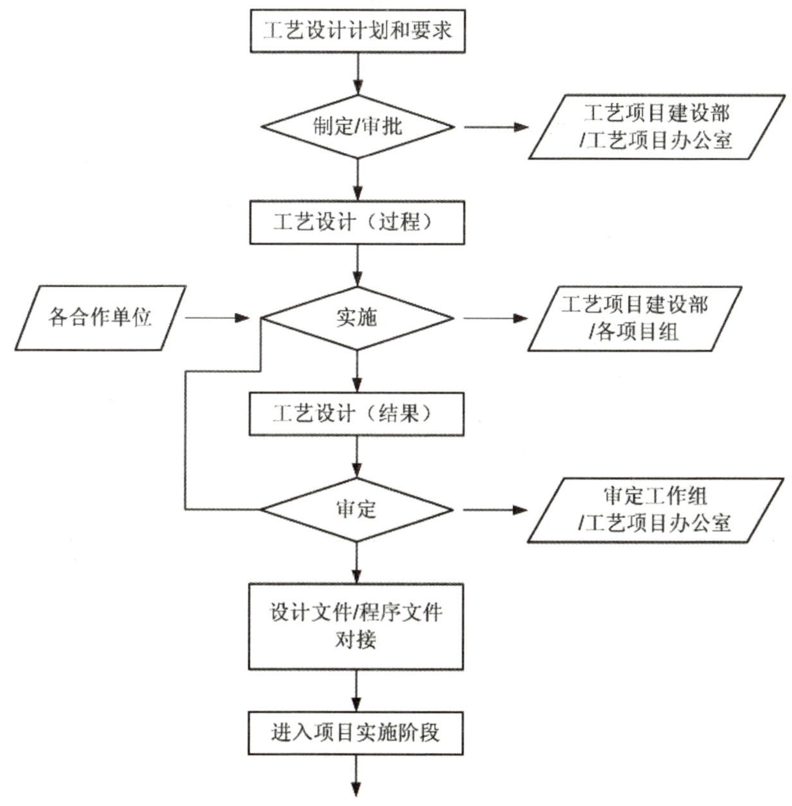

图4–5 工艺项目设计工作流程图

1.4 工艺项目群管理办公室

在相应的管理体系下，由工艺项目群管理办公室采用项目群管理的理论和方法，配合项目实施领导小组和工艺项目建设部针对项目实施工作围绕确定项目群管理模式及工作方式提出项目决策要求、建立管理信息沟通及反馈机制，把任务下达、执行信息反馈等环节紧密联系起来，制定项目管理流程，编制项目管理工作手册。分析项目群管理目标和制定项目群管理计划。为实施项目群进度跟踪、任务分解和下达、实施过程信息收集、工作成果质量把控以及问题风险管理等管理工作做好准备。

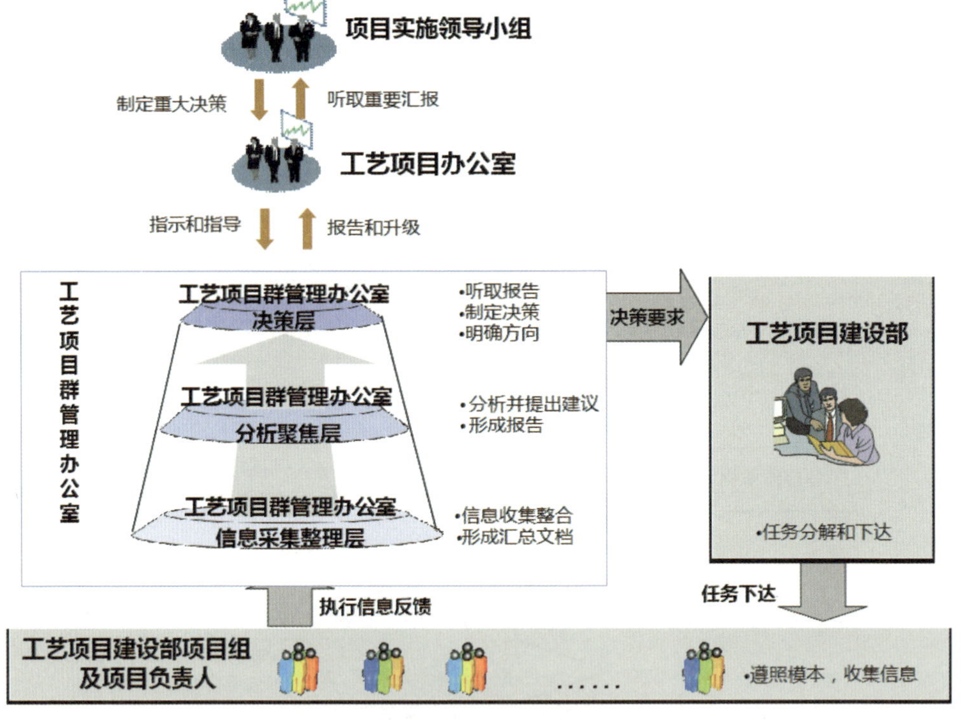

图4-6　项目群管理模式

根据项目管理工作范围及工作方式的确定和细化，逐步建立以计划管理和质量管控为核心，配合协同工作管理、变更管理、交付成果管理、测试管理、采购管理、物资管理及现场管理等辅助支持管理项目管理流程。

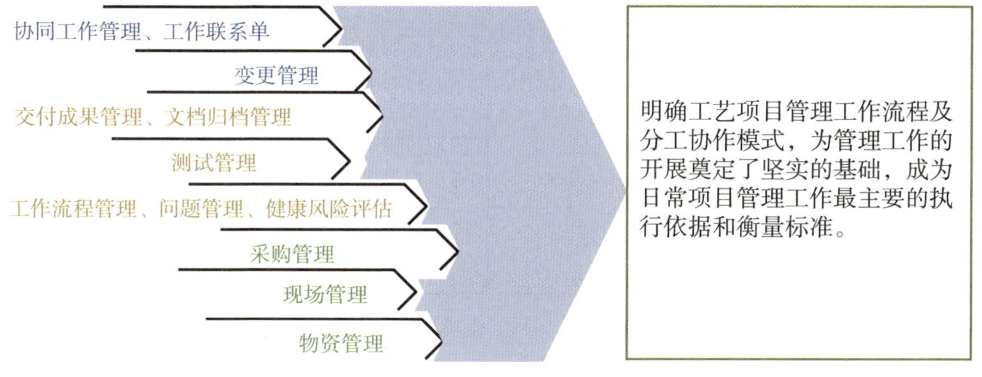

图4-7 项目群管理内容

1.5 相关业务管理部门

一个完整的电视中心工艺技术系统的建设通常会与电视中心的楼宇建设相关联，先建电视中心所需要的楼宇，然后在其中建设电视中心的电视工艺技术系统。

因此，电视工艺技术系统的建设过程就直接与电视中心的楼宇建设工程产生关系，特别是电视工艺技术系统的建设工期和建设过程中与楼宇建筑的建设相关的配合工作。为实施电视中心的楼宇建筑工程，相关电视机构也会成立相应的专职管理部门具体负责楼宇建筑工程的建安施工管理，一般是建筑项目办公室对应于负责工艺技术系统建设的工艺项目办公室。

此外，作为一个电视机构投资建设的项目，电视机构本身的各项管理制度和管理规定也都要通过相应的管理部门对项目的建设实施相关的管理，例如：财务部门、物资部门、楼宇管理部门、审计部门、法规部门，以及作为电视工艺技术系统的最终使用者——电视机构的技术业务运行管理部门等。

2 工艺项目群管理办公室及其组成

在建设电视工艺技术系统时成立工艺项目群管理办公室，按照项目管理理论对整个项目建设实施专业管理。工艺项目群管理办公室下设若干专项管理部，基本组成见图4-8。

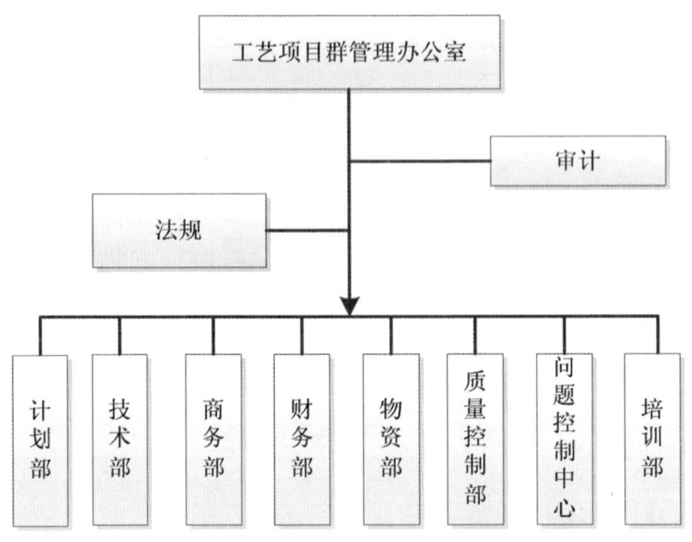

图4-8 工艺项目群管理办公室组织机构

3 工艺项目群管理办公室职能

工艺项目群管理办公室在项目实施领导小组的领导下，全面负责电视工艺技术系统建设项目的日常管理工作，是项目群管理的具体实施者。主要任务是将工艺项目建设部设计完成的设计成果付诸具体实施，包括制定项目实施计划、各项采购工作项目招投标组织协调、设备采购、集成服务采购、相关设备和物资到货验收、向建设方固定资产管理部门办理设备出入库、进场施工管理、竣工验收组织协调、人员培训，保障和监督项目运行的安全性、有序性和可控性。

其中审计和法规在实施过程中由第三方审计事务所和律师事务所担负项目的审计监督和法律事务。其他工艺设计人员和项目管理人员将根据项目管理工作实际需要计划进行安排。

其中主要职能包括：

◎领导、管理和督促下设各部门的日常工作；

◎制定部门规章制度，制定年度工作计划；

◎制定建设资金使用计划；

◎项目管理工作的程序管理和合同管理；

◎对内协调各部门之间的工作关系，对外协调参与电视工艺技术系统建设的其他相关单位和部门之间的关系；

◎召集和组织项目管理工作例会、日常工作会议和联席会议；工艺项目群管理办公室的日常行政管理，各种文件的呈报、下达及往来管理，相关档案资料的管理，会务组织和内外业务联络协调；

◎项目群管理本身的组织、协调和问题控制管理；

◎对下设所属各专项管理部门的相关管理工作的组织、协调和管理。

4 工艺项目群管理办公室工作流程

工艺项目群管理办公室工作流程见图4–9，图中表明了工艺项目群管理办公室工作中各阶段的工作，相关部门的工作职责和工作流程。

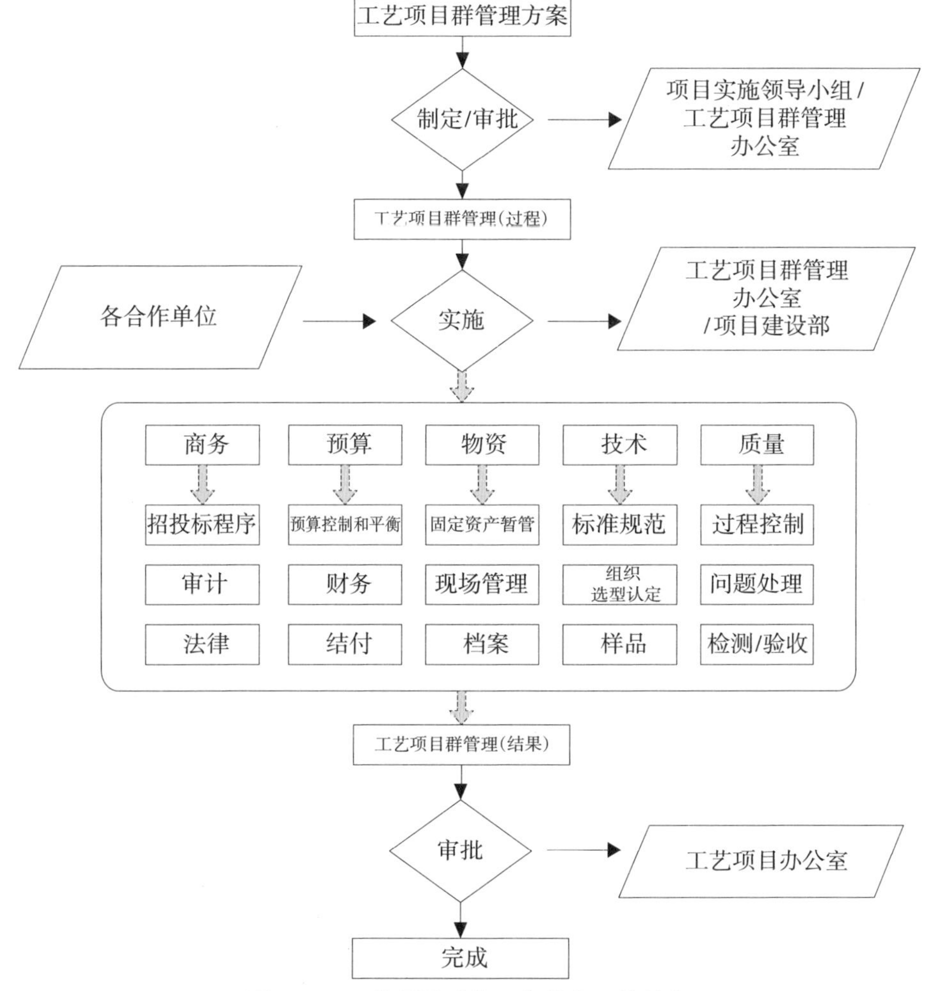

图4–9 工艺项目群管理办公室工作流程

5 工艺项目群管理办公室各部门工作职能

5.1 计划部

计划部主要负责制定项目管理的总体目标和项目实施的计划，制定相应的管理制度及规范，同时担负监督项目推进进度并进行有效管控的任务。统一协调各个子项目的工作安排以及相关系统的项目衔接，进行人、财、物等资源统一调配。负责项目预算管理，根据项目的投资、建设计划、实施进度计划编制年度预算。

5.2 技术部

技术部负责电视工艺技术系统建设工程项目建设的技术和管理工作。作为项目实施的技术管理者，按照电视工艺技术系统所确定的工艺大纲的要求和标准以及工艺项目办公室的技术需求，与工艺项目建设部项目负责人一起全程管理工艺项目实施的有关技术工作。在专业技术层面协助组织各专业（设备、集成等）合同的招投标、合同谈判及签订、设备采购以及系统集成安装和调试等各项工作。负责协调工艺项目承包商之间以及与建安承包商之间的工作关系。

5.3 商务部

商务部全面负责电视工艺技术系统建设过程中所需各项服务和货物采购的招标管理、合同管理和造价管理。根据项目建设的实施计划，组织、实施工程项目招标；配合组织合同谈判、合同签订，督促合同履行；控制工程造价；负责招标文件及承包合同文件的归档和管理。

5.4 财务部

财务部全面负责电视工艺技术系统建设过程的财务管理。按照国家规定的法律、法规、会计制度和相关财经纪律，负责电视工艺技术系统建设预算的全程管理，负责阶段结算和完工结算工作并为工艺项目办公室及建设方决策提供有关的财务分析数据。

5.5 物资部

物资部负责电视工艺技术系统建设过程中的相关固定资产管理，负责工程建设管理部门所需日常办公物资及耗材的采购和管理，并制定相应的采购计划。项目竣工后负责向建设方固定资产管理部门进行资产明细交接。

5.6 质量控制部

质量控制部负责建立项目质量的管理和控制体系，包括管理流程及检查制度，通过保障管控制度的确实执行，来对工程的实施质量进行管控，而不是直接对实施对象的品质进行管控。

质量控制的依据包括项目群颁布的规范、流程和标准，各子项目在质量管理计划中定义的质量标准、交付项目承诺和相关验收标准。质量管理的输出质量审核记录、质量审核报告、修订的交付件、修订的管理规范或标准。质量活动包括制定质量管理计划、文档审核、各级测试、项目阶段性健康检查、阶段性专项工作检讨等。

5.7 问题控制中心

问题控制中心全面负责电视工艺技术系统实施过程中出现的跨项目或整体项目群问题的跟踪，推动问题协调和问题解决工作。根据工艺项目建设的实施计划，及时跟踪、发现项目实施过程中的项目内、项目间及整体项目群的各种问题，及时向工艺项目群管理办公室汇报，并全面参与推动问题的协调解决。

5.8 培训部

电视工艺技术系统建设项目规模庞大，用户培训是一项艰巨的任务。新项目的建设必定会适配新技术、新业务及新工作流程的引入进行设计和建设，新项目的投产会给建设电视工艺技术系统的电视机构的具体项目使用者和业务流程的应用者带来相应的“不适应”，这种不适应会体现在对新流程的理解和适应以及对新技术新装备的学习和使用，项目的成功与否在很大因素上取决于使用者的适用接受度。为此，系统全面有效地实施用户培训至关重要。培训部作为一个专门的部门负责培训计划的制定、执行和管理。协调和管理所有与项目相关的用户培训的事务，包括各子项目提供的业务工作流程、运行维护和操作培训，为新建的业务体制与系统可以被电视机构的员工很快接手和使用提供必要的培训保障。

6 工艺项目群管理办公室各管理人员工作职责

6.1 项目群经理

◎在计划管理、质量管理和项目支持方面协助项目群日常的运作和管理；

◎项目群计划和质量管理的跟踪和报告；

◎向工艺项目办公室报告整体项目实施状态及重大待决事项；

◎定期召开预定的项目状况会议；

◎协调并管理项目群人员；

◎管理项目变更控制程序。

6.2 项目经理

◎跟踪项目对质量管理规范和流程的执行情况，及时纠正不符合质量管理要求的做法，并配合工艺项目群管理办公室进行质量检查；

◎制定项目质量管理制度、标准、规范、模板和流程，在工艺项目群管理办公室协助下对其进行修订和完善；

◎协助工艺项目群管理办公室汇总、维护和保存本阶段质量管理活动的各项记录；

◎在项目各阶段及时向工艺项目群管理办公室汇报质量管理状况；

◎参与制订质量管理相关议题决策及行动方案。

6.3 项目成员

项目成员包括参与整体项目的所有成员。

◎熟悉项目质量管理计划以及质量管理相关的制度、标准、规范、模板和流程；

◎按照项目质量管理计划执行、达到项目的质量要求；

◎协助工艺项目建设部各项目组的项目负责人完成质量管理活动的各项记录。

5

Chapter

第五章

电视工艺技术系统项目群管理

项目群管理的第一步就是构建合理的管理架构，站在整个项目群的高度，从项目计划、项目质量和项目支持三个核心方面对工艺工程项目进行全面管控，确保按时、优质、高效地完成项目的建设工作。

参与项目中的每个成员均对自己的工作质量承担相应的责任。在专职进行项目建设实施的工作团队中成立专业项目管理团队可以有效地部署、监督项目群整体计划和相关成果交付的落实执行，是保证项目质量的重要因素之一。

1 确定项目群管理对象

电视工艺技术系统项目涵盖了一个电视中心与电视节目生产播出相关的电视工艺技术系统的各个方面。项目群管理的对象覆盖电视中心的电视工艺技术系统所包含的不同功能不同专业的各个子系统的建设项目，各个子系统根据其业务需求和实现功能的不同分布在电视中心建筑物的不同位置，既有大的系统功能分区，各系统布局之间又相互联系、相互支持。在技术层面，项目涉及传统广播电视技术和新兴的信息技术。

根据电视机构未来业务发展的规划和确保节目生产播出的需要，以及资金投入的安排，电视中心电视工艺技术系统的项目建设一般是分期分批进行。根据工艺系统项目的分类，其中基础设施、中心系统和节目生产系统优先考虑建设。这些基础和核心项目所组成的工艺系统，构成了电视工艺技术系统项目建设的项目群管理对象。

2 确定项目实施工作流程

电视工艺技术系统项目实施的工作流程见图5–1。

图中详细确定了工艺技术系统建设工作过程中各项工作的流程、工作内容及各责任部门。

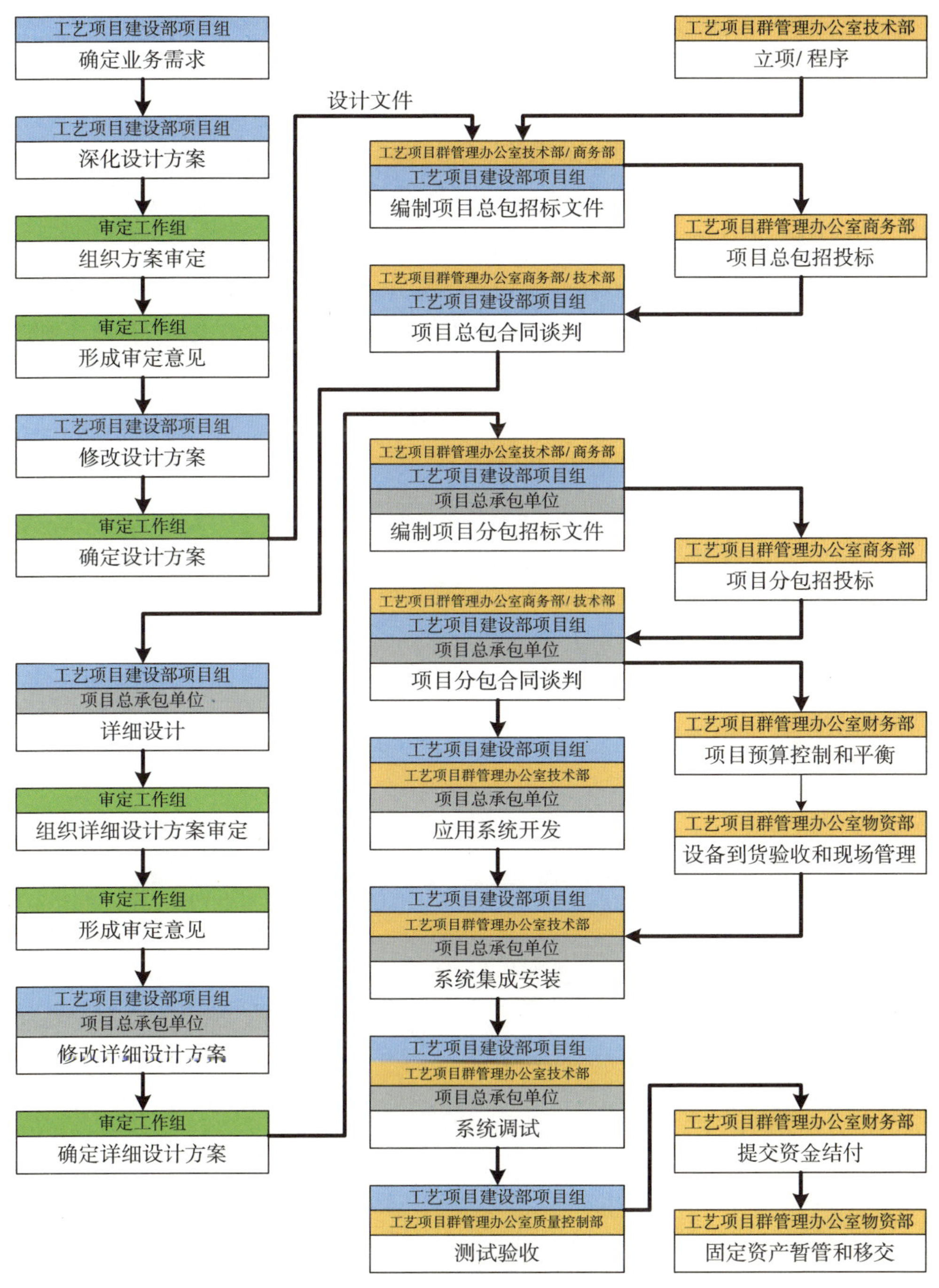

图5-1　工艺项目实施工作流程图

3 整合项目群计划

明确项目群计划是整合工作的整体目标，项目群管理要确定整合计划的方法，依据此方法进行信息收集、提取汇总、分析识别关键路径，并最终形成整合计划。

总体目标：形成项目群计划管理基线，用于进度跟踪和工作推进。

具体目标包括：

◎关键里程碑：通过整合关键阶段，展现项目群进入和完成各关键阶段的计划时间，促进关键点的把握和工作推动；

◎联调测试：通过整合测试任务，展现项目群能够进入系统联调测试的时间和工作历时，促进测试工作的整体监控和报告；

◎施工进度：通过整合施工任务，展现项目群要求进入现场施工的时间，关注并跟踪用于建设电视工艺技术系统的电视中心建筑物的建安施工进度，促进建安协同工作的有效开展。

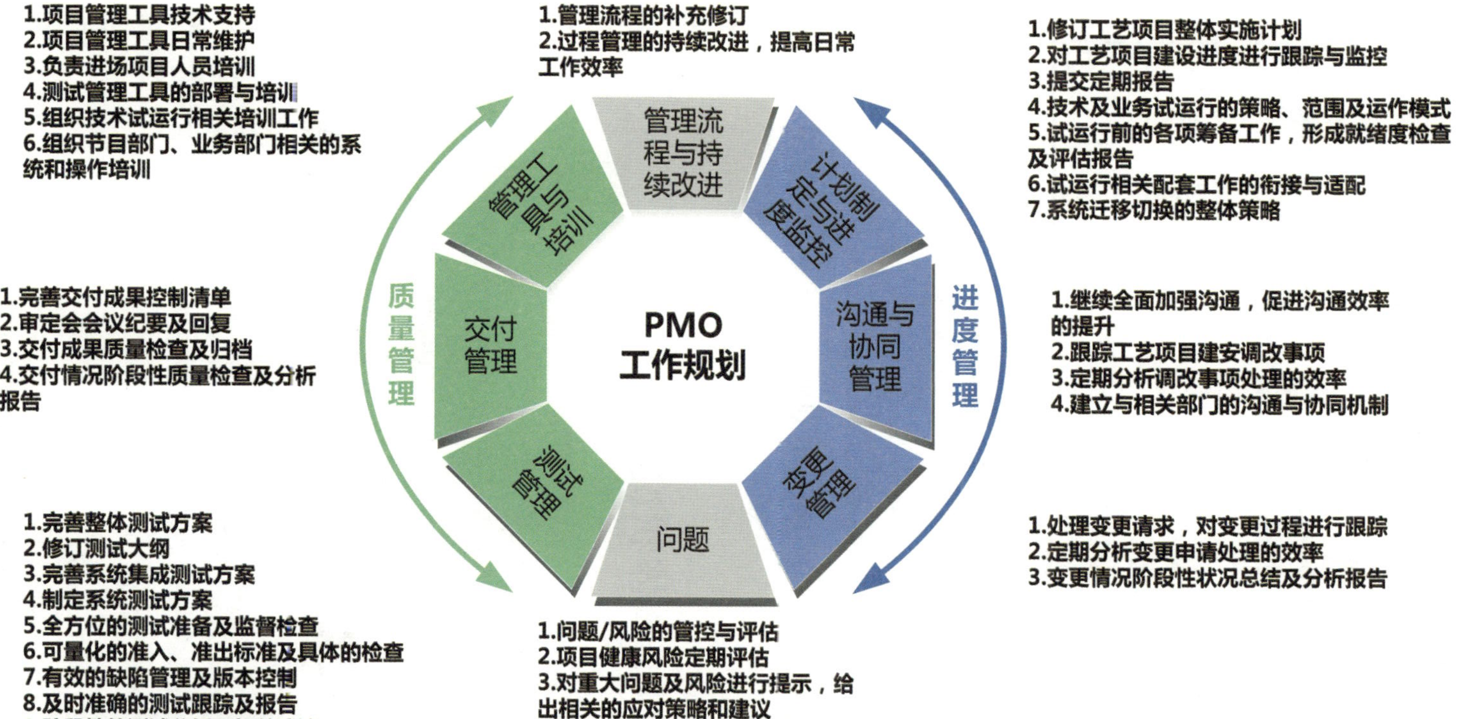

图5-2 项目群管理目标及管理计划

4 明确项目群工作方法

项目群工作方法如图5-3所示。

收集
第一步
提取和汇总
第二步
分析、识别和视图整合
第三步
生成整合计划
收集项目计划信息
S1-1核对项目信息
S1-2进行项目分类
S1-3提取关键任务
S2-1分析关键项目
S2-2分析关键任务
S2-3分析关键依赖
S3-1形成关键阶段计划
S3-2调整关键阶段时间点
S3-3形成整合计划
1 所有项目的关键任务分析文档
2 与关键依赖相关的不同视图（整体设计开发计划视图、整合施工计划视图、整合测试计划视图）
3 项目群整合工作计划

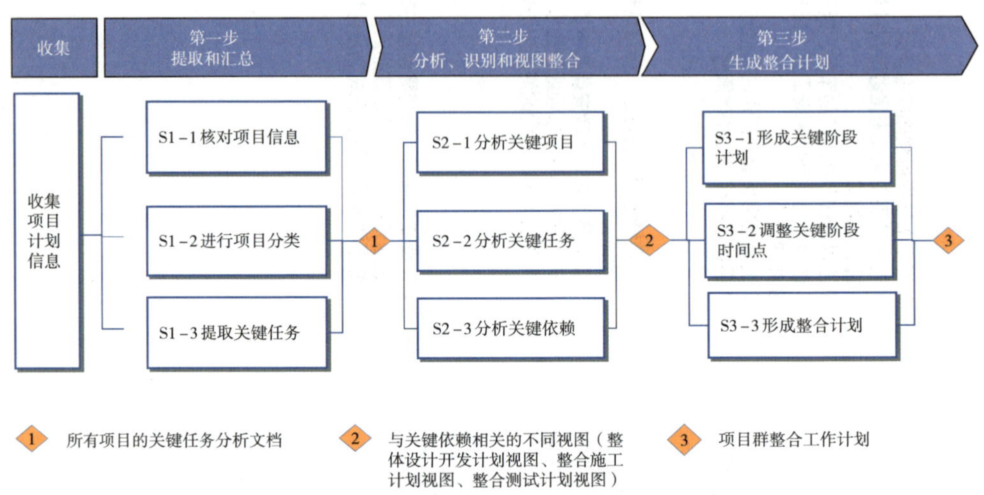

图5-3 项目群计划整合工作方法

5 分析项目群整体状况

从合同执行、进度状态、交付状态、问题状态、健康风险、测试情况、物资管理等七个维度全面分析项目群整体状况。

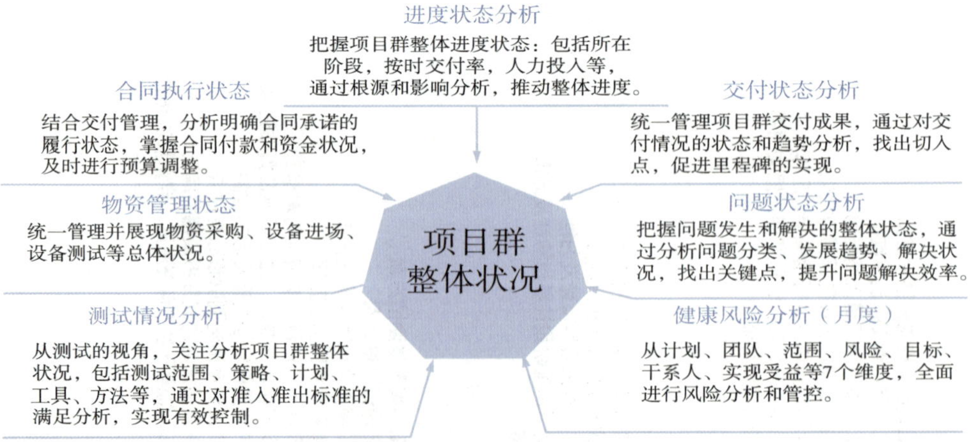

进度状态分析
把握项目群整体进度状态：包括所在阶段，按时交付率，人力投入等，通过根源和影响分析，推动整体进度。
合同执行状态
结合交付管理，分析明确合同承诺的履行状态，掌握合同付款和资金状况，及时进行预算调整。
交付状态分析
统一管理项目群交付成果，通过对交付情况的状态和趋势分析，找出切入点，促进里程碑的实现。
物资管理状态
统一管理并展现物资采购、设备进场、设备测试等总体状况。
项目群整体状况
问题状态分析
把握问题发生和解决的整体状态，通过分析问题分类、发展趋势、解决状况，找出关键点，提升问题解决效率。
测试情况分析
从测试的视角，关注分析项目群整体状况，包括测试范围、策略、计划、工具、方法等，通过对准入准出标准的满足分析，实现有效控制。
健康风险分析（月度）
从计划、团队、范围、风险、目标、干系人、实现受益等7个维度，全面进行风险分析和管控。

图5-4 项目群整体状况

6 规划项目群质量管理

6.1 制定质量管理计划

定义项目质量管理的范围首先是从制定完整的质量管理计划开始的，它定义并阐述了如何实施整体的质量方针和策略，是指导项目质量管理的准则。

项目质量管理计划的内容主要包括：在本项目群中定义的质量管理范围和策略，质量管理组织的角色和职责，质量管理的相关流程、规范、活动和表单模板等方面。

通过制定项目群质量管理计划基线，并进行维护和优化，明确质量管理的内容和具体工作的流程规范，将质量管理活动纳入整体工作计划当中，跟踪和监督质量管控工作执行情况，针对不同领域的主题定期进行总结汇报，解决问题，有效应对风险，提高项目实施质量和管理水平。

质量管理流程是质量管理计划中最重要的一个方面，它详细定义并规范了日常质量活动及相关工作的操作规程，使用到的表单模版，不同组织和单位在流程中的职责以及相互协作的机制。

制定一系列与质量管理相关的制度、流程、规范和表单模板，目的是在项目群各项目组内进行推广执行，并统一和规范工作方式，以便使每个项目成员的工作成果可以有效地整合在一起。因此，每个项目成员的工作成果都必须满足下面要求：

◎工作成果要使用对应的表单模板去完成；

◎工作成果在形式上遵守各种规范和约定；

◎工作成果在内容上满足业务和技术的相关要求。

在执行过程中，质量管理将收集项目组成员在使用过程中的反馈意见，对表单模板、流程进行相应的修订和完善，使它们能够更好地适应项目群的实际情况。

6.2 建立质量管理体系

为了保证项目群每一个阶段的各项工作可以按时并高质量地完成，需要针对每一个管理体系在整个项目群范围内建立和发布完善的管理流程，并纳入项目群管理办公室的日常管理工作之中加以执行和监控。

图5–5展示了工艺建设项目群项目全生命周期的管理体系：

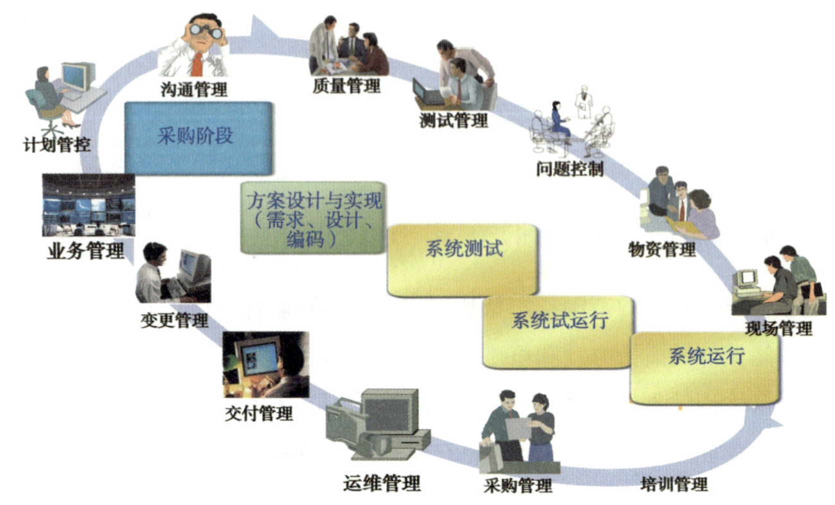

图5-5　工艺建设项目群项目全生命周期管理

每个管理体系旨在针对不同的纬度从各个方面对整个项目实施管理，它们之间既具有相当的独立性，同时又与其他相关流程产生一定的关联和依赖关系，因此在一定程度上形成了多方的协作关系。

图5-6描述了流程间关联和协作的总体模式，目标是首先建立总体的管理基线，包括计划、交付成果以及采购合同等，然后通过相关的管理活动对基线进行跟踪和管理，根据相关已经获批准的变化建立新的基线，以此作为整个项目群管理的统一基准。

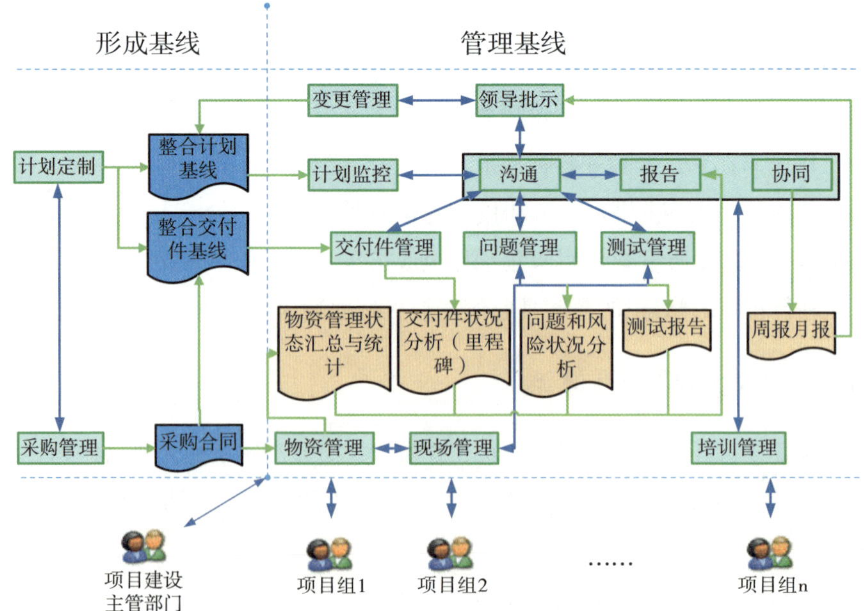

图5-6　项目群质量管理流程协作

6.3 制定过程监督和控制

项目群实施过程的质量监督和控制是保证各项目在实施过程中各项执行工作、工作成果及交付成果符合或达到预期的结果和目标，而开展的一系列有计划的活动。

◎根据项目群整体进度要求，制定项目群整合计划，跟踪和监督各项目组的工作和任务执行进度，整理汇总每周情况报告，形成项目组整体周报；

◎收集项目变更情况请求，组织协调对变更的影响进行分析和评估，形成变更方案，监督变更的执行；

◎定期对项目群当前的健康情况进行评估，从项目成功的七个领域对各项目的实施进展的健康状态进行分析评估，识别重大风险，提请决策并监督整改；

◎制定交付成果控制清单，对各项目组交付成果的进展情况进行跟踪，组织协调对交付成果的评审和相关重大问题的决策；

◎组织和管理系统各级测试活动，跟踪缺陷解决情况，对关键测试阶段的准入、准出进行把控，并形成整体测试报告。

6.4 建立质量管理的评估、建议与汇报的体系

项目执行中遇到的变更，各项问题、风险、交付成果及重大问题的评审和决策，都将涉及相关解决方案的制定、分析和评估，以协助决策机构对关键事宜进行评判和决策。正是从这个角度，质量管理工作需要从计划执行和进度跟踪、变更控制、问题和风险、健康状况、交付成果审定和测试管理等方面对各项目组的工作情况进行评估，给出建议，并进行定期汇报。

◎通过建立有效的沟通机制，加强项目群各级组织之间的协作；

◎强化对周报和月报的整理分析，形成能真正反映项目群当前状况的工作汇总情况；

◎针对项目变更以及解决方案进行评估，并给出建议；

◎针对问题和风险的解决方案进行评估，并给出建议；

◎定期针对项目群当前健康状况进行分析和评估，并给出建议；

◎针对各项目组交付成果的审定和交付情况进行评估，并给出建议；

◎针对各项目组阶段性测试报告进行审核和评估，并给出建议；

◎按需针对变更、问题和风险、健康状况、交付成果和测试等主题向项目实施领导小组等决策组织进行总结汇报，对相关事宜提请决策。

7　问题及风险管控

项目群的问题及风险管控过程如图5-7所示。

- 制定统一模板，明确关键信息
- 项目组内及时登记
- 组内初步分析，形成相关意见
- 项目组按时上报，PMO 进行收集汇总

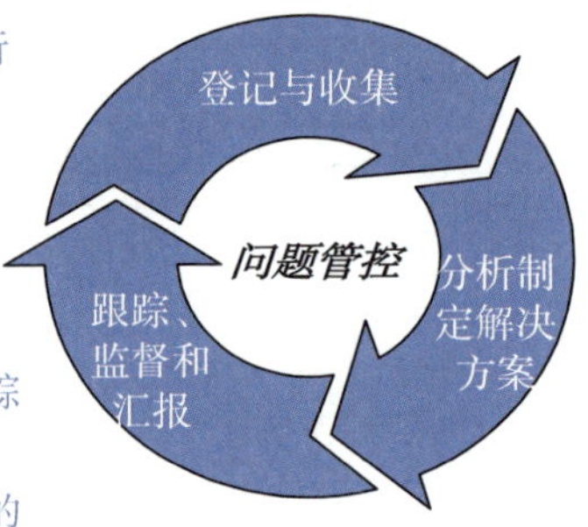

- 分析问题，划分严重 / 紧急程度※
- 讨论并明确解决方案
- 制定明确的行动计划和进度安排
- 根据问题的实际情况，必要时进行问题升级

- 依据行动计划和进度安排跟踪执行情况
- 根据问题严重程度分配不同的资源进行跟踪与监督 ※
- 定期进行问题总结汇报

图5-7　问题与风险管控

※ 面对可能出现的问题，需要依据统一的衡量尺度，分析问题的严重/紧急程度，从而制定合理、有效的解决和跟踪机制，见图5-8。

※ 在投入关键资源跟踪解决当前最紧迫问题的同时，也要兼顾对其他问题的监控和管理。

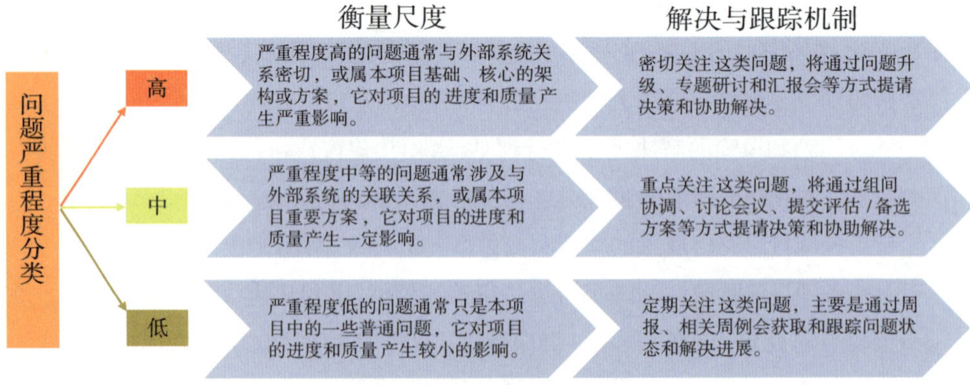

图5-8　问题严重程度分类

针对不同性质的问题建立对应的响应和解决策略，有效推进相关问题和风险的解决，确保项目质量，见图5-9。

从管理的角度上看，上述解决策略可以归纳为一系列有序的行动和任务，并可以纳入质量管理体系及工作任务之中。

图5-9 响应和解决策略

◎明确和协调资源，包括人力资源（专家、技术人员及相关方接口、负责人等），设备需求（各类软硬件设备）等；

◎跟踪评估/备选方案报告的编写和提交，给出相关建议，并提请决策；

◎统筹协调和安排各级别的专题讨论会，协调会，审定会；

◎跟踪解决方案的落实和行动计划的执行；

◎定期汇报问题及解决情况。

8 工艺项目群管理办公室管理职能

8.1 计划管控

计划管控主要包括项目群整体计划的管理、变更管理以及协同与沟通。

8.1.1 计划管理

◎制定并跟踪项目群整合实施计划，协调项目群/组间的分工合作、计划衔接、项目联调等重大事项；

◎监督并报告项目群整体进度状况，检查和监督项目群或各项目的里程碑情况；

◎进行进度趋势分析并提出策略建议；

◎根据整体决策细化并督促落实进度控制措施；

◎根据管理要求及执行评价标准，对各子项目的工作执行情况进行分析、记录并形成绩效评估报告；

◎协调或推进相关的重大问题及重大事项的决策。

8.1.2 沟通管理

◎汇总项目群整体进度和质量状况信息；

◎组织并提交周报/月报；

◎组织并协助周例会和专题讨论会。

8.1.3 变更管理

变更管理泛指在项目进行过程中，对变动、更改的部分进行有效预见、应对、管理的过程。变更管理的目标是确保在变更实施过程中使用标准的方法和步骤，尽快地实施变更，以将由变更所导致的业务中断对业务的影响减到最小。

项目在开始实施后，需求、技术、施工、设备、合同执行等各种原因会对已经完成的设计和正在进行的集成、开发等工作进行调改。相关调改工作从管理角度上都属于变更，变更的结果会对项目实施的计划和质量产生影响。为此，在管理上需对调改工作实施管控。其主要内容包括：

◎分析变更的必要性和合理性，确定是否实施变更；

◎记录变更信息，填写变更申请；

◎做出变更分析，并交上级审批；

◎修改相应的基线，确立新的版本；

◎识别及管理项目群/组的变更的具体工作；

◎监督项目组根据变更及时调整计划，重新建立整合计划基线。

电视工艺技术系统工艺建设项目的变更管理主要是以定制的变更申请模板及流程，对项目组提出的变更申请进行分析、审定及实施。电视工艺技术系统工艺建设项目的变更主要涉及：项目拆分、项目实施范围的变更、交付件的增加或减少、金额的变更、人天的变更、里程碑的变更及付款时间节点的变更等。

计划管控的整体活动协作见图5-10。

8.2 项目支持

项目支持主要负责对项目建设过程中的相关技术工作进行管理；对项目建设所需的采购、物资进行全流程的管理；负责对项目施工现场进行协调和管理；负责相关培训的管理。

8.2.1 技术管理

◎参与项目建设过程中各项目的设计会、论证会和审定会，跟踪和协助工艺项目建设部项目组的工作，做好项目招标前的相关准备工作；

◎协调工艺项目建设部各部门和项目群管理办公室各部门之间的业务关系；

◎协助工艺项目建设部相关项目组编制技术需求书，并负责根据招标的相关管理规定和要求向工艺项目建设部提出相关的修改意见；

◎根据技术需求书的内容，配合商务部编写招标文件中的技术部分；

◎联络合作厂家，组织各种技术交流会；

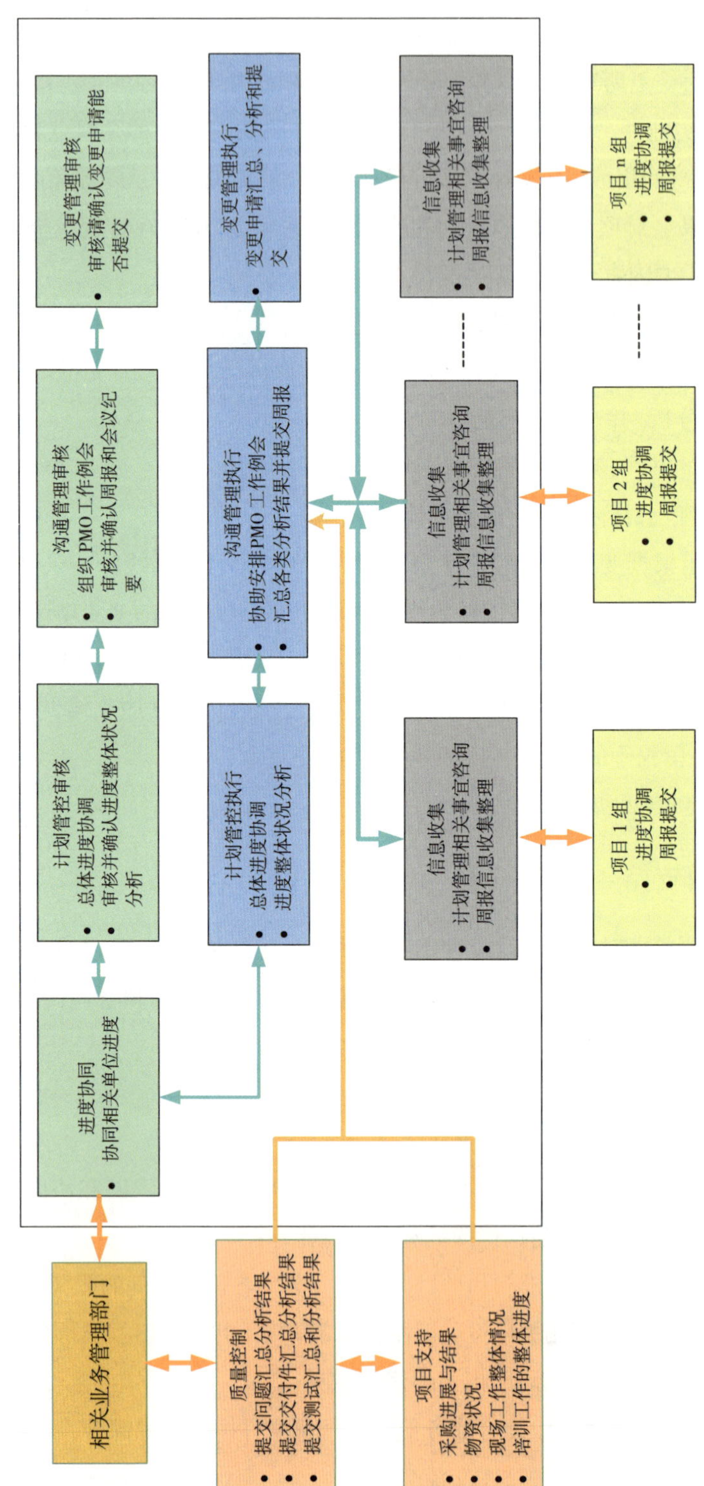

图 5-10 计划管控的整体活动协作

◎协调组织和完成招标、合同谈判的工作；

◎协调组织对建设工程中的技术问题进行分析、评估和协调解决技术问题，使招标工作能够达到预期效果；

◎组织技术研讨会，解决工艺设计集成安装建设中的各种工程、技术、施工组织管理等问题，配合计划部定期向项目群管理办公室提供项目进程报告；

◎对合同进程确认单中工艺技术内容进行审核；

◎组织电视工艺技术系统和设备的建设、安装、调试、试运行的实施过程，组织、指导、协调和监督各项目系统集成商的设计、开发、集成和调试工作，协调工艺建设实施过程中各种工作关系，解决电视工艺和建筑施工之间的技术衔接问题；

◎施工现场安全管理；

◎监督工艺安装规范的实施；

◎协调项目系统集成商之间的关系和现场配合问题；

◎协调工艺系统安装与建安施工之间的关系；

◎组织、协调各项目跨系统联调、联试、联测，协调管理各项目系统接口，业务流程，软件控制等相关问题。

8.2.2　采购管理

◎按照国家、行业、项目主管单位的相关规定，以采购管理为核心，规范采购行为、明确责任、保证工艺设备和技术服务购置进度和质量，确保电视工艺系统项目建设按期完成；

◎结合相关工艺项目建设部项目组的具体业务和技术需求，根据项目建设的实施计划组织、实施工艺技术项目招投标，合同谈判及签订工作；

◎在项目实施过程中，跟踪项目进度和关键里程碑的完成，从合同交付角度确认有关工作和关键里程碑的签收；

◎在项目收尾阶段，监督并核查有关合同的整体执行情况，确认相应采购合同的执行完毕。

8.2.3　物资管理

◎物资管理计划：

制定物资管理制度、设备验收流程和规范；

收集现有被管理物资状态；

按照总体计划和设备合同，制定设备验收计划。

◎物资出入库管理：

按计划组织、协调、管理设备入库、出库过程，移交设备给最终用户；

分类管理存放入库物资设备；

物资台账统计分析。

◎物资信息管理：

记录跟踪物资管理中的问题，并提出改正建议；

定期向工艺项目群管理办公室汇报物资管理状况。

8.2.4 现场管理

◎制定工艺施工现场安全规范制度及应急预案；

◎协调外部组织、现场各管理单位工作；

◎组织现场人员安全培训；

◎组织、协调、管理设备、人员入场或出场过程；

◎定期和不定期地检查现场的安全状况；

◎提早发现现场的安全隐患（现场防火、防盗），提出解决方案，并监督执行；

◎记录、跟踪现场重大或关键问题；

◎定期向工艺项目群管理办公室汇报现场状态、分析问题、提出建议。

8.2.5 设备管理

建设电视工艺技术系统的电视机构在建设过程中会建立一套符合国家相关法律法规及自身实际管理需求的物资及财务管理规则和体系。在电视工艺技术系统建设过程中涉及的设备采购、设备管理等相关管理工作必须依据管理规则和体系实施相关工作。在系统通过竣工验收正式交付使用时，应将所有在电视工艺技术系统项目建设过程中采购的相关设备/物资，按建设电视中心工艺技术系统的电视机构的财物管理程序，办理相关设备转交的管理手续及相关的设备/物资的入库/出库手续。

8.3 质量管控

质量管控主要关注制定、建立和发布质量管理计划；登记和跟踪项目群问题及风险；定期对项目健康状况进行评估；制定交付成果控制清单，监督控制交付成果的审核和验收；管理、协调和监控项目测试的全阶段。

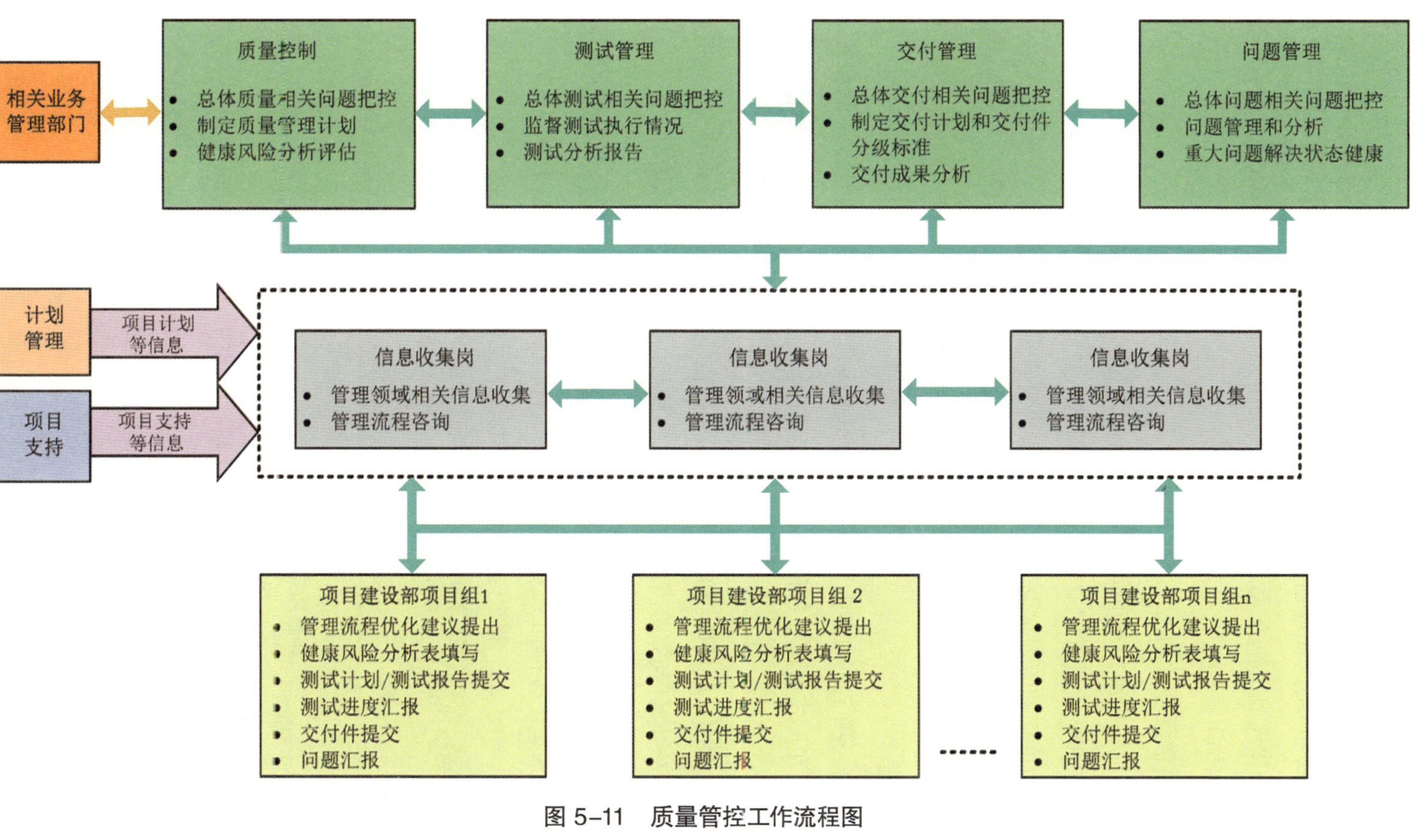

图 5-11 质量管控工作流程图

8.3.1 质量管理计划

制定一系列与质量管理相关的制度、流程、规范和模板，在项目群各部门进行推广执行，统一和规范工作方式，使每个项目成员的工作成果可以有效地整合在一起。主要工作内容如下：

◎制定质量管理计划；

◎制定、组织评审和发布质量管理流程；

◎分析和评估质量管理流程优化建议需求；

◎针对质量管理流程优化建议需求给出决策意见和优化方案；

◎对质量管理流程进行优化；

◎监督质量计划的执行情况，纠正执行偏差及提出建议，如监控质量标准、流程和步骤的实施。

◎对应每一项工作内容成果，需满足以下要求：工作成果要使用对应的模板去完成；工作成果在形式上遵守各种规范和约定；工作成果在内容上满足业务和技术的相关要求。

在执行过程中，质量控制部将收集项目成员在使用过程中的反馈意见，对模板、流程进行相应的修订和完善，使它们能够更好地适应项目群的实际情况。

<table>
<tr><th>部门</th><th>任务</th><th>具体描述</th><th>主要工作输出</th></tr>
<tr><td rowspan="9">质量
控制部</td><td>制定质量计划</td><td>制定质量管理计划，组织评审和发布质量管理流程</td><td rowspan="9">质量管理计划
健康风险评估
分析报告
审定会纪要</td></tr>
<tr><td rowspan="3">健康风险评估</td><td>提出健康风险评估需求并汇总健康风险评估表</td></tr>
<tr><td>分析和评估项目健康状态，编写健康风险评估报告，提出解决方案并向工艺项目群管理办公室汇报</td></tr>
<tr><td>跟踪项目组整改状况并收集反馈信息</td></tr>
<tr><td rowspan="3">质量管理流程以及分化</td><td>收集质量管理流程优化建议</td></tr>
<tr><td>评估质量管理流程优化建议需求，针对质量管理流程优化建议给出决策意见和优化方案</td></tr>
<tr><td>纠正执行偏差及提出建议，如健康质量标流程和步骤的实施</td></tr>
<tr><td>审定管理</td><td>负责有关审定工作的组织与管理</td></tr>
</table>

8.3.2 质量管理目标

电视工艺技术系统建设项目质量管理的目标为：

◎所有工作需要在预算范围内按时完成，并且按计划达到承诺的里程碑点；

◎所有确认的需求将由业务负责人和需求编写者按照设计文档进行实施和签收。并且在用户验收测试过程中进行确认核查工作；

◎为将运维中的缺陷尽可能减少，缺陷被正式地记录并且进行根源分析，需要进行较为完备的测试同时满足各项测试计划中的准出检查；

◎精细管理项目范围以及可能的变化，所有的变化都要进行记录，并遵循变更管理；

◎对交付件进行按计划的有序管理；

◎为项目执行提供质量管理组织、方法、流程等；

◎确保项目执行过程的各项交付成果皆能符合合同中的承诺事项，且符合项目所制定的各阶段质量保证标准；

◎确保项目各阶段的工作成果能符合《系统设计文件》所要求的规范与标准，以维持各项目交付成果的质量保证，增强各方对完成项目的信心；

◎确保整体项目所使用的技术能有效达到对建设电视工艺技术系统的电视机构的承诺，并能够支持未来营运阶段的作业需求。

8.3.3 过程监督和控制

项目实施过程的质量监督和控制是保证各项目在实施过程中各项执行工作、工作成果及交付成果符合或达到预期的结果和目标，而开展的一系列有计划的活动。

◎根据项目群整体进度要求，制定项目群整合计划，跟踪和监督各项目组的工作和任务执行进度，整理汇总每周情况报告，形成项目组整体周报；

◎收集项目变更情况请求，组织协调对变更的影响进行分析和评估，形成变更方案，监督变更的执行；

◎定期对项目当前的健康情况进行评估，从项目成功的七个领域对各项目实施进展的健康状态进行分析评估，识别重大风险，提请决策并监督整改；

◎制定交付成果控制清单，对各工艺项目建设部项目组交付成果的进展情况进行跟踪，组织协调对交付成果的评审和相关重大问题的决策；

◎组织和管理系统各级测试活动，跟踪缺陷解决情况，对关键测试阶段的准入、准出进行把控，并形成整体测试报告。

8.3.4 测试管理

◎提供整合测试环境总协调；

◎监督各项目各项测试的执行，审核测试报告，对相关进、退出条件满足情况提出意见；

◎跟踪管理跨项目的集成测试和用户接收测试；

◎协调跨项目测试资源、推进关键测试问题解决；

◎组织各系统的整合测试计划及执行；

◎组织关键设备测试管理；

◎提供和组织用户测试团队进行用户接收测试、验收测试。

<table>
<tr><th>部门</th><th>任务</th><th>具体描述</th><th>主要工作输出</th></tr>
<tr><td rowspan="12">质量控制部</td><td rowspan="4">关键设备测试</td><td>制定关键设备测试计划</td><td rowspan="12">测试报告
测试阶段准入准出建议
系统集成测试计划
缺陷分析</td></tr>
<tr><td>编写关键设备测试报告</td></tr>
<tr><td>定期测试报告的收集整理</td></tr>
<tr><td>向领导提交定期测试报告</td></tr>
<tr><td rowspan="8">软件应用测试</td><td>协调并组织验证测试（POC），用户验收测试以及生产环境上的测试</td></tr>
<tr><td>负责管理跨项目、跨系统的系统集成测试：制定系统集成测试计划</td></tr>
<tr><td>编写系统集成测试报告</td></tr>
<tr><td>协调跨项目测试资源、推进关键测试问题解决</td></tr>
<tr><td>测试日报和测试报告的收集整理</td></tr>
<tr><td>向领导提交测试日报、周报和阶段测试报告</td></tr>
<tr><td>审核各阶段测试报告，对相关进、退条件满足情况提出意见</td></tr>
</table>

8.3.5 交付成果管理

◎组织需求部门提出完整的需求和协调对需求的解释澄清；

◎制定业务需求的管理规范和变更流程，并管理业务需求变更；

◎协调对跨系统业务流程进行梳理；

◎对跨系统业务的需求或各个子项目实施过程中发生的业务需求或业务流程问

题、矛盾冲突等，组织协调专业层面的分析和给出仲裁决策；

◎跟踪、组织、推动业务需求或流程问题的解决；

◎制定子项目架构管理规范和变更流程，管理架构或重大技术变更；

◎检查各项目架构遵循总体架构设计原则和基础标准的执行情况，并向工艺项目群管理办公室报告实施状态及重大待决事项；

◎发现并组织协调跨项目间有关系统架构及其技术实现相关的问题及其冲突的解决或决策，给出专业层面的分析和仲裁决定，如架构设计、接口规范和标准、问题诊断；

◎审核各项目的总体测试方案和测试报告；

◎制定总体交付件计划，并组织评审；编写交付件交付情况总结报告，提出建议并向工艺项目群管理办公室进行汇报。

部门	任务	具体描述	主要工作输出
质量控制部	交付过程管理	协调需求澄清和对跨系统业务流程梳理	交付计划 交付成果分析 交付报告
		检查项目架构遵循情况	
		组织协调业务需求和业务流程问题以及矛盾冲突等问题分析和给出仲裁决策	
		发现并组织协调跨项目间有关系统架构及其实现相关的问题及其冲突的解决或决策，给出专业层面的分析和仲裁决定	
	软件应用测试	制定总体交付件计划	
		登记交付件交付情况	
		交付件归档	
		编写交付件交付情况定期报告，提出建议并向工艺项目群管理办公室进行汇报	

8.3.6 评估、建议与汇报

项目执行中遇到的变更，各项问题、风险，交付成果及重大问题的评审和决策，都将涉及相关解决方案的制定、分析和评估，以协助决策机构对关键事宜进行评判和决策。正是从这个角度，质量管控工作需要从计划执行和进度跟踪、变更控制、问题和风险、健康状况、交付成果审定和测试管理等方面对各工艺项目建设部项目组的工作情况进行评估，给出建议，并进行定期汇报。

◎通过建立有效的沟通机制，加强项目群各级组织之间的协作；

◎强化对周报和月报的整理分析，形成能真正反映项目群当前状况的工作汇总情况；

◎针对项目变更以及解决方案进行评估，并给出建议；

◎针对问题和风险的解决方案进行评估，并给出建议；

◎定期针对项目群当前健康状况进行分析和评估，并给出建议；

◎针对各项目组交付成果的审定和交付情况进行评估，并给出建议；

◎针对各项目组阶段性测试报告进行审核和评估，并给出建议；

◎按需针对变更、问题和风险、健康状况、交付成果和测试等主题向工艺项目办公室等决策组织进行总结汇报，对相关事宜提请决策。

8.3.7 问题及风险管理

风险评估：

◎提出健康风险评估需求；

◎汇总和检查健康风险评估表；

◎分析和评估项目健康状态；

◎编写健康风险评估报告，提出解决方案并向项目管理组进行汇报；

◎跟踪整改，收集反馈结果。

风险管理：

◎工艺项目群整体问题的接收、登记、分发、状态更新；

◎为解决方案的确认提供决策建议；

◎监控重大问题处理进度和情况、评估问题解决效率；

◎协调跨系统复杂问题和关键问题的及时解决；

◎监督问题管控的执行情况；

◎问题解决状况分析。

部门	任务	具体描述	主要工作输出
问题控制中心	问题管理	项目群问题接收、登记、分发、状态更新	问题登记表 问题跟踪记录 问题汇报
		分析并提供决策建议	
	问题跟踪	监督重大问题处理进度和情况以及信息收集	
		评估和分析问题解决效率	
		监督并跟踪各项目组问题解决的执行情况	
	协调	协调跨系统复杂问题和关键问题的及时解决	

8.4 培训管理

项目管理工作中的培训管理包含两部分内容:

8.4.1 对项目建设团队的培训

由于在系统建设过程中会涉及大量新技术、新工艺、新设备,项目的建设者首先要经过必要的培训,具备并掌握系统建设所需要的基础理论和专业技术,能深入理解并把握电视制播业务流程和先进技术的应用。通过与电视工艺技术系统所承载的业务内容、形式及流程的理解和掌握,能正确地通过相应的技术和系统架构来实现业务流程达到预期的设计目标。通过对新工艺新设备的专业培训,使建设团队能够熟悉并把握新工艺、新设备的应用,在系统建设过程中采用合适的工艺和适用的设备来构建系统。

8.4.2 对系统使用人员的培训

电视工艺技术系统的业务应用涉及电视中心的节目编导制作人员、技术运行保障人员和节目制播流程管理、业务管理、技术管理各方面的人员。新建的系统除了正确的规划、合理的设计、规范的集成和施工来确保系统建设的技术质量,必须经过各类使用人员正确合规的操作,才能使系统充分发挥作用。

培训管理就是要通过贯穿于系统建设全过程的各种培训来实现系统建设的终极目标。

培训管理包括:

◎制定培训规划和执行培训计划;

◎协调制定工艺系统操作培训计划;

◎组织编写培训手册;

◎审查教材的编写质量;

◎制定培训效果的评定标准;

◎监督与协调相关的培训完成情况。

8.5 文档管理

作为工艺技术系统建设的重要档案资料,工程文档实现了对相关系统设计、实施及相关建设过程的全面、完整和准确的记录描述,并对后续的系统运行和维护工作提供了全面的技术资料和规范。同时，可以作为培训材料的基础，对系统运行维护人员的持续培训提供支持。

工艺项目所产生的工程文档应按下述类别进行分类：技术需求、深化设计、系统实施、试运行、测试、培训、项目实施、物资。

8.5.1 技术需求文档

项目相关招投标的技术需求书，设备选型时所生成的清单、报告归入此类。

8.5.2 深化设计文档

深化设计阶段生成的设计报告（深化设计报告、概要设计报告、详细设计报告）、蓝图设计等，应归入此类别。

8.5.3 系统实施文档

在基础施工与系统施工阶段所产生的施工相关文档、施工评价报告、图纸、调试记录等，应归入此类。

8.5.4 试运行文档

在试运行阶段产生的管理方案、运行记录、运行报告等，应归入此类。

8.5.5 测试文档

所有与阶段性测试/系统集成测试（SIT）/系统接收测试（SAT）相关的测试方案、过程文档及测试报告等，应归入此类。

二　管理工作手册

管理工作的规范化和流程化是对电视中心工艺技术系统建设项目管理的重点，各项工作的管理流程则是管理工作规范化和流程化的具体体现。《管理工作手册》汇集了电视中心工艺技术系统建设项目管理的各阶段工作的相关管理流程，具体描述和规范了各项管理流程。

根据电视中心工艺技术系统建设的项目管理，《管理工作手册》将全部管理流程分为：流程管理、建安工作调改管理、项目管理、设备管理、测试管理、施工管理等六部分。每一部分都针对系统建设过程中的一个具体工作环节。

6

Chapter

第六章

流程管理

工艺技术系统建设工程的总体工作流程是实施管理工作的基础，它起到规范工作流程的作用。工作流程通常在组建项目工程建设实施团队时制定，但在实际工作中随着项目建设工作的展开，工作流程会随着内部外部条件的变化需要调整或制定新的工作流程。此时就需要工作流程的管理流程以规范工作流程的调改。

1 工作流程的管理流程图

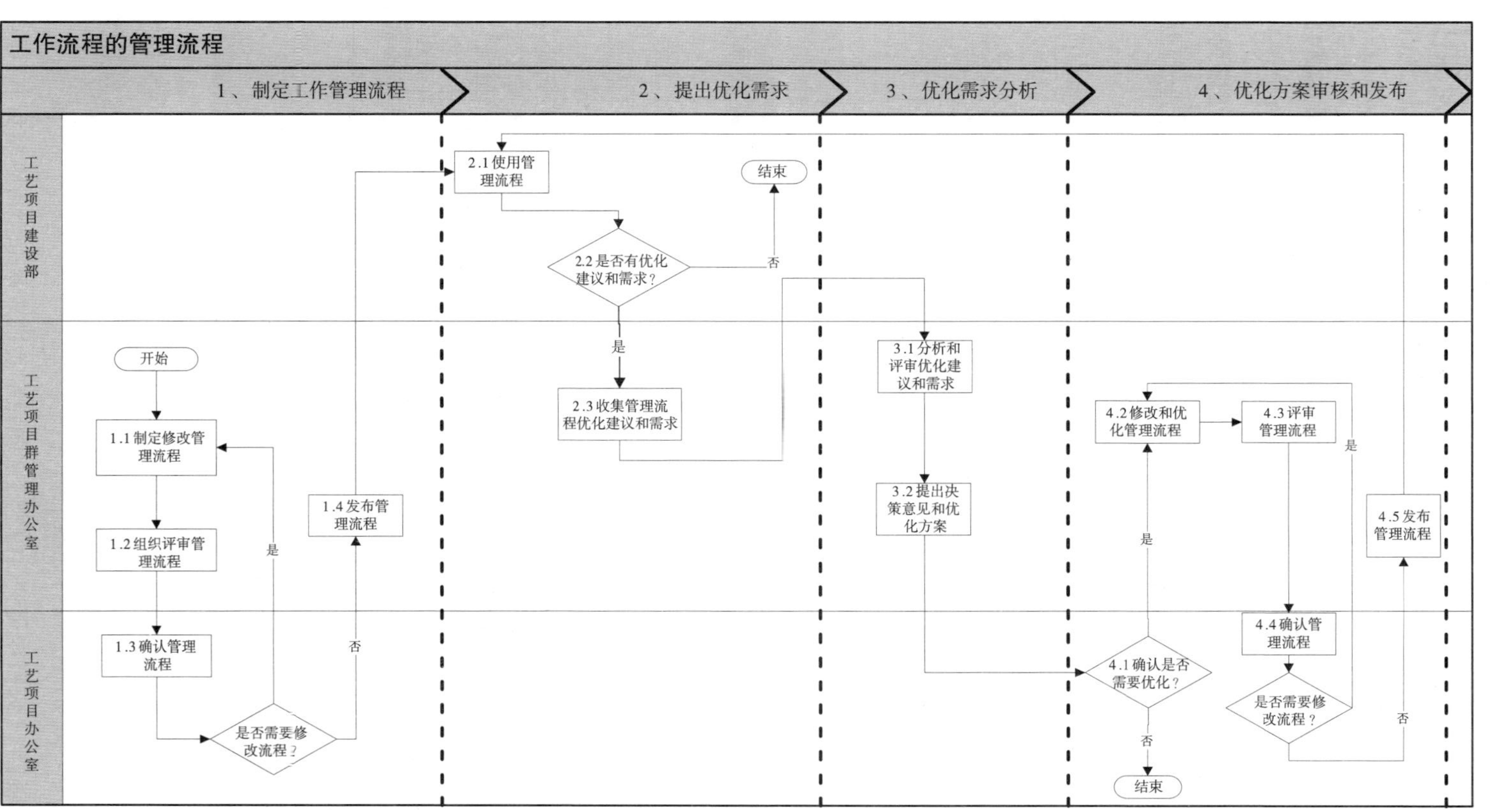

2 工作流程的管理流程描述

序号	工作任务	任务描述	负责部门	主要参与部门	主要输入	主要输出
1	制定工作管理流程					
1.1	制定修改管理流程	根据质量管理计划编写或修改管理流程	工艺项目群管理办公室		质量管理计划	工艺项目管理流程讨论稿
1.2	组织评审管理流程	组织对管理流程讨论稿进行评审	工艺项目群管理办公室	工艺项目办公室	管理流程讨论稿	
1.3	确认管理流程	对管理流程进行审核和确认	工艺项目办公室	工艺项目群管理办公室	管理流程讨论稿	讨论和确认结果
1.4	发布管理流程	对确认的管理流程进行发布	工艺项目办公室	工艺项目群管理办公室		管理流程正式稿
2	提出优化需求					
2.1	使用管理流程	遵循发布的管理流程，在项目实施过程中加以使用和执行	工艺项目建设部		管理流程	
2.2	提出优化建议	在执行管理流程过程中，如果有相应的优化需求，则根据流程优化建议模提出管理流程优化建议	工艺项目建设部	工艺项目群管理办公室	管理流程、流程优化建议模	管理流程优化建议
2.3	收集管理流程优化建议和需求	向工艺项目建设部和各工艺项目建设部项目组收集管理流程优化建议	工艺项目群管理办公室	工艺项目建设部	管理流程优化建议	
3	优化需求分析					
3.1	分析和评审优化建议和需求	对收集到的管理流程优化建议和需求进行分析和评审	工艺项目群管理办公室		管理流程优化建议	分析和评审意见
3.2	提出决策意见和优化方案	根据分析和评审结果，形成相应的决策意见和优化方案	工艺项目群管理办公室		管理流程优化建议分析和评审意见	决策意见和优化方案

续表

序号	工作任务	任务描述	负责部门	主要参与部门	主要输入	主要输出
4	优化方案审核和发布					
4.1	确认是否需要优化	对优化方案进行检查，确认是否需要优化相关流程	工艺项目办公室	工艺项目群管理办公室	管理流程优化方案	决策意见
4.2	修改和优化管理流程	对当前的管理流程进行修改和优化	工艺项目群管理办公室		管理流程优化方案	管理流程优化方案讨论稿
4.3	评审管理流程	组织对修改和优化后的管理流程进行评审	工艺项目群管理办公室	工艺项目办公室	管理流程优化方案讨论稿	
4.4	确认管理流程	对工艺项目管理流程进行审核和确认	工艺项目办公室	工艺项目群管理办公室	管理流程优化方案讨论稿	确认的管理流程方案
4.5	发布管理流程	对已经确认修改和优化后的管理流程进行发布	工艺项目办公室			优化后的管理流程正式稿

1. 制定管理流程

1.1 工艺项目群管理办公室质量控制部根据质量管理计划编写或修改管理流程；

1.2 工艺项目群管理办公室质量控制部组织对管理流程进行评审；

1.3 工艺项目群管理办公室质量控制部将管理流程提交工艺项目办公室秘书组，由工艺项目办公室秘书组送工艺项目办公室对管理流程进行审核和确认；

1.4 工艺项目办公室秘书组将工艺项目办公室审核确认后的管理流程转交工艺项目群管理办公室，由工艺项目群管理办公室负责进行发布。

2. 提出优化需求

2.1 工艺项目建设部遵循已发布的管理流程，在项目实施过程中加以使用和执行；

2.2 工艺项目建设部在执行管理流程过程中，如果有相应的优化需求，可提出管理流程优化建议；

2.3 工艺项目群管理办公室质量控制部通过工艺项目办公室秘书组和工艺项目建设部的项目组联系人向工艺项目建设部和各工艺项目建设部项目组收集管理流程优化建议。

3. 优化需求分析

3.1 工艺项目群管理办公室质量控制部对收集到的管理流程优化建议进行分析和评审;

3.2 工艺项目群管理办公室质量控制部根据分析和评审结果,形成相应的决策意见和优化方案。

4. 优化方案审核和发布

4.1 工艺项目群管理办公室质量控制部将优化方案上报工艺项目办公室,工艺项目办公室对优化方案进行检查,确认是否需要优化相关流程;

4.2 如需优化相关流程,则工艺项目群管理办公室质量控制部将对当前的管理流程进行修改和优化;

4.3 工艺项目群管理办公室质量控制部组织对修改和优化后的管理流程进行评审;

4.4 工艺项目群管理办公室质量控制部将优化后的管理流程提交工艺项目办公室秘书组,由工艺项目办公室秘书组送工艺项目办公室对优化后的管理流程进行审核和确认;

4.5 工艺项目办公室秘书组将工艺项目办公室审核确认后的管理流程转交工艺项目群管理办公室,由工艺项目群管理办公室将确认修改和优化后的管理流程进行正式发布。

7
Chapter

第七章

建安工程调改管理

新的工艺技术系统的建设往往是伴随着电视中心楼宇建设而进行的。虽然在电视中心楼宇建设的设计和施工阶段，建筑设计方和建筑施工方会根据工艺技术系统的需要在建筑设计和施工上做相应的适配，但在具体的工艺技术系统的设计和施工阶段中仍会对已经完成或正在进行的电视中心楼宇的建筑施工提出相应的调改要求，其中有些调改可能会涉及建筑设计的变动和调改。在这种情况下，为合理有序地进行建安工程的调改工作，有关各方必须按照统一的流程进行相关工作。

1 建安工程调改管理流程

建安工程调改管理流程图

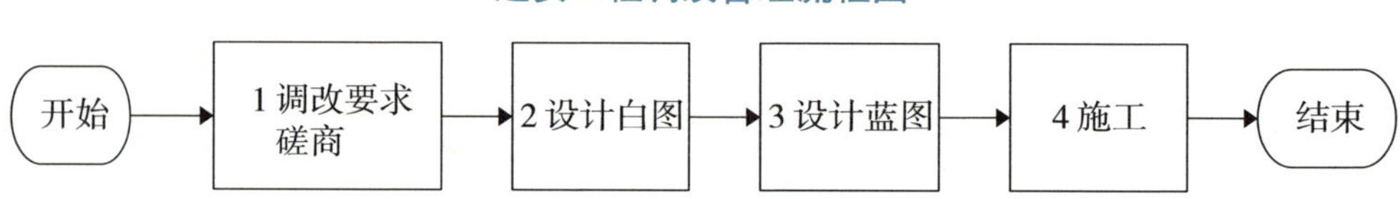

建安工程调改管理流程描述

序号	工作任务	任务描述	负责部门	主要参与部门	主要输入	主要输出
1	调改要求磋商	对工艺项目建设部项目组提出的调改要求，相关部门进行磋商，最终达成一致。	工艺项目办公室	工艺项目建设部项目组、建筑项目办公室、建安设计方	提出的调改要求	达成一致的调改要求
2	设计白图	针对达成一致的调改要求出白图；经相关部门的磋商，最终确认白图能够满足调改要求。	建筑设计方	工艺项目建设部项目组、建筑项目办公室、建筑设计方	达成一致的调改要求	满足调改要求的白图
3	设计蓝图	针对达成一致的白图出蓝图；经各相关部门的确认，蓝图满足调改要求和造价、工期等要求，可以照此进行施工。	建筑项目办公室	工艺项目建设部项目组、建筑项目办公室、建筑设计方	满足调改要求的白图	满足调改要求和造价、工期等要求的蓝图
4	施工	按照确认后的蓝图进行施工	施工方	建筑项目办公室		

2 建安工程调改要求磋商管理流程

建安工程调改要求磋商管理流程图

建安工程调改要求磋商管理流程

1 提交调改要求申请

2 调改要求磋商

工艺项目建设部项目组

工艺项目办公室

建筑项目办公室

建筑设计方

开始

1.1 提出调改要求申请

1.2 审批调改要求

审批通过

否

结束

是

1.3 审批调改要求

审批通过

否

是

1.4 转发建筑设计方评估

1.5 对调改要求影响给出评估

1.6 根据评估结果决策

决策是否调改

否

是

2.1 通知建筑设计方对调改要求做设计更改

2.2 建筑设计方给出设计意见反馈

2.3 转发建筑设计方的反馈

2.4 转发建筑设计方的反馈

2.5 对反馈意见进行回复

2.6 转发项目组的回复

2.7 转发项目组的回复

设计方和项目组就调改意见达成共识

是

否

进入设计白图流程

建安工程调改要求磋商管理流程描述

序号	工作任务	任务描述	负责部门	参与部门	主要输入	主要输出
1	提交调改要求申请					
1.1	提出调改要求申请	提出调改要求申请	工艺项目建设部项目组	无	无	“调改申请”发文
1.2	审批调改要求	审批工艺项目建设部项目组提交的调改申请	工艺项目办公室	无	“调改申请”发文	工艺项目办公室审批的“调改申请发文”
1.3	审批调改要求	审批工艺项目办公室转发的调改申请发文	建筑项目办公室	无	工艺项目办公室审批的“调改申请发文”	建筑项目办公室审批的“调改申请发文”
1.4	转发建筑设计方进行评估	将调改要求转发建筑设计方	建筑项目办公室工程部	无		建筑项目办公室审批的“调改申请发文”
1.5	对调改要求影响给出评估	对调改要求给出设计方面的评估意见	建筑设计方	无	建筑项目办公室审批的“调改申请发文”	“调改评估意见”发文
1.6	根据评估结果决策	建筑项目办公室提供对建筑设计方的评估意见进行决策，给出是否可行的意见	建筑项目办公室	建筑项目办公室	“调改评估意见”	“决策结果”发文
2	调改要求磋商					
2.1	通知建筑设计方对调改要求做相应的设计方案	通知建筑设计方依据调改要求调整相应的设计方案	建筑项目办公室	无	“决策结果”发文	“决策结果”发文
2.2	建筑设计方给出意见反馈	建筑设计方对调改内容给出设计意见反馈	建筑设计方	无	“决策结果”发文	“设计反馈意见”发文
2.3	转发建筑设计方的反馈	建筑项目办公室将建筑设计方的反馈转发给工艺项目办公室	建筑项目办公室	无	“设计反馈意见”发文	“设计反馈意见”发文
2.4	转发建筑设计方的反馈	工艺项目办公室将建筑设计方的反馈转发给工艺项目建设部项目组	工艺项目办公室	无	“设计反馈意见”发文	“设计反馈意见”发文
2.5	对反馈意见进行回复	工艺项目建设部项目组对建筑设计方的反馈进行回复	工艺项目建设部项目组	无	“设计反馈意见”发文	项目组回复
2.6	转发工艺项目建设部项目组的回复	工艺项目办公室将工艺项目建设部项目组的意见转发给建筑项目办公室	工艺项目办公室	无	项目组回复	项目组回复
2.7	转发工艺项目建设部项目组的回复	建筑项目办公室技术处将工艺项目建设部项目组的回复转发给建筑设计方	建筑项目办公室	无	项目组回复	项目组回复

3 建安工程调改设计白图管理流程

建安工程调改设计白图管理流程图

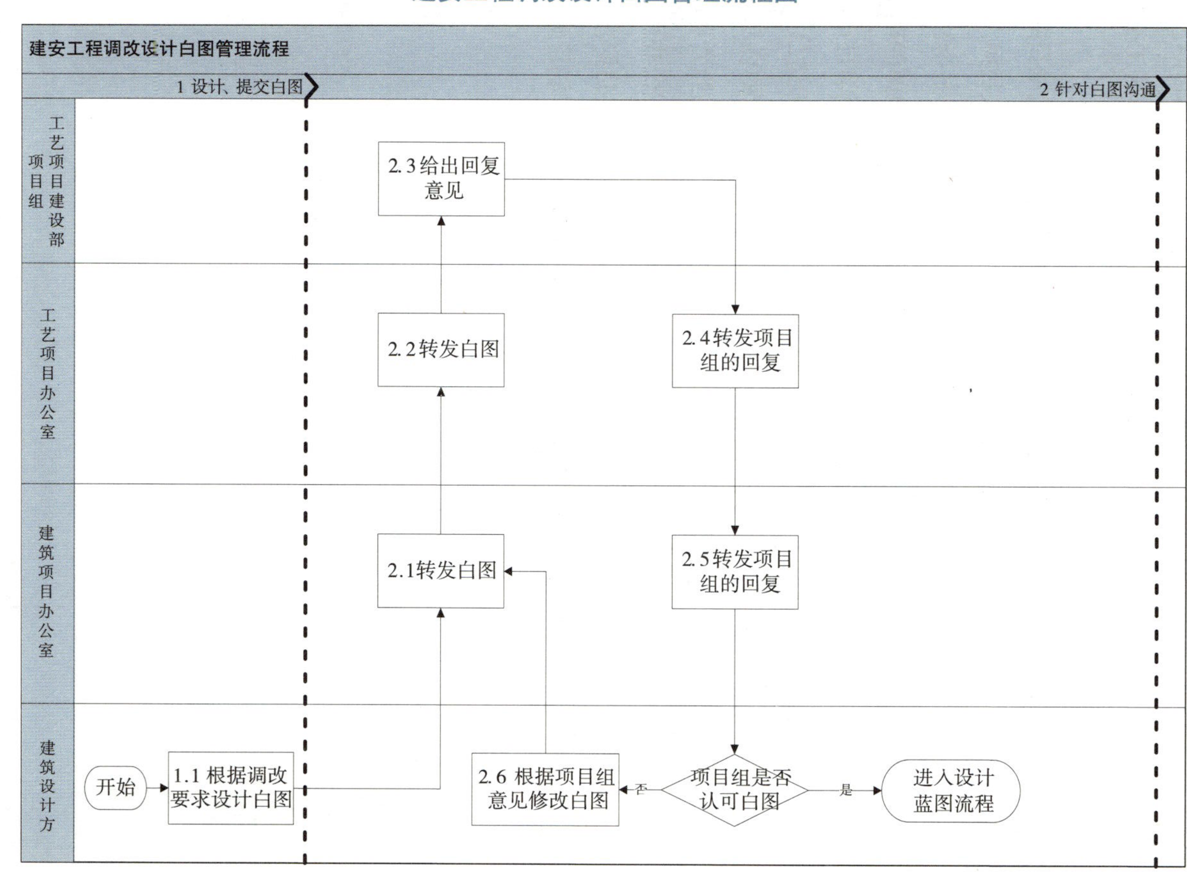

建安工程调改设计白图管理流程描述

序号	工作任务	任务描述	负责部门	参与部门	主要输入	主要输出
1	设计、提交白图					
1.1	根据调改要求设计白图	根据磋商的调改要求设计白图，并提交建筑项目办公室	建筑设计方	无	调改要求	白图
2	针对白图沟通					
2.1	转发白图	将白图转发给工艺项目办公室	建筑项目办公室	无	白图	白图
2.2	转发白图	将白图转发给工艺项目建设部项目组	工艺项目办公室	无	白图	白图
2.3	给出回复意见	工艺项目建设部项目组对白图给出回复意见	工艺项目建设部项目组	无	白图	白图回复意见
2.4	转发工艺项目建设部项目组的回复	将工艺项目建设部项目组的回复转发给建筑项目办公室	工艺项目办公室	无	白图回复意见	白图回复意见
2.5	转发工艺项目建设部项目组的回复	将工艺项目建设部项目组的回复转发给建筑设计方	建筑项目办公室	无	白图回复意见	白图回复意见
2.6	根据工艺项目建设部项目组意见修改白图	根据工艺项目建设部项目组的意见修改白图	建筑设计方	无	白图回复意见	白图

4 建安工程调改设计蓝图管理流程

建安工程调改设计蓝图管理流程图

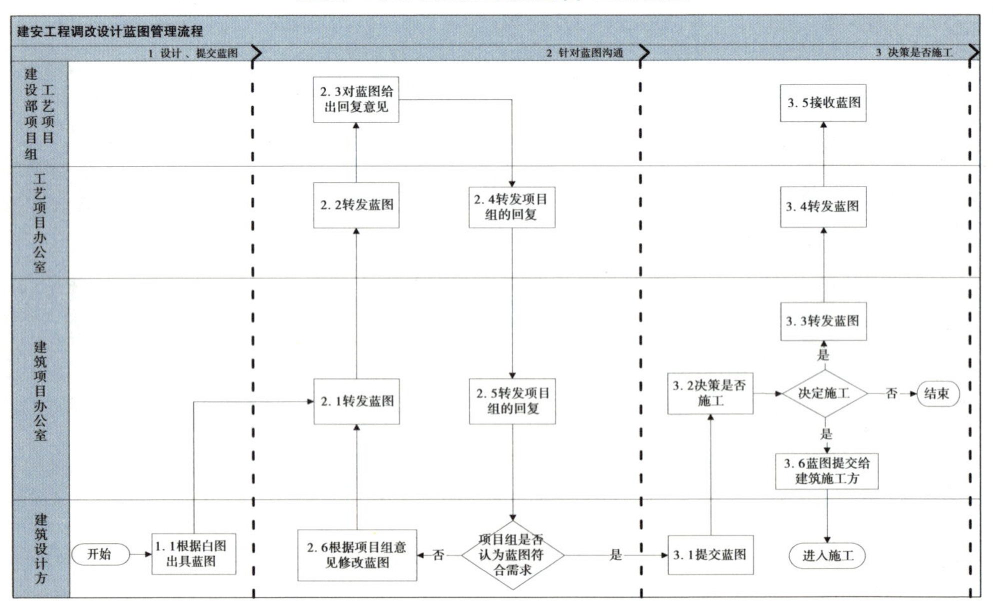

建安工程调改设计蓝图管理流程描述

序号	工作任务	任务描述	负责部门	参与部门	主要输入	主要输出
1	设计、提交蓝图					
1.1	根据白图设计并提交蓝图	根据确认的白图设计相应的蓝图	建筑设计方	无	白图	蓝图
2	针对蓝图沟通					
2.1	转发蓝图	将蓝图转发给工艺项目办公室	建筑项目办公室	无	蓝图	蓝图
2.2	转发蓝图	将蓝图转发给工艺项目建设部项目组	工艺项目办公室	无	蓝图	蓝图
2.3	对蓝图给出回复意见	工艺项目建设部项目组对蓝图给出回复意见	工艺项目建设部项目组	无	蓝图	蓝图回复意见
2.4	转发工艺项目建设部项目组的回复	将工艺项目建设部项目组的回复转发给建筑项目办公室	工艺项目办公室	无	蓝图回复意见	蓝图回复意见
2.5	转发工艺项目建设部项目组的回复	将工艺项目建设部项目组的回复转发给建筑设计方	建筑项目办公室	无	蓝图回复意见	蓝图回复意见
2.6	根据工艺项目建设部项目组意见修改蓝图	根据工艺项目建设部项目组的意见修改蓝图	建筑设计方	无	蓝图回复意见	蓝图
3	决策是否施工					
3.1	提交蓝图	将蓝图提交给建筑项目办公室	建筑设计方	无	蓝图	蓝图
3.2	决策是否施工	确认是否可以依据蓝图施工	建筑项目办公室	建筑项目办公室	蓝图	“决策结果”发文
3.3	转发蓝图	将蓝图转发给工艺项目办公室	建筑项目办公室	无	蓝图	蓝图
3.4	转发蓝图	将蓝图转发给工艺项目建设部项目组	工艺项目办公室	无	蓝图	蓝图
3.5	接收蓝图	接收蓝图，施工期间依据此蓝图检查施工进展情况	工艺项目建设部项目组	无	蓝图	
3.6	蓝图提交给建筑施工方	将蓝图提供给建筑施工方，依据蓝图进行施工	建筑项目办公室	无	蓝图	

5 建安工程调改的设计状态跟踪管理流程

建安工程调改的设计状态跟踪管理流程图

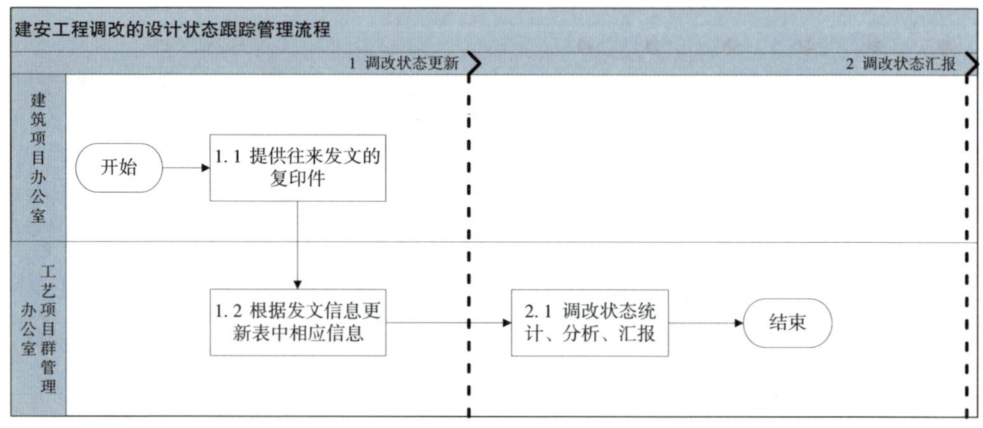

建安工程调改的设计状态跟踪管理流程描述

序号	工作任务	任务描述	负责部门	参与部门	主要输入	主要输出
1	调改状态更新					
1.1	提供往来发文复印件	提供调改相关的所有发文复印件	建筑项目办公室	工艺项目办公室、建筑项目办公室、建筑设计方	相关调改发文	相关调改发文复印件
1.2	根据发文信息更新相应信息	根据提供的复印件信息更新相应调改状态信息	工艺项目群管理办公室	无	相关调改发文复印件	更新后的“工艺项目建安施工协同需求跟踪表”
2	调改状态汇报					
2.1	调改状态统计、分析、汇报	定期将当前的调改信息统计汇报	工艺项目群管理办公室	无	更新后的“工艺项目建安施工协同需求跟踪表”	统计分析报告

6 建安工程调改的施工状态跟踪管理流程

建安工程调改的施工状态跟踪管理流程图

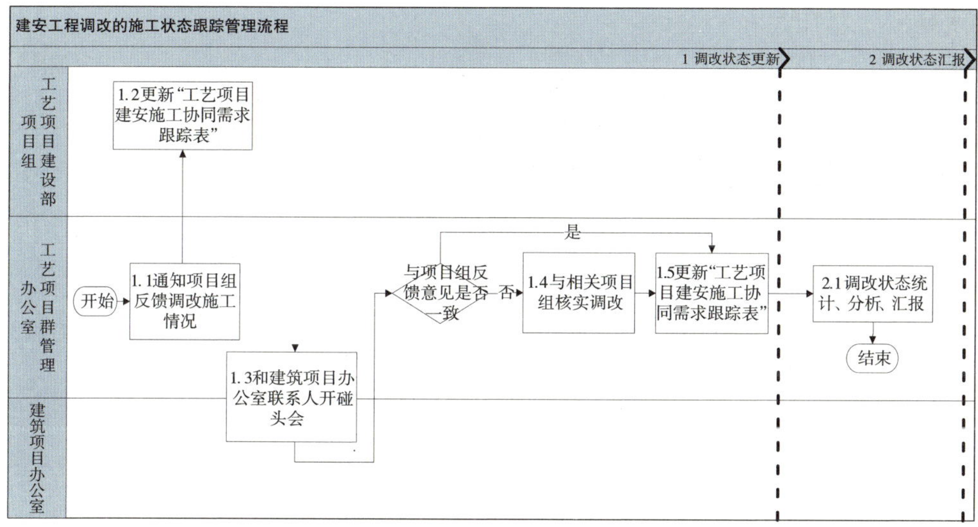

建安工程调改的施工状态跟踪管理流程描述

序号	工作任务	任务描述	负责部门	参与部门	主要输入	主要输出
1	调改状态更新					
1.1	通知工艺项目建设部项目组反馈调改施工情况	通知调改涉及的工艺项目建设部项目组，反馈调改施工的最新状态	工艺项目群管理办公室	无	无	无
1.2	更新“工艺项目建安施工协同需求跟踪表”	工艺项目建设部项目组在表中录入反馈信息	工艺项目建设部项目组	无	工艺项目建设部项目组掌握的施工状态	工艺项目建设部项目组反馈信息
1.3	和建筑项目办公室联系人开碰头会	和建筑项目办公室联系人开会，核对工艺项目建设部项目组反馈的信息	工艺项目群管理办公室	建筑项目办公室	工艺项目建设部项目组反馈信息	核对后的反馈信息

续表

序号	工作任务	任务描述	负责部门	参与部门	主要输入	主要输出
1.4	与相关工艺项目建设部项目组联系人进行核实调改	针对工艺项目建设部项目组和建筑项目办公室联系人反馈信息不一致进行核实调改	工艺项目群管理办公室	建筑项目办公室、工艺项目建设部项目组	不一致的反馈信息	核实调改后的反馈信息
1.5	更新“工艺项目建安施工协同需求跟踪表”	根据工艺项目建设部项目组和建筑项目办公室联系人反馈的信息更新表	工艺项目群管理办公室	无	核实调改后的反馈信息	更新后的“工艺项目建安施工协同需求跟踪表”
2	调改状态汇报					
2.1	调改状态统计、分析、汇报	定期将当前的调改信息统计汇报	工艺项目群管理办公室	无	更新后的“工艺项目建安施工协同需求跟踪表”	统计分析报告

8

Chapter

第八章

项目管理

项目管理是针对工艺技术系统建设工作所包含的各项具体的工艺建设项目从项目立项、技术需求分析、概要设计、深化设计、关键设备选型、测试联调、建设实施、试运行、竣工验收等各个工作节点进行的各项工作的流程进行管理。

1　项目审定管理

工艺技术系统建设的项目审定工作根据项目实施的阶段和审定内容的不同，可以分为以下五种类型的审定管理流程：

◎项目立项审定管理流程；

◎技术需求审定管理流程；

◎设计方案审定管理流程；

◎施工图施工方案审定管理流程；

◎设备采购审定管理流程。

1.1　项目立项审定管理流程

工艺技术系统建设各项目的确定是在系统建设初期的系统规划阶段，规划阶段会编制制定项目总表作为系统建设的基础依据，不得随意调改，后续的设计和建设工作都据此展开。但随着设计建设工作的展开会产生新的业务或需求，必须通过新的建设项目实现或在规划阶段没有考虑周全的问题需要通过新增建设项目来解决，为此就会产生新增建设项目的问题。新增建设项目不但会对原有规划产生影响，也有可能涉及建设投资、工期等一系列问题。所以，新项目的立项必须通过必要的工作流程来进行审定。

项目立项审定管理流程图

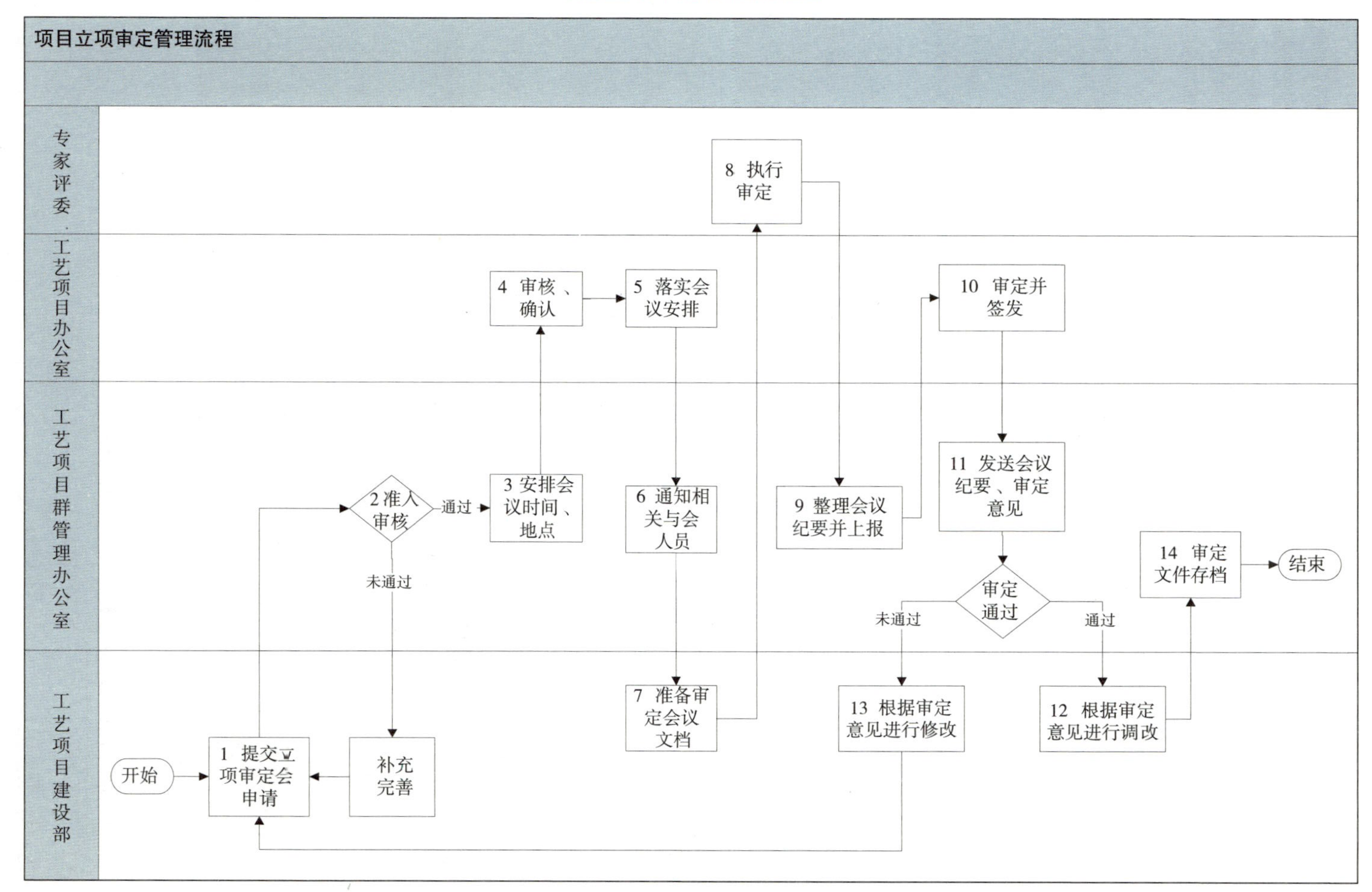

项目立项审定管理流程描述

序号	工作任务	任务描述	负责部门	主要输入	主要输出
1	提交立项审定会申请	工艺项目建设部项目组填写并提交立项审定会申请表(使用模板)	工艺项目建设部	项目交付审定资料准备完成	立项审定会申请、待审定的立项文档
2	准入审核	就审定申请进行审核,是否符合立项审定准入要求	工艺项目群管理办公室	立项审定会申请表待审定的立项文档	是否准入审核
3	安排会议时间、地点	协调并安排立项审定会议时间、地点及参加人员	工艺项目办公室秘书组、工艺项目群管理办公室	是否准入审核	拟定会议时间、地点、参加人员
4	审核、确认	对立项审定会的相关安排进行审核、确认	工艺项目办公室	拟定会议时间、地点、参加人员	确认时间、地点、参加人员
5	落实会议安排	根据领导批示落实会议安排	工艺项目办公室秘书组	确认时间、地点	确定的会议时间、地点
6	通知相关与会人员	发项目立项审定会通知	工艺项目群管理办公室	确认的时间、地点	会议通知
7	准备审定会议文档	准备审定会议文档	工艺项目建设部	会议通知	会议文档
8	执行审定	召开审定会,审定并给出意见	工艺项目办公室	审定申请审定资料	评审意见
9	整理会议纪要并上报	整理会议纪要并上报工艺项目办公室	工艺项目群管理办公室	会议记录	完整的审定会纪要
10	审定并签发	工艺项目办公室领导审定并签发会议纪要	工艺项目办公室	完整的审定会纪要	签发的审定会纪要
11	发送会议纪要及审定意见	发送会议纪要及审定意见	工艺项目群管理办公室	签发的审定会纪要及审定意见	正式审定会纪要及审定意见
12	根据审定意见进行调改	若通过审定,根据审定意见进行调改	工艺项目建设部	正式审定会纪要	调改完成的立项文档

续表

序号	工作任务	任务描述	负责部门	主要输入	主要输出
13	根据审定意见进行修改	若未通过审定，根据审定意见进行修改，修改完成后可再次申请审定	工艺项目建设部	正式审定会纪要	修改后的立项文档再报立项审定申请，重新执行立项审定会流程
14	审定过程文件存档	将审定文档参评版、审定文档最终版、评审结果、会议纪要、审批件、签到表等文件进行存档	工艺项目群管理办公室	审定文档参评版、审定文档最终版、会议纪要、审批件、签到表等	

1. 工艺项目建设部项目组按照要求填写项目立项审定会申请表及相关文档，由工艺项目建设部项目组联系人提交至工艺项目群管理办公室质量控制部。

2. 工艺项目群管理办公室质量控制部将收到的项目立项文档进行审核，检查相关立项文档格式是否符合审定准入要求。如果审核未能通过，则由工艺项目群管理办公室质量控制部通知相关工艺项目建设部项目组对相关文档进行修改、补充和完善后再次申请。

3. 相关文档通过审核后，工艺项目群管理办公室质量控制部将审核通过的项目立项审定申请表及相关文档转交工艺项目群管理办公室计划部，由工艺项目群管理办公室计划部协商工艺项目办公室秘书组拟定审定会议时间、地点和参加人员。

4. 工艺项目办公室领导确认。

（1）工艺项目群管理办公室计划部将完成的项目立项审定安排提交工艺项目办公室秘书组；

（2）工艺项目办公室秘书组将收到的项目立项审定安排送工艺项目办公室领导进行确认，确定审定会时间、地点和参加人员；

（3）工艺项目办公室秘书组将工艺项目办公室领导意见通知工艺项目群管理办公室计划部。

5. 工艺项目办公室秘书组根据工艺项目办公室领导确认后的项目审定会安排，落实会议场地，并在此后通知工艺项目群管理办公室计划部。

6. 工艺项目群管理办公室计划部确定会议通知及参会人员名单，由工艺项目群管理办公室秘书根据项目立项审定会的通知及参会人员名单通知工艺项目建设部项目组及相关与会人员。

7. 工艺项目建设部项目组根据审定会安排准备审定会议用相关文档。

8. 工艺项目群管理办公室按照审定会安排组织项目审定会。会议基本流程如下:

(1)工艺项目建设部项目组介绍;

(2)评委评审;

(3)综合评审意见。

9. 工艺项目群管理办公室质量控制部记录并整理审定会会议纪要,并与工艺项目建设部项目组负责人及相关人员核对确认会议主要评审结论。

10. 审定并签发。

(1)工艺项目群管理办公室质量控制部将审定会会议纪要送工艺项目群管理办公室领导预审后提交工艺项目办公室秘书组;

(2)工艺项目办公室秘书组将收到的项目立项审定会会议纪要送工艺项目办公室领导进行审定并签发;

(3)工艺项目办公室秘书组将工艺项目办公室领导审定并签发的项目立项审定会会议纪要转交工艺项目群管理办公室。

11. 工艺项目群管理办公室秘书将工艺项目办公室领导审定并签发后的项目立项审定会会议纪要以正式的《项目审定会会议纪要》模式发送。

12. 若审定通过,相关工艺项目建设部项目组根据收到的《项目审定会会议纪要》,针对审定意见进行调改,编制最终文档。

13. 若审定未能通过,相关工艺项目建设部项目组根据收到的《项目审定会会议纪要》,针对审定意见进行修改,修改完成后再次申请审定,重新执行审定会流程。

14. 审定文件存档。

(1)工艺项目建设部项目组向工艺项目群管理办公室质量控制部提交调改完成后的审定文件最终版;

(2)工艺项目群管理办公室质量控制部将本次项目审定涉及的所有文件,包括:审定会申请表、审定文件参评版,审定文件最终版、评审结果、会议纪要、审批件、签到表等,进行存档。

1.2 技术需求审定管理流程

技术需求是项目建设的核心要素之一,技术需求的确定是项目建设的开始。通常当建设项目确定后,相关的工艺项目建设部项目组将启动项目设计工作,根据项目的业务需求提出项目建设的技术需求方案。技术需求方案是项目建设的基础依据之一,需要通过必要的评审工作流程审核确定。

技术需求审定管理流程图

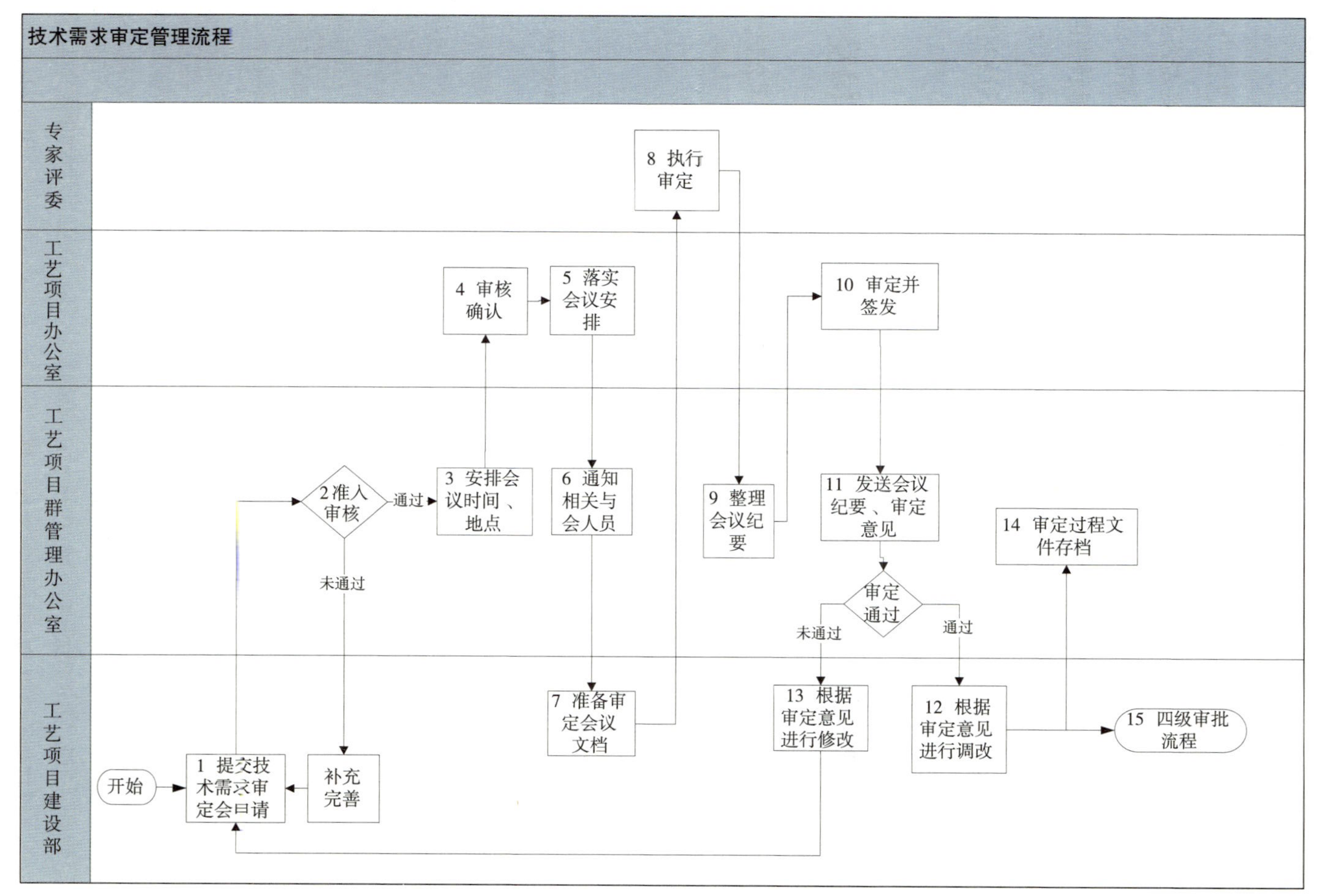

技术需求审定管理流程描述

序号	工作任务	任务描述	负责部门	主要输入	主要输出
1	提交技术需求审定会申请	工艺项目建设部项目组填写并提交审定会申请表	工艺项目建设部	项目交付审定资料准备完成	技术需求审定会申请、待审定的需求文档
2	准入审核	就审定申请进行审核，是否符合技术需求审定准入要求	工艺项目群管理办公室	审定会申请表、待审定的需求文档	是否准入审核
3	安排会议时间、地点	协调并安排技术需求审定会议时间、地点及参加人员	工艺项目办公室秘书组、工艺项目群管理办公室	是否准入审核	拟定会议时间、地点、参加人员
4	审核、确认	对技术需求审定会的相关安排进行审核、确认	工艺项目办公室	拟定会议时间、地点、参加人员	确认时间、地点、参加人员
5	落实会议安排	根据领导批示落实会议安排	工艺项目办公室秘书组	确认时间、地点	确定的会议时间、地点
6	通知相关与会人员	发技术需求审定会通知	工艺项目群管理办公室	确认的时间、地点	会议通知
7	准备审定会议文档	准备技术需求审定会议文档	工艺项目建设部	会议通知	会议文档
8	执行审定	召开审定会，审定并给出意见	工艺项目办公室	审定申请 审定资料	评审意见
9	整理会议纪要	整理会议纪要	工艺项目群管理办公室	会议记录	完整的审定会纪要
10	审定并签发	工艺项目办公室领导审定并签发会议纪要	工艺项目办公室	完整的审定会纪要	签发的审定会纪要
11	发送会议纪要及审定意见	发送会议纪要及审定意见	工艺项目群管理办公室	签发的审定会纪要及审定意见	正式审定会纪要及审定意见
12	根据审定意见进行调改	若通过审定，根据审定意见进行调改	工艺项目建设部	正式审定会纪要	调改完成的技术需求文档
13	根据审定意见进行修改	若未通过审定，根据审定意见进行修改，修改完成后可再次申请审定	工艺项目建设部	正式审定会纪要	修改后的技术需求文档再报技术需求审定申请，重新执行审定会流程

续表

序号	工作任务	任务描述	负责部门	主要输入	主要输出
14	审定过程文件存档	将审定文档参评版、审定文档最终版、评审结果、会议纪要、审批件、签到表等文件进行存档	工艺项目群管理办公室	审定文档参评版、审定文档最终版、会议纪要、审批件、签到表等	
15	四级审批流程	转入四级审批流程	工艺项目建设部	四级审批文件	

1. 工艺项目建设部项目组按照要求填写技术需求审定会申请表及相关文档，由工艺项目建设部项目组联系人提交至工艺项目群管理办公室质量控制部。

2. 工艺项目群管理办公室质量控制部将收到的技术需求文档进行审核，检查相关需求文档格式是否符合审定准入要求。如果审核未能通过，则由工艺项目群管理办公室质量控制部通知相关工艺项目建设部项目组对相关文档进行修改、补充和完善后再次申请。

3. 相关文档通过审核后，工艺项目群管理办公室质量控制部将审核通过的技术需求审定申请表及相关文档转交工艺项目群管理办公室计划部，由计划部协商工艺项目办公室秘书组拟定审定会议时间、地点和参加人员。

4. 工艺项目办公室领导确认。

（1）工艺项目群管理办公室计划部将完成的技术需求审定安排提交工艺项目办公室秘书组；

（2）工艺项目办公室秘书组将收到的技术需求审定安排送工艺项目办公室领导进行确认，确定审定会时间、地点和参加人员；

（3）工艺项目办公室秘书组将工艺项目办公室领导意见通知工艺项目群管理办公室计划部。

5. 工艺项目办公室秘书组根据工艺项目办公室领导确认后的技术需求审定会安排，落实会议场地，并在此后通知工艺项目群管理办公室计划部。

6. 工艺项目群管理办公室计划部确定会议通知及参会人员名单，由工艺项目群管理办公室秘书根据技术需求审定会的通知及参会人员名单通知工艺项目建设部项目组及相关与会人员。

7. 工艺项目建设部项目组根据审定会安排准备审定会议用相关文档。

8. 工艺项目群管理办公室按照审定会安排组织技术需求审定会。会议基本流程如下：

（1）工艺项目建设部项目组介绍；

（2）评委评审；

（3）综合评审意见。

9. 工艺项目群管理办公室质量控制部记录并整理审定会会议纪要，并与工艺项目建设部相关项目组负责人及相关人员核对确认会议主要评审结论。

10. 审定并签发。

（1）工艺项目群管理办公室质量控制部将审定会会议纪要送工艺项目群管理办公室领导预审后提交工艺项目办公室秘书组；

（2）工艺项目办公室秘书组将收到的技术需求审定会会议纪要送工艺项目办公室领导进行审定并签发；

（3）工艺项目办公室秘书组将工艺项目办公室领导审定并签发的技术需求审定会会议纪要转交工艺项目群管理办公室。

11. 工艺项目群管理办公室秘书将工艺项目办公室领导审定并签发的技术需求审定会会议纪要以正式的《项目审定会会议纪要》模式发送。

12. 若审定通过，工艺项目建设部相关项目组根据收到的《项目审定会会议纪要》，根据审定意见对项目技术需求进行调改，编制最终文档。

13. 若审定未能通过，工艺项目建设部相关项目组根据收到的《项目审定会会议纪要》，根据审定意见对项目技术需求进行修改，修改完成后再次申请审定，重新执行审定会流程。

14. 审定文件存档。

（1）工艺项目建设部项目组向工艺项目群管理办公室质量控制部提交调改完成后的审定文件最终版；

（2）工艺项目群管理办公室质量控制部将本次技术需求审定涉及的所有文件，包括：审定会申请表、审定文件参评版，审定文件最终版、评审结果、会议纪要、审批件、签到表等，进行存档。

15. 如果需要通过外部服务提供项目设计、项目集成等工作，则进入有关招标采购的审批流程进行项目招标四级审批。

1.3 设计方案审定管理流程

设计方案审定管理流程是在工艺项目建设部项目组完成相关项目的概要设计或深化设计后进行。设计方案审定主要是对相关项目的概要设计或深化设计方案进行评审，以检验其是否满足业务需求和技术需求。

设计方案审定管理流程图

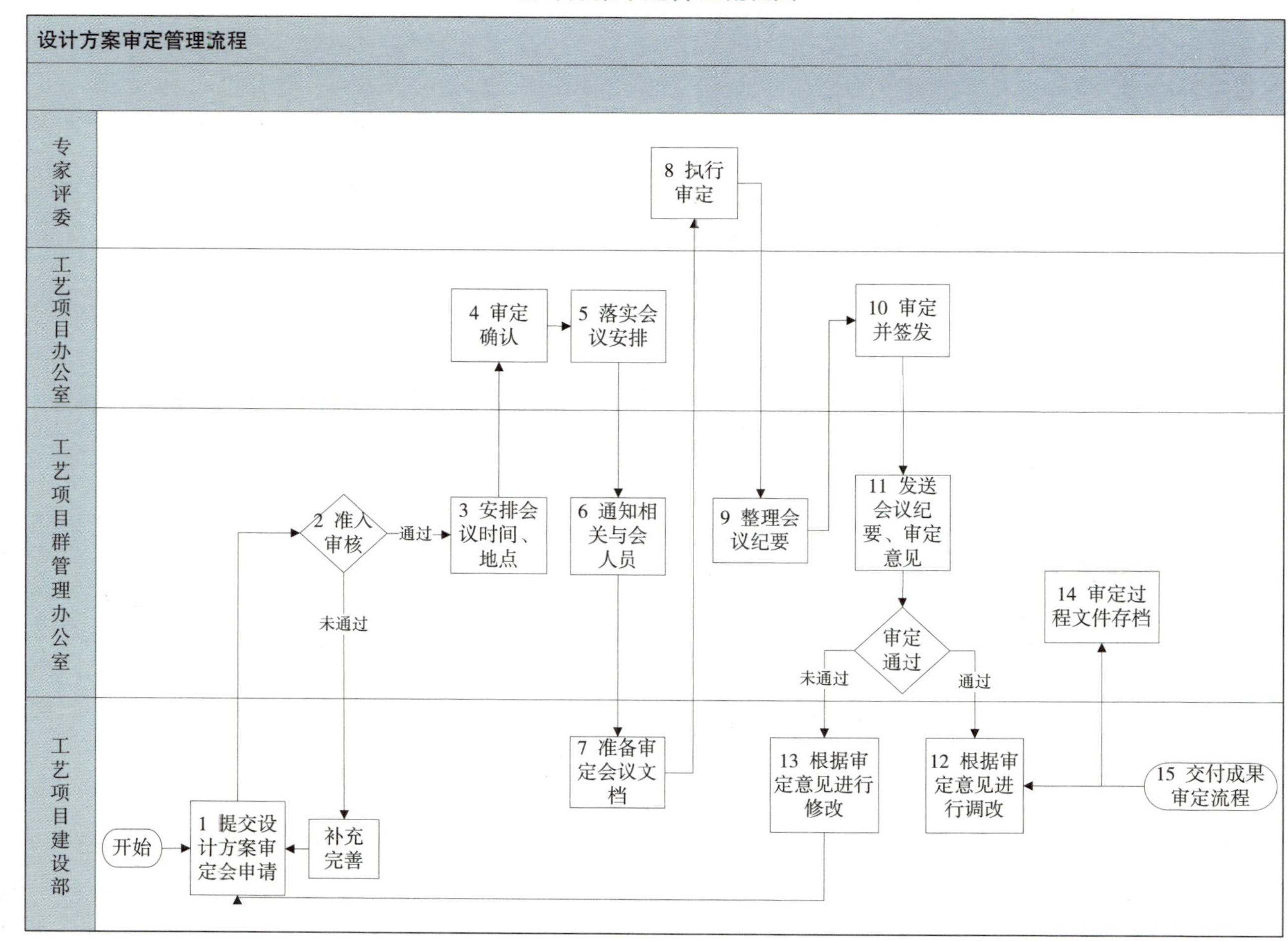

设计方案审定管理流程描述

序号	工作任务	任务描述	负责部门	主要输入	主要输出
1	提交设计方案审定会申请	工艺项目建设部项目组填写并提交审定会申请表（使用模板）	工艺项目建设部	项目交付审定资料准备完成	设计方案审定会申请待审定的设计方案文档
2	准入审核	就审定申请进行审核，是否符合设计方案审定准入要求	工艺项目群管理办公室	审定会申请表待审定的设计方案文档	是否准入审核
3	安排会议时间、地点	协调并安排审定会议时间、地点及参加人员	工艺项目办公室秘书组、工艺项目群管理办公室	是否准入审核	拟定会议时间、地点、参加人员
4	审定、确认	对设计方案审定会的相关安排进行审核确认	工艺项目办公室	拟定会议时间、地点、参加人员	确认时间、地点、参加人员
5	落实会议安排	根据领导批示落实会议安排	工艺项目办公室秘书组	确认时间、地点	确定的会议时间、地点
6	通知相关与会人员	发项目设计方案审定会通知	工艺项目群管理办公室	确认的时间、地点	会议通知
7	准备审定会议文档	准备审定会议文档	工艺项目建设部	会议通知	会议文档
8	执行审定	召开审定会，审定并给出意见	工艺项目办公室	审定申请审定资料	评审意见
9	整理会议纪要	整理会议纪要	工艺项目群管理办公室	会议记录	完整的审定会纪要
10	审定并签发	工艺项目办公室领导审定并签发会议纪要	工艺项目办公室	完整的审定会纪要	签发的审定会纪要
11	发送会议纪要及审定意见	发送会议纪要及审定意见	工艺项目群管理办公室	签发的审定会纪要	正式审定会纪要
12	根据审定意见进行调改	若通过审定，根据审定意见进行调改	工艺项目建设部	正式审定会纪要	调改完成的设计方案文档
13	根据审定意见进行修改	若未通过审定，根据审定意见进行修改，修改完成后可再次申请审定	工艺项目建设部	正式审定会纪要	修改后的设计方案文档再报设计方案审定申请，重新执行审定会流程
14	审定过程文件存档	将审定文档参评版、审定文档最终版、评审结果、会议纪要、审批件、签到表等文件进行存档	工艺项目群管理办公室	审定文档参评版、审定文档最终版、会议纪要、审批件、签到表等	
15	交付成果审定流程	转入交付成果审定流程	工艺项目建设部项目组		

1. 工艺项目建设部项目组按照要求填写设计方案审定会申请表（见《工艺项目审定会申请表（样表）》）及相关文档，由工艺项目建设部项目组联系人提交至工艺项目群管理办公室质量控制部。

2. 工艺项目群管理办公室质量控制部将收到的设计方案文档进行审核，检查相关设计方案文档格式是否符合审定准入要求。如果审核未能通过，则由工艺项目群管理办公室质量控制部通知相关工艺项目建设部项目组对相关文档进行修改、补充和完善后再次申请。

3. 相关文档通过审核后，工艺项目群管理办公室质量控制部将审核通过的设计方案审定申请表及相关文档转交工艺项目群管理办公室计划部，由计划部协商工艺项目办公室秘书组拟定审定会议时间、地点和参加人员。

4. 工艺项目办公室领导确认。

（1）工艺项目群管理办公室计划部将完成的设计方案审定安排提交工艺项目办公室秘书组；

（2）工艺项目办公室秘书组将收到的设计方案审定安排送工艺项目办公室领导进行确认，确定审定会时间、地点和参加人员；

（3）工艺项目办公室秘书组将工艺项目办公室领导意见通知工艺项目群管理办公室计划部。

5. 工艺项目办公室秘书组根据工艺项目办公室领导确认后的设计方案审定会安排，落实会议场地，并在此后通知工艺项目群管理办公室计划部。

6. 工艺项目群管理办公室计划部确定会议通知及参会人员名单，由工艺项目群管理办公室秘书根据设计方案审定会的通知及参会人员名单通知工艺项目建设部项目组及相关与会人员。

7. 工艺项目建设部项目组根据审定会安排准备审定会议用相关文档。

8. 工艺项目群管理办公室按照审定会安排组织设计方案审定会。会议基本流程如下：

（1）工艺项目建设部项目组介绍；

（2）评委评审；

（3）综合评审意见。

9. 工艺项目群管理办公室质量控制部记录并整理审定会会议纪要，并与工艺项目建设部项目组负责人及相关人员核对确认会议主要评审结论。

10. 审定并签发。

（1）工艺项目群管理办公室质量控制部将审定会会议纪要送工艺项目群管理办公室领导预审后提交工艺项目办公室秘书组；

（2）工艺项目办公室秘书组将收到的设计方案审定会会议纪要送工艺项目办公室领导进行审定并签发；

（3）工艺项目办公室秘书组将工艺项目办公室领导审定并签发的设计方案审定会会议纪要转交工艺项目群管理办公室。

11. 工艺项目群管理办公室秘书将工艺项目办公室领导审定并签发的设计方案审定会会议纪要以正式的《项目审定会会议纪要》模式发送。

12. 若审定通过，相关工艺项目建设部项目组根据收到的设计方案审定会会议纪要，针对审定意见进行调改，编制最终文档，按相关要求形成交付成果。

13. 若审定未能通过，相关工艺项目建设部项目组根据收到的设计方案审定会会议纪要，针对审定意见进行修改，修改完成后再次申请审定，重新执行审定会流程。

14. 审定文件存档。

（1）工艺项目建设部项目组向工艺项目群管理办公室质量控制部提交调改完成后的审定文件最终版；

（2）工艺项目群管理办公室质量控制部将本次审定涉及到的所有文件，包括：审定会申请表、审定文件参评版，审定文件最终版、评审结果、会议纪要、审批件、签到表等，进行存档。

15. 转入交付成果审定流程对本次审定通过后形成的交付成果进行审定。

工艺项目审定会申请表（样表）

工艺项目审定会申请表

<table>
<tr><td>项目编号</td><td></td><td>项目名称</td><td></td></tr>
<tr><td>审定类型</td><td colspan="3"></td></tr>
<tr><td>审定目的</td><td colspan="3"></td></tr>
<tr><td>审定范围</td><td colspan="3"></td></tr>
<tr><td>是否为初审</td><td></td><td>如果不是初审，请填第X次</td><td></td></tr>
<tr><td>项目负责人</td><td></td><td>项目负责人联系方式
（用于审定联系）</td><td></td></tr>
<tr><td>工艺项目建设部
项目组参审人员</td><td colspan="3"></td></tr>
<tr><td>工艺项目建设部
项目组组长</td><td colspan="3"></td></tr>
<tr><td colspan="4">附：待审定的交付成果</td></tr>
</table>

编号	名称	是否初审

工艺项目群管理办公室接收日期____________________

2 新项目申报管理流程

新建项目在通过项目立项审定后，从技术和业务方面确定了相关项目立项的必要性和可行性。但新立项目要进入实施，必须纳入相关的管理工作，进行新项目申报。

新项目申报管理流程图

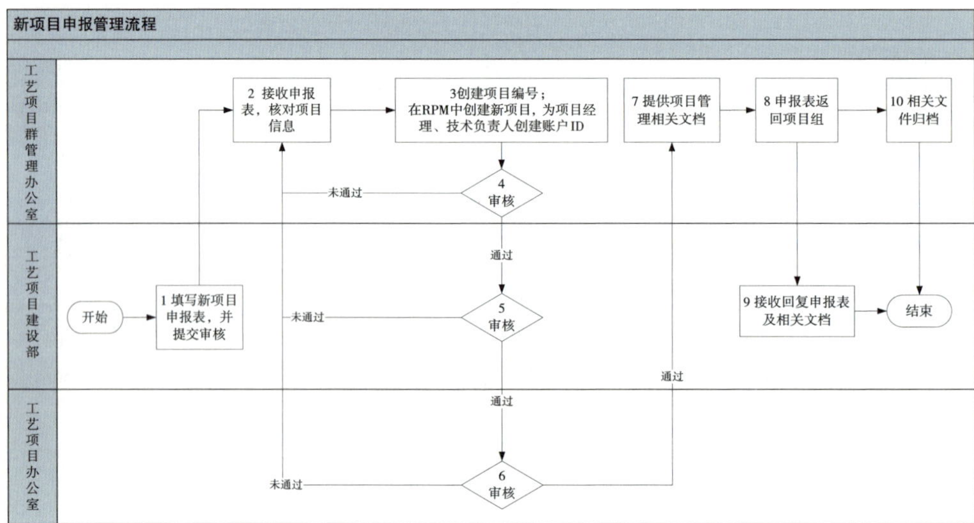

新项目申报管理流程描述

1. 工艺项目建设部相关项目组依据审定通过后的项目立项申请，按照要求填写《工艺项目新项目申报表》，由工艺项目建设部相应项目组组长签字后提交工艺项目群管理办公室计划部。

2. 工艺项目群管理办公室计划部对收到的《工艺项目新项目申报表》进行确认，核对项目相关信息。

3. 工艺项目群管理办公室计划部根据核对无误后的《工艺项目新项目申报表》执行以下操作：

（1）根据《工艺项目项目清单》，按相应规则为新项目创建项目编号；

（2）在项目管理工具RPM（参见附录1）中，采用项目模板创建新项目，并为项目经理、技术负责人创建RPM的账号及初始密码，供其登录RPM系统。

4. 工艺项目群管理办公室计划部依据步骤3结果，按照《工艺项目新项目申报表》填写“核对信息”相关项，由计划部主任签字后送工艺项目群管理办公室主任审核。工艺项目群管理办公室秘书将工艺项目群管理办公室主任审核后的《工艺项目新项目申报表》提交工艺项目办公室秘书组。

5. 工艺项目办公室秘书组将收到的《工艺项目新项目申报表》送工艺项目建设部主任审核。

6. 工艺项目办公室秘书组将收到的《工艺项目新项目申报表》送工艺项目办公室领导进行审核，并将审核后的《工艺项目新项目申报表》转交工艺项目群管理办公室秘书。

7. 工艺项目群管理办公室秘书将收到的已经完成审核的《工艺项目新项目申报表》转交工艺项目群管理办公室计划部；计划部根据已经完成审核的《工艺项目新项目申报表》，准备项目管理相关文档（纸质版和电子版）。

8. 工艺项目群管理办公室计划部将已经完成审核的《工艺项目新项目申报表》汇同项目管理相关文档（纸质版和电子版）一并返回工艺项目建设部相关项目组。

9. 工艺项目建设部相关项目组接收由工艺项目群管理办公室计划部返回的《工艺项目新项目申报表》以及项目管理相关文档（纸质版和电子版）。

10. 工艺项目群管理办公室计划部将完成的《工艺项目新项目申报表》及相关文件进行归档备查。

工艺项目新项目申报表（样表）

工艺项目新项目申报表

申报日期：　年　月　日

<table>
<tr><td rowspan="7">新项目申报信息</td><td>项目承建单位：</td><td colspan="3">工艺项目建设部项目_____组</td></tr>
<tr><td>项目名称：</td><td colspan="3"></td></tr>
<tr><td>项目预算：</td><td colspan="3">（人民币：万元）</td></tr>
<tr><td>项目经理：</td><td></td><td>项目技术负责人：</td><td></td></tr>
<tr><td>项目预期启动日期：</td><td>年　月　日</td><td>项目预期完成日期：</td><td>年　月　日</td></tr>
<tr><td>项目工作内容简介：</td><td colspan="3"></td></tr>
<tr><td>工艺项目建设部
项目组组长签字：</td><td colspan="3"></td></tr>
<tr><td rowspan="3">核对信息</td><td>项目编号：</td><td colspan="3"></td></tr>
<tr><td>相关信息核对无误</td><td></td><td>RPM中创建新项目及
相关权限</td><td></td></tr>
<tr><td colspan="4">工艺项目群管理办公室计划部主任签字：　年　月　日</td></tr>
<tr><td rowspan="3">审核信息</td><td colspan="4">工艺项目群管理办公室主任签字：　年　月　日</td></tr>
<tr><td colspan="4">工艺项目建设部主任签字：　年　月　日</td></tr>
<tr><td colspan="4">工艺项目办公室主任签字：　年　月　日</td></tr>
<tr><td colspan="5">工艺项目群管理办公室</td></tr>
<tr><td colspan="5">XXXX年XX月制</td></tr>
</table>

3 项目变更管理流程

在项目建设实施过程中，许多特殊情况和突发情况是事先无法预估的，诸多的不确定因素都会对项目的建设产生影响。这些影响会涉及项目的业务需求方案、技术需求方案、设计方案和施工方案等，会直接影响项目的建设实施。为确保项目建设实施的进行，就需要根据相关影响对相关项目的相关方案进行调改。调改工作的实施事先必须经过变更管理流程来确认。

项目变更管理流程图

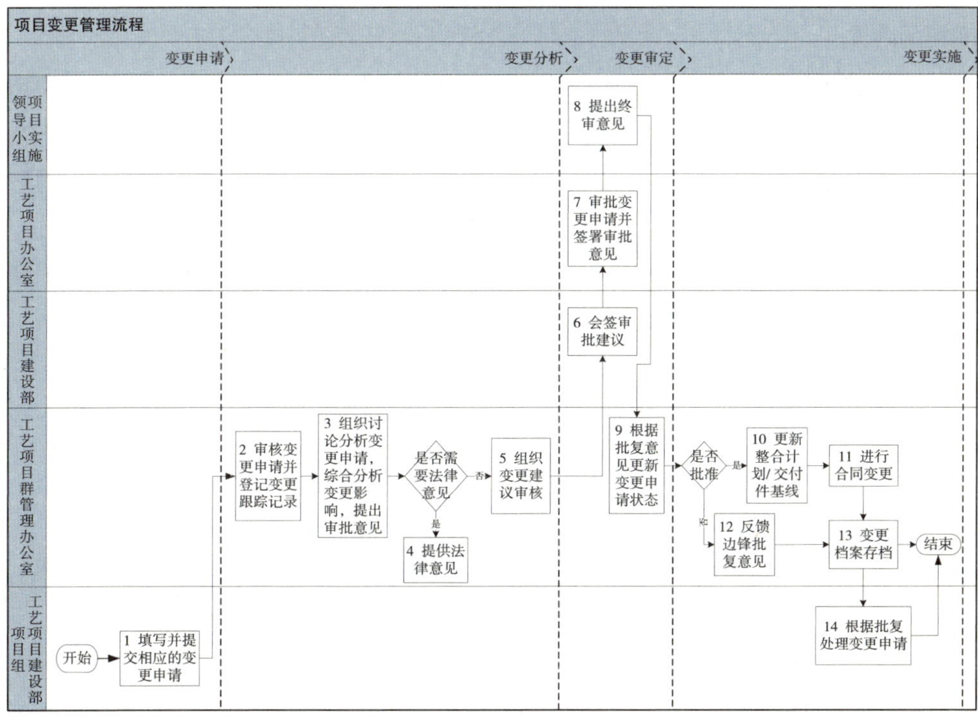

项目变更管理流程描述

变更申请

1. 工艺项目建设部项目组项目负责人按照要求填写《工艺项目变更申请表》，并交由工艺项目建设部项目组组长进行签字。

变更分析

2. 工艺项目建设部项目组联系人将签字后的《工艺项目变更申请表》，与相关材料一并提交至工艺项目群管理办公室计划部，相关材料需包括下列中其一：

◎工艺项目建设部工作会会议纪要；

◎工艺项目办公室相关审定会会议纪要；

◎工艺项目办公室领导相关批示；

◎电视机构主管领导相关批示。

3. 工艺项目群管理办公室计划部联系人将相关变更材料转交计划部变更管理专员；变更管理专员为收到的变更申请进行统一编号后，组织相关人员讨论变更事项填写《工艺项目变更申请表》。

4. 如果涉及法规、审计方面的问题则应获得律师、审计的专业意见，并作为本项变更的附件。

5. 工艺项目群管理办公室计划部变更管理专员将完成后的《工艺项目变更申请表》（含页一变更申请、页二变更分析、页三领导审定）及其他相关文件依次提交工艺项目群管理办公室计划部、质量控制部、商务部的主任进行审核；并将工艺项目群管理办公室计划部、质量控制部、商务部主任审核后的变更申请相关文件转交工艺项目群管理办公室秘书；工艺项目群管理办公室秘书将收到的变更申请相关文件送工艺项目群管理办公室主任进行审批签字。

变更审定

6. 工艺项目群管理办公室秘书将工艺项目群管理办公室完成审核后的变更申请相关文件送工艺项目办公室秘书组；工艺项目办公室秘书组将收到的变更申请相关文件送工艺项目建设部主任审核。

7. 工艺项目办公室秘书组将收到的变更申请相关文件送工艺项目办公室领导审核。

8. 工艺项目办公室秘书组将收到的变更申请相关文件送项目实施领导小组审核。

9. 工艺项目办公室秘书组将工艺项目建设部、工艺项目办公室、项目实施领导小组审核后的变更申请相关文件转交工艺项目群管理办公室秘书；工艺项目群管理办公室秘书将审核完成的变更申请相关文件进行存档，同时转交工艺项目群管理办公室计划部、商务部、物资部以及工艺项目建设部项目组联系人，按审核意见办理后续工作。

变更实施

10. 如审核通过批准变更，则由工艺项目群管理办公室计划部更新整合计划和交付件基线，并转商务部、物资部。

11. 商务部、物资部根据变更要求进行相关合同变更及相关变更调改，并进行变更文档存档。

12. 如经审核不同意变更，则由工艺项目群管理办公室计划部反馈审核意见。

13. 商务部、物资部进行反馈意见存档。

14. 工艺项目建设部相关项目组根据审核意见办理相关工作。

工艺项目变更申请表（样表）

工艺项目变更申请表

变更编号（由工艺项目群管理办公室填写）：　XXXX

<table>
<tr><td>项目名称:</td><td colspan="3">__________项目</td></tr>
<tr><td>项目编号:</td><td colspan="3"></td></tr>
<tr><td>项目承办单位:</td><td colspan="3">工艺项目建设部项目_____组</td></tr>
<tr><td>变更原因:</td><td colspan="3"></td></tr>
<tr><td>变更简述:</td><td colspan="3"></td></tr>
<tr><td>变更工作量计算（人天）：</td><td></td><td>变更成本估算（万元）：</td><td></td></tr>
<tr><td>预计变更时间:</td><td>年　月　日</td><td>须在此日前决定:</td><td>年　月　日</td></tr>
<tr><td>送工艺项目群管理办公室日期:</td><td colspan="3">年　月　日</td></tr>
<tr><td>项目负责人签字:</td><td></td><td>工艺项目建设部项目组
组长签字:</td><td></td></tr>
<tr><td>备　注:</td><td colspan="3"></td></tr>
<tr><td colspan="4">本页由工艺项目建设部项目组填写</td></tr>
</table>

共3页　　第1页

项目名称：　　________项目　　　　变更编号：　　XXXX

<table>
<tr><td rowspan="5">变更分析</td><td colspan="2">对本项目影响</td></tr>
<tr><td colspan="2">影响到的项目</td></tr>
<tr><td colspan="2">对交付件的影响</td></tr>
<tr><td colspan="2">对里程碑的影响</td></tr>
<tr><td colspan="2">分析人员签字：____________　　年　月　日</td></tr>
<tr><td rowspan="3">工艺项目群管理办公室审核意见</td><td colspan="2">计划部主任签字：____________
年　月　日</td></tr>
<tr><td colspan="2">质量控制部主任签字：____________
年　月　日</td></tr>
<tr><td colspan="2">商务部主任签字：____________
年　月　日</td></tr>
<tr><td colspan="2">有无法规和审计意见（如有，请随本申请表同时提交）</td><td>有□　无□</td></tr>
<tr><td colspan="3">本页由工艺项目群管理办公室填写</td></tr>
</table>

共3页　　　　第2页

项目名称： ________项目 变更编号： XXXX

<table>
<tr><td rowspan="3">工艺项目办公室领导审核意见</td><td>工艺项目群管理办公室主任签字：________
年 月 日</td></tr>
<tr><td>工艺项目建设部主任签字：________
年 月 日</td></tr>
<tr><td>工艺项目办公室主任签字：________
年 月 日</td></tr>
<tr><td>主管领导审批意见</td><td>项目实施领导小组组长签字：________
年 月 日</td></tr>
</table>

共3页 第3页

4 四级审批管理流程

四级审批是项目实施过程中一系列相关业务活动和工作的审批管理。

四级审批管理流程图

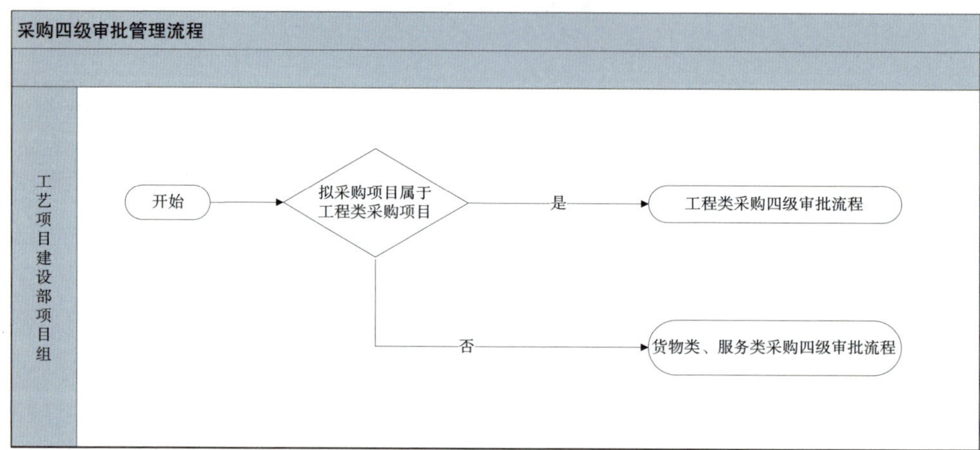

工艺项目建设部项目组应依据以下相关规定，按照拟采购项目类型启动相应的采购四级审批流程：

◎工程：是指建筑物、构筑物的新建、改扩建、装修和与之相关的配套工程以及技术改造项目；

◎货物：是指各种形态和种类的物品，包括有形物和无形物，商标专用权、著作权、专利权等知识产权视同货物；

◎服务：是指除货物和工程以外的政府采购活动，包括各类专业服务（包括节目委托制作、专业技术服务等）、信息网络开发服务以及运行维护服务等。

注：以上相关规定转引自相关业务主管机构的《管理规定》，具体执行时可参照实施工艺技术系统建设的电视机构的相关管理规定。

4.1 货物类、服务类采购四级审批管理流程

货物类、服务类采购四级审批是实施相关采购工作时的审批管理。

货物类、服务类采购四级审批管理流程图

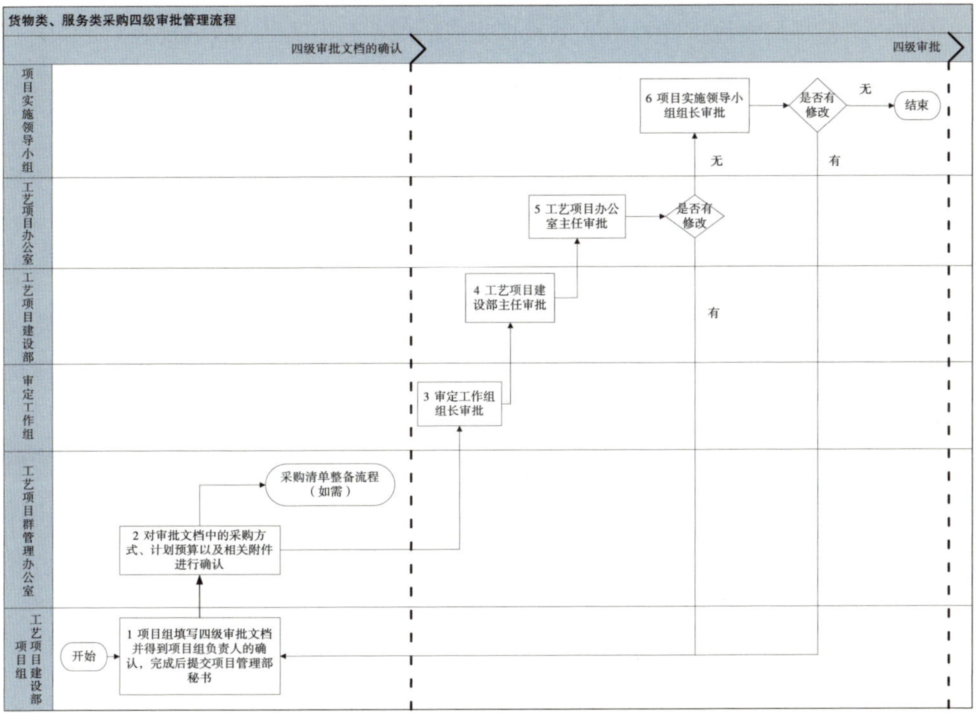

货物类、服务类采购四级审批管理流程描述

四级审批文档的确认

1. 确认并提交四级审批文档

（1）工艺项目建设部项目组填写《工艺项目四级审批表（货物类、服务类）》，并得到项目组负责人的确认；

（2）工艺项目建设部项目组根据《工艺项目四级审批表（货物类、服务类）》及《附表：工艺项目四级审批（货物类、服务类）所需附件》中所列的文档准备相关附件，其中包括审定会及相关会议纪要、技术需求书、采购清单、厂家报价文件、资格预审文件、评分表、其他相关文件等；

（3）工艺项目建设部项目负责人对填写完成的《工艺项目四级审批表（货物

类、服务类）》进行审核签字。项目负责人的审核签字是对四级审批文档的内容负责审核；

（4）工艺项目建设部项目组组长对填写完成的《工艺项目四级审批表（货物类、服务类）》以及所需附件进行审核签字。项目组组长负责对四级审批文档进行审核。

2. 工艺项目群管理办公室计划部对项目组提交的四级审批文档进行确认

（1）工艺项目建设部项目组联系人将完成后的《工艺项目四级审批表（货物类、服务类）》及所需附件（含纸质文档及其电子版文档）提交工艺项目群管理办公室秘书；

（2）工艺项目群管理办公室秘书将《工艺项目四级审批表（货物类、服务类）》及所需附件（含纸质文档及其电子版文档）转交工艺项目群管理办公室计划部；

（3）工艺项目群管理办公室计划部对收到的《工艺项目四级审批表（货物类、服务类）》中的采购方式、采购计划和项目预算以及相关附件进行确认。若采购方式与被批准的采购方式不一致，则需要通知项目组联系人办理此次采购方式变更的审批或修改采购方式后重新提交；

（4）工艺项目群管理办公室计划部确认收到《工艺项目四级审批表（货物类、服务类）》后，填写项目计划预算，并由计划部主任签字确认。工艺项目群管理办公室计划部负责对项目基本信息、采购方式、预算和所附文件的完整性进行审核；

（5）工艺项目群管理办公室计划部将确认后的《工艺项目四级审批表（货物类、服务类）》及所需附件（纸质文档），转交工艺项目群管理办公室秘书。

四级审批

3. 审定工作组进行审批

工艺项目群管理办公室秘书将收到的《工艺项目四级审批表（货物类、服务类）》及所需附件（纸质文档）送审定工作组进行审批签字。

4. 工艺项目建设部进行审批

5. 工艺项目办公室进行审批

（1）工艺项目群管理办公室秘书将审定工作组签字后的《工艺项目四级审批表（货物类、服务类）》及所需附件（纸质文档）提交工艺项目办公室秘书组；

（2）工艺项目办公室秘书组将收到的四级审批相关文件依次送工艺项目建设部主任、工艺项目办公室主任进行审批签字；

（3）工艺项目办公室秘书组将工艺项目建设部主任、工艺项目办公室主任完成签字后的四级审批相关文件转交工艺项目群管理办公室秘书。

6. 项目实施领导小组进行审批

（1）工艺项目群管理办公室秘书将收到的四级审批相关文件送项目实施领导小组组长进行审批签字；

（2）工艺项目群管理办公室秘书将项目实施领导小组组长签字完成的四级审批相关文件转交工艺项目群管理办公室商务部、物资部进行商务执行。

技术需求文档的修改

如工艺项目办公室领导或项目实施领导小组领导有修改意见，则：

（1）工艺项目办公室领导和项目实施领导小组组长审批完成后，由工艺项目群管理办公室秘书将技术需求书取回并转交送审的相关项目组；

（2）送审的项目组根据领导审批意见对技术需求书进行修改。修改完成后，将修改完的相关页打印后放回领导审批原件中的相应位置，同时项目负责人应在技术需求书封面明示“已按领导意见修改”并签字确认，并报项目组组长签字确认；

（3）送审的项目组将修改完成后的技术需求书（含原件、修改页及封面签字）转交工艺项目群管理办公室秘书，由工艺项目群管理办公室秘书送工艺项目办公室秘书组报工艺项目办公室领导重新审批；

（4）工艺项目办公室秘书组将工艺项目办公室领导重新审批完成后的技术需求书转交工艺项目群管理办公室商务部、物资部，并开展后续相关工作。

工艺项目四级审批表（货物类、服务类采购）（样表）

工艺项目四级审批表（货物类、服务类）

项目名称：			
项目编号：			
子项目名称：			
项目地点：			
项目申报预算：			
拟邀请承包商：			
项目采购方式：			
项目承办单位：	工艺项目建设部第_______组		
项目负责人：		项目组组长签字：	
项目计划预算：		计划部主任签字：	
项目启动时间：	年 月 日	项目竣工时间：	年 月 日
附 件：	根据“附表：工艺项目四级审批（货物类、服务类）所需附件”要求提供		
送四级审批日期：	年 月 日		
备 注：			
工艺项目群管理办公室			
XXXX年X月制			

项目名称： 项目编号：

<table>
<tr><td rowspan="2">审核意见</td><td>审定工作组组长签字：________________
年 月 日</td></tr>
<tr><td>工艺项目建设部主任签字：________________
年 月 日</td></tr>
<tr><td rowspan="2">主管领导审批意见</td><td>工艺项目办公室主任签字：________________
年 月 日</td></tr>
<tr><td>项目实施领导小组组长签字：________________
年 月 日</td></tr>
</table>

附表：工艺项目四级审批（货物类、服务类）所需附件

项目名称：　　　　　　　　　　　　　　　　项目编号：

序号	文件类别	附件名称（项目组填写）	采购方式					
			公开招标	邀请招标	竞争性谈判	单一来源	询价	协议供货
1	审定会及相关会议纪要		●	●	●	●	●	●
2	技术需求书		●	●	●	●	●	●
3	投标人资格要求说明		●	●				
4	采购清单（设备类）【含参考报价，须提供厂商报价】		●	●	●	●	●	●
5	评分表（注1）		●	●	●			
6	境外验收/培训审批表（注2）		●	●	●	●	●	●
7	其他							

注：1. 如没有明确列出评分表，则缺省为“最低评标价”。

2. 凡涉及境外验收/培训的项目，都必须填写该审批表，并由工艺项目办公室主任签字。

4.2 工程类采购四级审批管理流程

工程类采购四级审批是实施相关采购工作的审批管理。

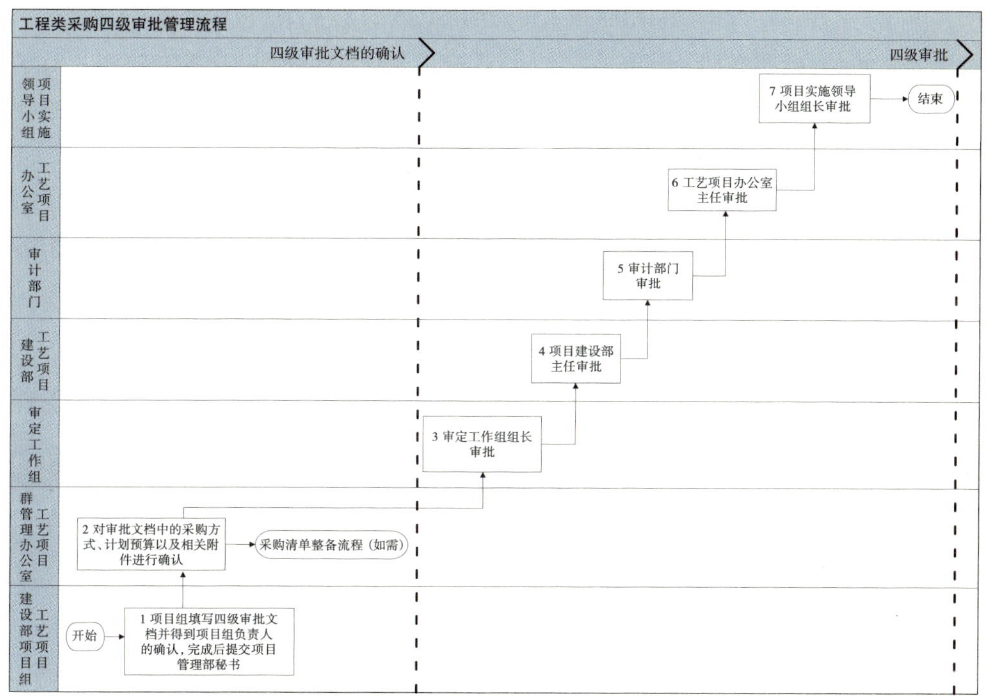

工程类采购四级审批管理流程描述

四级审批文档的确认

1. 确认并提交四级审批文档

（1）工艺项目建设部项目组填写《工艺项目四级审批表（工程类）》，并得到项目组负责人的确认；

（2）工艺项目建设部项目组根据《附表：工艺项目四级审批（工程类）所需附件》所列的项目准备相关附件，其中包括审定会及相关会议纪要、技术需求书、采购清单（采购中含设备类采购的需提供）进行完整填写、厂家报价文件、资格预审文件、评分表、其他相关文件等；

（3）工艺项目建设部项目负责人对填写完成的《工艺项目四级审批表（工程类）》及所需附件进行审核签字。工艺项目负责人的审核签字是对四级审批文档的内容负责审核；

(4)工艺项目建设部项目组组长对填写完成的《工艺项目四级审批表（工程类）》及所需附件进行审核签字。项目组组长负责对四级审批文档进行审核。

2. 工艺项目群管理办公室计划部对项目组提交的四级审批文档进行确认

(1)工艺项目建设部项目组联系人将完成后的《工艺项目四级审批表（工程类）》及所需附件（含纸质文档及其电子版文档）提交工艺项目群管理办公室秘书；

(2)工艺项目群管理办公室秘书将《工艺项目四级审批表（工程类）》及所需附件（含纸质文档及其电子版文档）转交工艺项目群管理办公室计划部；

(3)工艺项目群管理办公室计划部对收到的《工艺项目四级审批表（工程类）》中的采购方式、计划预算以及相关附件进行确认。若采购方式与预算经费主管部门批准的采购方式不一致，则需要通知项目组联系人提供预算经费主管部门同意此次采购方式变更的批文或进行修改后重新提交；

(4)工艺项目群管理办公室计划部确认收到的《工艺项目四级审批表（工程类）》，填写项目计划预算，并由计划部主任签字确认。工艺项目群管理办公室计划部负责对项目基本信息、采购方式、预算和所附文件的完整性进行审核；

(5)工艺项目群管理办公室计划部将确认后的《工艺项目四级审批表（工程类）》及所需附件（纸质文档），转交工艺项目群管理办公室秘书。

四级审批

3. 审定工作组进行审批

工艺项目群管理办公室秘书将收到的《工艺项目四级审批表（工程类）》及所需附件（纸质文档）送审定工作组进行审批签字。

4. 工艺项目建设部进行审批

(1)工艺项目群管理办公室秘书将审定工作组签字后的《工艺项目四级审批表（工程类）》及所需附件（纸质文档）送工艺项目办公室秘书组；

(2)工艺项目办公室秘书组将收到的四级审批相关文件送工艺项目建设部主任进行审批签字；

(3)工艺项目办公室秘书组将工艺项目建设部主任完成签字后的四级审批相关文件转交工艺项目群管理办公室秘书。

5. 审计部门进行审批

(1)工艺项目群管理办公室秘书将工艺项目建设部主任签字后的《工艺项目四级审批表（工程类）》及所需附件（纸质文档）送审计部门进行审批签字；

（2）审计部门审批完成后，将签字后的四级审批相关文件转交工艺项目群管理办公室秘书。

6. 工艺项目办公室进行审批

（1）工艺项目群管理办公室秘书将审计部门签字后的《工艺项目四级审批表（工程类）》及所需附件（纸质文档）送工艺项目办公室秘书组；

（2）工艺项目办公室秘书组将收到的四级审批相关文件送工艺项目办公室主任进行审批签字；

（3）工艺项目办公室秘书组将工艺项目办公室主任签字后的四级审批相关文件转交工艺项目群管理办公室秘书。

7. 项目实施领导小组进行审批

（1）工艺项目群管理办公室秘书将收到的四级审批相关文件送项目实施领导小组组长进行审批签字；

（2）工艺项目群管理办公室秘书将项目实施领导小组组长签字后的四级审批相关文件转交工艺项目群管理办公室商务部、物资部进行商务执行。

工艺项目四级审批表（工程类）（样表）

工艺项目四级审批表（工程类）

项目名称：			
项目编号：			
子项目名称：			
项目地点：			
项目申报预算：			
拟邀请承包商：			
项目采购方式：			
项目承办单位：	工艺项目建设部第_______组		
项目负责人：		项目组组长签字：	
项目计划预算：		计划部主任签字：	
项目启动时间：	年 月 日	项目竣工时间：	年 月 日
附 件：	根据“附表：工艺项目四级审批（工程类）所需附件”要求提供		
送四级审批日期：	年 月 日		
备 注：			
工艺项目办公室工艺项目群管理办公室			
XXXX年X月制			

目名称：　　　　　　　　　　　　　　　　项目编号：

<table>
<tr><td rowspan="2">审核意见</td><td>审定工作组组长签字：________
年　月　日</td></tr>
<tr><td>工艺项目建设部主任签字：________
年　月　日</td></tr>
<tr><td>审计意见</td><td>审计部门签字：________
年　月　日</td></tr>
<tr><td rowspan="2">主管领导审批意见</td><td>工艺项目办公室主任签字：________
年　月　日</td></tr>
<tr><td>项目实施领导小组组长签字：________
年　月　日</td></tr>
</table>

附表：工艺项目四级审批（工程类）所需附件

项目名称：　　　　　　　　　　　　　　　　　　　　项目编号：

序号	文件类别	附件名称（项目组填写）	采购方式					
			公开招标	邀请招标	竞争性谈判	单一来源	询价	协议供货
1	审定会及相关会议纪要		●	●	●	●	●	●
2	技术需求书		●	●	●	●	●	●
3	投标人资格要求说明		●	●				
4	评分表（注1）		●	●	●			
5	境外验收/培训审批表（注2）		●	●	●	●	●	●
6	其他							

注：1. 如没有明确列出评分表，则缺省为“最低评标价”。

2.凡涉及境外验收/培训的项目，都必须填写该审批表，并由工艺项目办公室主任签字。

5 文档归档管理流程

文档归档管理是对工艺技术系统在建设过程中产生的各类办公类、业务类、管理类文档进行的归档管理。

文档归档管理流程图

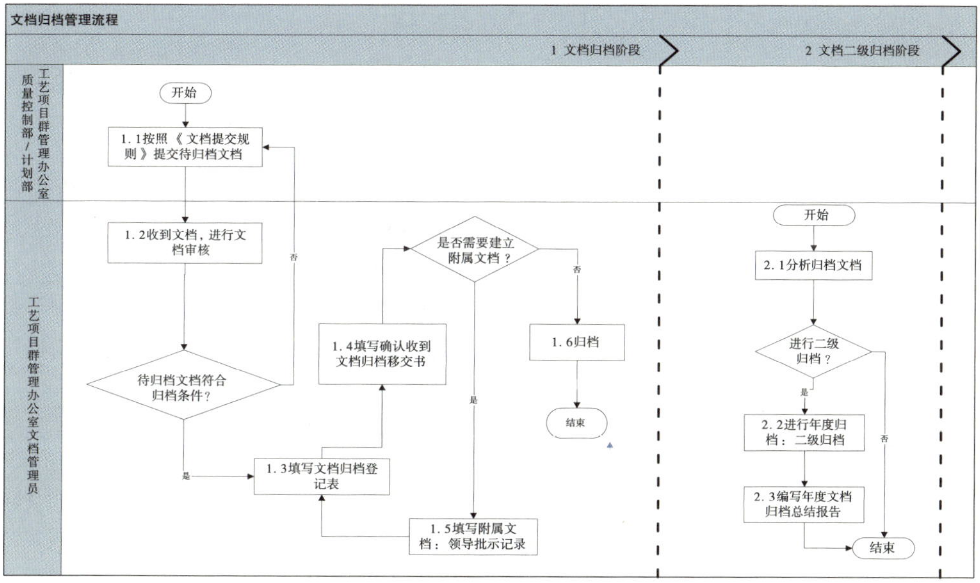

文档归档管理流程描述

序号	工作任务	任务描述	负责部门	主要输入	主要输出
1	文档归档阶段				
1.1	按照《文档提交规则》提交待归档文档	按照《文档提交规则》提交待归档文档	质量控制部/计划部		
1.2	接收文档，进行文档审核	收到文档，对文档进行审核，检查待归档文档是否符合归档条件	工艺项目群管理办公室质量控制部文档审核管理员	质量控制部、计划部提交的工作件（电子版:原件和PDF版）	审核意见
1.3	填写文档归档登记表	对于符合归档条件的文档依据《文档分类规则》,《文档编号规则》填写文档归档登记表	工艺项目群管理办公室质量控制部文档审核管理员	待归档文档	文档归档管理登记表、移交书

续表

序号	工作任务	任务描述	负责部门	主要输入	主要输出
1.4	填写并确认收到文档归档移交书	填写并确认收到文档归档移交书，并决定该文档是否需要建立附属文档《领导批示记录》	工艺项目群管理办公室质量控制部文档存档管理员	文档归档管理登记表	文档归档移交书
1.5	填写附属文档：领导批示记录	填写附属文档：领导批示记录	工艺项目群管理办公室质量控制部文档存档管理员	有领导批复的文档	领导批示记录表
1.6	归档	对需要归档的文档进行归档	工艺项目群管理办公室质量控制部文档存档管理员	全部待归档文档	
2	文档二级归档阶段				
2.1	分析归档文档	分析已归档文档，决定是否需要进行二级归档	工艺项目群管理办公室质量控制部文档存档管理员	全部已归档文档	需要进行二级归档的文档
2.2	进行年度归档（二级归档）	将已归档文档进行年度归档（二级归档）	工艺项目群管理办公室质量控制部文档存档管理员	需要进行二级归档的文档	
2.3	编写年度文档归档总结报告	编写年度文档归档总结报告	工艺项目群管理办公室质量控制部文档存档管理员		年度文档归档总结报告

1. 文档归档阶段

1.1 工艺项目群管理办公室质量控制部、计划部依据《文档提交规则》向工艺项目群管理办公室质量控制部文档审核管理员提交待归档文档；

1.2 工艺项目群管理办公室质量控制部文档审核管理员接收待归档文档，并对文档进行审核，检查待归档文档是否符合归档条件；

1.3 对于符合归档条件的文档，工艺项目群管理办公室质量控制部文档审核管理员填写文档归档登记表和文档归档移交书；

1.4 工艺项目群管理办公室质量控制部文档存档管理员填写并确认收到的文档归档管理登记表和文档归档移交书，并决定该文档是否需要建立附属文档《领导批示记录》；

1.5 如需建立《领导批示记录》的附属文档，则工艺项目群管理办公室质量控制部文档存档管理员填写附属文档《领导批示记录》；

1.6 工艺项目群管理办公室质量控制部文档存档管理员对需要归档的文档进行归档。

2. 文档二级归档阶段

2.1 工艺项目群管理办公室质量控制部文档存档管理员对已归档文档进行分析，决定是否需要进行二级归档；

2.2 如需二级归档，工艺项目群管理办公室质量控制部文档存档管理员则将已归档文档进行年度归档（二级归档）；

2.3 工艺项目群管理办公室质量控制部文档存档管理员根据本年度归档情况，编写年度文档归档总结报告。

6 交付成果管理

交付成果管理是工艺技术系统建设过程中产生的各类工艺技术类文档的归档管理。

6.1 分级与交付计划制定管理流程

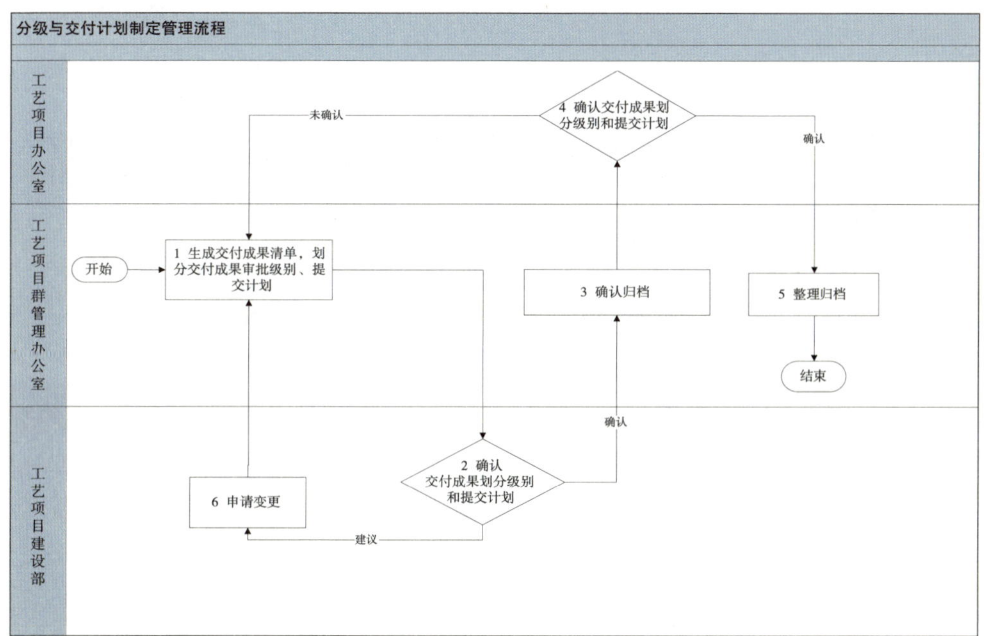

分级与交付计划制定管理流程描述

序号	工作任务	任务描述	负责部门	主要参与部门	主要输入	主要输出
1	生成交付成果清单，划分交付成果审批级别、提交计划	生成交付成果清单；划分交付成果为3个级别：1.工艺项目建设部项目组内评审；2.工艺项目办公室评审；3.专业/高阶评审委员会评审	工艺项目群管理办公室	工艺项目办公室专业/高阶评审委员会；工艺项目建设部	交付成果清单项目计划	交付成果审批级别 交付计划
2	确认交付成果划分级别和提交计划	确认交付成果划分级别和提交计划	工艺项目建设部	无	交付成果审批级别 交付计划	确认划分级别和交付计划
3	确认归档	将确认归档，提交工艺项目办公室	工艺项目群管理办公室	无	工艺项目建设部、工艺项目建设部项目组的确认或建议	工艺项目建设部、工艺项目建设部项目组的确认或建议
4	确认交付成果划分级别和提交计划	确认交付成果划分级别和提交计划	工艺项目办公室	无	交付成果审批级别 交付计划	确认的划分级别和交付计划
5	整理归档	审批结果整理归档	工艺项目群管理办公室	无	工艺项目办公室的确认或建议	相关方的确认归档
6	申请变更	申请变更交付成果清单、交付成果审批级别、提交计划	工艺项目建设部	无	交付成果审批级别 交付计划	交付成果审批级别、交付计划的变更

6.2 审批与归档管理流程

审批与归档管理流程图

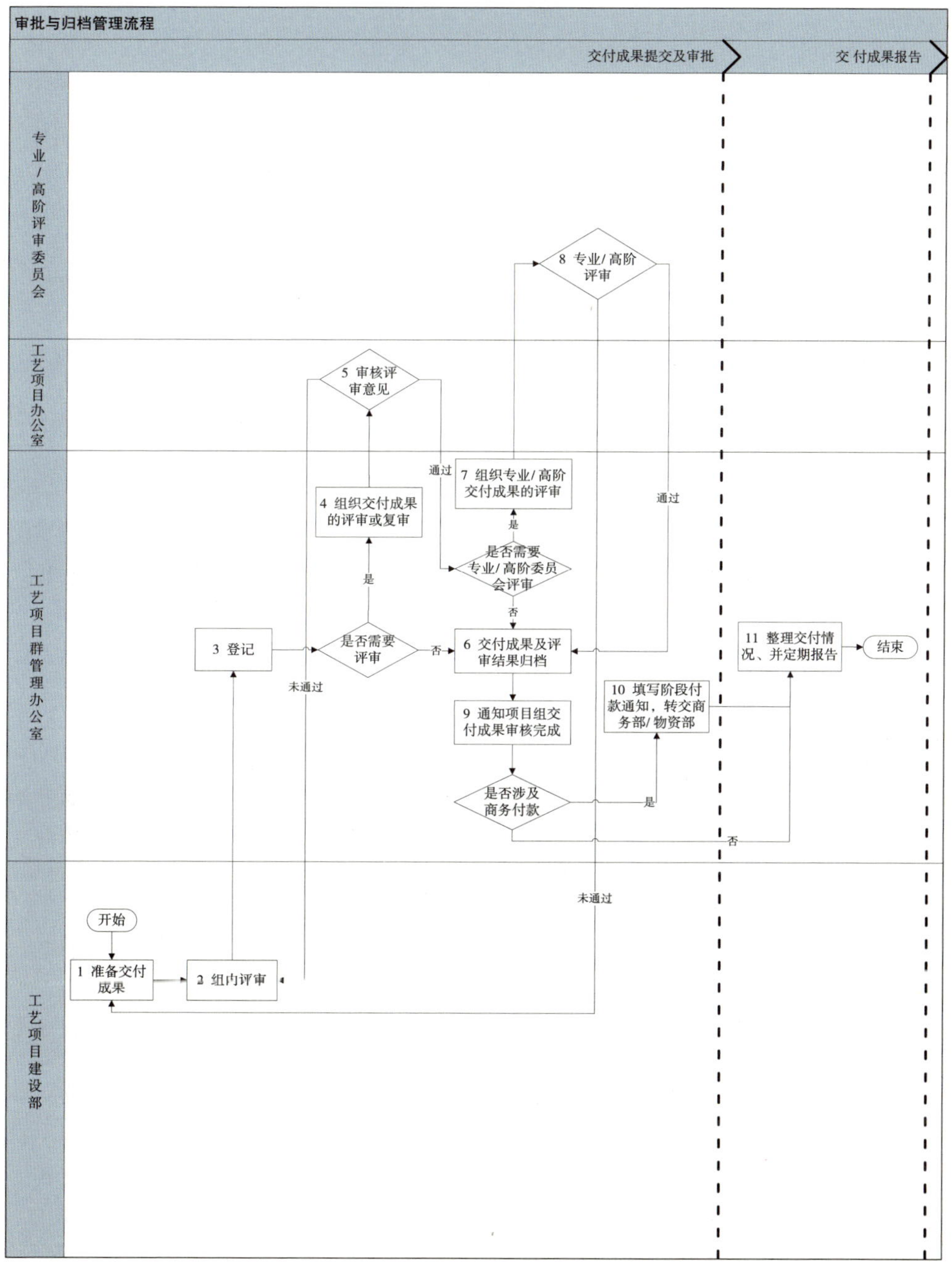

审批与归档管理流程描述

序号	工作任务	任务描述	负责部门	主要参与部门	主要输入	主要输出
交付成果提交及审批						
1	准备交付成果	工艺项目建设部项目组准备交付成果	工艺项目建设部	无		待评审的交付成果
2	组内评审	工艺项目建设部项目组内评审	工艺项目建设部	无	待评审的交付成果	工艺项目建设部项目组评审后的交付结果
3	登记	登记待评审的交付结果信息	工艺项目群管理办公室	工艺项目建设部	待评审的交付成果	交付成果登记表、待评审的交付成果
4	组织专业交付成果的评审或复审	组织交付成果的评审或复审	工艺项目群管理办公室	工艺项目办公室；工艺项目建设部	待评审的交付成果、前期的评审结果	交付成果评审意见
5	审核评审意见	审核交付成果评审意见是否通过	工艺项目办公室	无	交付成果评审意见	审核结果
6	交付成果及评审结果归档	交付成果及评审结果归档	工艺项目群管理办公室	工艺项目办公室；工艺项目建设部	交付成果评审结果	
7	组织专业/高阶交付成果的评审	组织专业/高阶交付成果的评审	工艺项目群管理办公室	工艺项目办公室；工艺项目建设部；专业/高阶评审委员会	交付成果前期的评审结果	交付成果评审结果
8	专业/高阶评审	评审交付成果，并给出结果是否通过	专业/高阶评审委员会	无	交付成果评审结果	评审结果
9	交付成果审核通知	通知工艺项目建设部项目组交付成果审核完成	工艺项目群管理办公室质量控制部	工艺项目建设部		交付成果登记表
10	阶段付款通知	填写阶段付款通知，转交商务部、物资部	工艺项目群管理办公室质量控制部	工艺项目群管理办公室商务部、物资部		阶段付款通知

续表

序号	工作任务	任务描述	负责部门	主要参与部门	主要输入	主要输出
交付成果报告						
11	整理交付情况、汇总交付成果并定期报告	整理交付情况、汇总交付成果并定期报告	工艺项目群管理办公室	工艺项目办公室；专业/高阶评审委员会；工艺项目建设部、工艺项目建设部项目组	交付成果	定期报告

交付成果提交及审批

1. 工艺项目建设部项目组根据合同约定的阶段性交付成果，准备相关文档，并提交组内进行评审；

2. 工艺项目建设部项目组对项目本阶段交付成果进行审核确认，并得到项目负责人和工艺项目建设部项目组组长的书面签字确认；

3. 工艺项目建设部项目组按照合同要求将相关交付成果（包括纸质版和电子版）及填写的《工艺项目交付成果登记表》，一并提交工艺项目群管理办公室质量控制部交付成果管理专员，质量控制部接收人在登记表上签字；

4. 工艺项目群管理办公室质量控制部将接收到的项目阶段交付成果进行核查，则工艺项目群管理办公室质量控制部将组织交付成果的评审或复审；

5. 工艺项目办公室对交付成果的评审或复审给出审核意见；

6. 若项目阶段交付成果无需专业/高阶评审委员会进行评审或复审，则工艺项目办公室审核通过后，工艺项目群管理办公室质量控制部将对项目阶段交付成果及评审结果进行归档；若审核未能通过，则工艺项目群管理办公室质量控制部将通知工艺项目建设部项目组重新进行调改，调改完成后可再次申请交付成果审定；

7. 如需要专业/高阶评审委员会进行评审，则工艺项目群管理办公室质量控制部还需要组织专业/高阶评审委员会对交付成果进行评审；

8. 专业/高阶评审委员会对交付成果进行评审或复审给出审核意见，工艺项目群管理办公室质量控制部对交付成果及评审结果进行归档；

9. 工艺项目群管理办公室质量控制部根据审核归档完成的项目阶段交付成果，在“交付成果登记表”中逐项填写交付成果审核结果，并提交质量控制部主任签字确认。最后由工艺项目群管理办公室质量控制部交付成果管理专员将完成的“交付成果登记表”转交相关工艺项目建设部项目组；

10. 工艺项目群管理办公室质量控制部根据审核归档完成的项目阶段交付成果，填写“项目阶段付款通知”，由质量控制部主任签字后转交工艺项目群管理办公室商务部、物资部进行后续的商务付款流程。

交付成果报告

11. 工艺项目群管理办公室质量控制部定期对工艺项目交付情况进行汇总整理，并编写交付情况报告。

工艺项目交付成果登记表（样表）

工艺项目交付成果登记表

项目组：工艺项目建设部项目______组　　　　项目名称：________________

编号	名称	格式	数量	审核结果	备注

项目负责人：____________　项目组组长：____________

工艺项目群管理办公室质量控制部接收人：____________接收日期：　年　月　日

工艺项目群管理办公室质量控制部负责人：____________审核完成：　年　月　日

工艺项目阶段付款通知（样表）

工艺项目阶段付款通知

__________项目的_________阶段工作已经结束，完工状况如下：

◎乙方完成了项目合同、技术需求书中_________阶段中规定的相关工作；

◎乙方已经将项目合同、技术需求书中约定的全部交付件提交给工艺项目建设部项目组的相关人员；

◎按照项目合同中的约定，工艺项目建设部需确认相关工作成果，并确认支付本阶段项目款项。

以上交付件经质量控制部依照合同逐一进行确认，质量方面满足合同要求，已具备本阶段付款条件。依照合同及乙方申请，同意进入本阶段款项的支付。

附：

《附件1:乙方根据合同提交的交付物清单》汇总了当前阶段，乙方根据合同应提交的交付物。

《附件2:本阶段相关技术文档与资料清单》汇总了本阶段重要的技术文档、会议纪要和测试文档。

工艺项目群管理办公室质量控制部

年　　月　　日

附件1: 乙方根据合同提交的交付物清单

编号	名称	格式	数量	备注

附件2: 本阶段相关技术文档与资料清单

编号	名称	格式	数量	备注

7 项目结项管理流程

在工艺技术系统的相关项目建设完成并通过有关管理单位的竣工验收后，其项目所属集成合同的执行也进入收尾阶段，为规范相关集成合同的后续质量保障及商务等工作，有关工作应按照项目结项工作流程进行。项目结项管理中主要的工作分为结项前期、尾款支付和商务收尾三个阶段：

A. 结项前期：主要管理流程有“项目结项审计管理流程”（参见7.1）。

B. 尾款支付：以合同约定的条件作为尾款支付的管理，主要管理流程有两个：

（1）“通过竣工验收为尾款支付条件”的项目结项管理流程（参见7.2）；

（2）“质量保证期满后为尾款支付条件”的项目结项管理流程（参见7.3）。

C. 商务收尾：退回履约保函以及结项文件归档等工作。

项目结项管理流程图

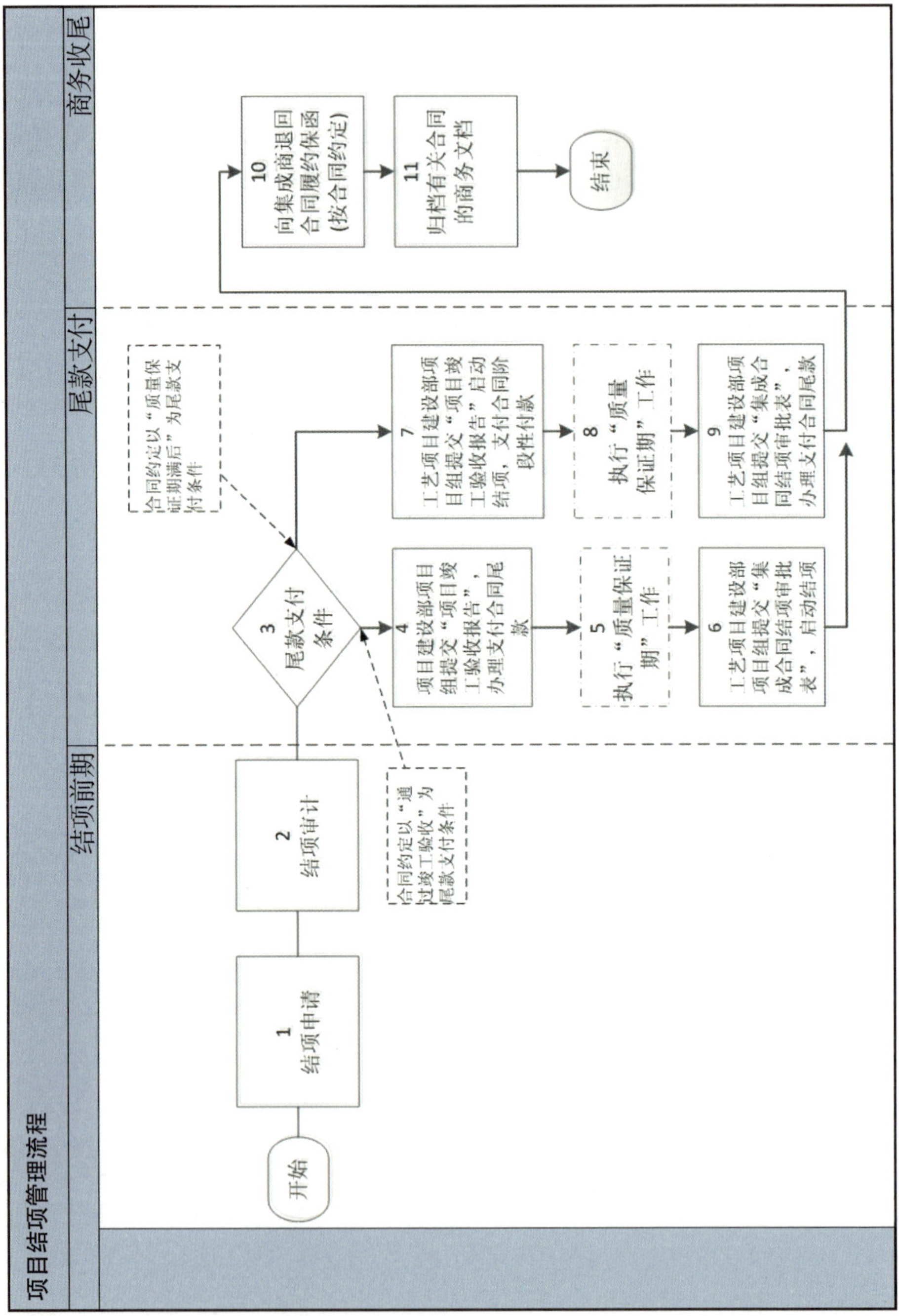

项目结项管理流程

结项前期 | 尾款支付 | 商务收尾

开始

1
结项申请

2
结项审计

合同约定以“通过竣工验收”为尾款支付条件

合同约定以“质量保证期满后”为尾款支付条件

3
尾款支付条件

4
项目建设部项目组提交“项目竣工验收报告”，办理支付合同尾款

5
执行“质量保证期”工作

6
工艺项目建设部项目组提交“集成合同结项审批表”，启动结项

7
工艺项目建设部项目组提交“项目竣工验收报告”启动结项，支付合同阶段性付款

8
执行“质量保证期”工作

9
工艺项目建设部项目组提交“集成合同结项审批表”，办理支付合同尾款

10
向集成商退回合同履约保函(按合同约定)

11
归档有关合同的商务文档

结束

项目结项管理流程描述

结项前期

1. 结项申请（参见《项目结项管理流程图》步骤1）

项目通过竣工审定后，工艺项目建设部项目组应根据审定意见对相应工作内容进行修订或调改，并在更新相关工程文档后交工艺项目群管理办公室存档。同时，工艺项目建设部项目组应启动系统交接工作，及时与系统接收部门落实相关系统的交接手续。

项目竣工验收后，相关工艺项目建设部项目组应与工艺项目群管理办公室商务部先期核实与项目相关的集成合同、相关补充合同（协议）、变更协议及其合同编号，同时应共同再次核对对应的合同审批表、商务相关报告的有关批示。同时，工艺项目群管理办公室商务部应归集相关集成合同及其补充/扩充合同的全部已有商务文件（参见附件5）。

根据上述整理/核实的结果，由工艺项目建设部项目组发起《工艺项目结项申请报告》，报工艺项目办公室审批。（模板参见附件1：工艺项目结项申请报告）。

工艺项目建设部项目组根据工艺项目办公室审批意见进行下一步工作。

2. 结项审计（参见《项目结项管理流程图》步骤2）

工艺项目办公室审批同意相关项目结项后，开始项目结项审计相关工作流程。

7.1 项目结项审计管理流程

项目结项审计管理流程图

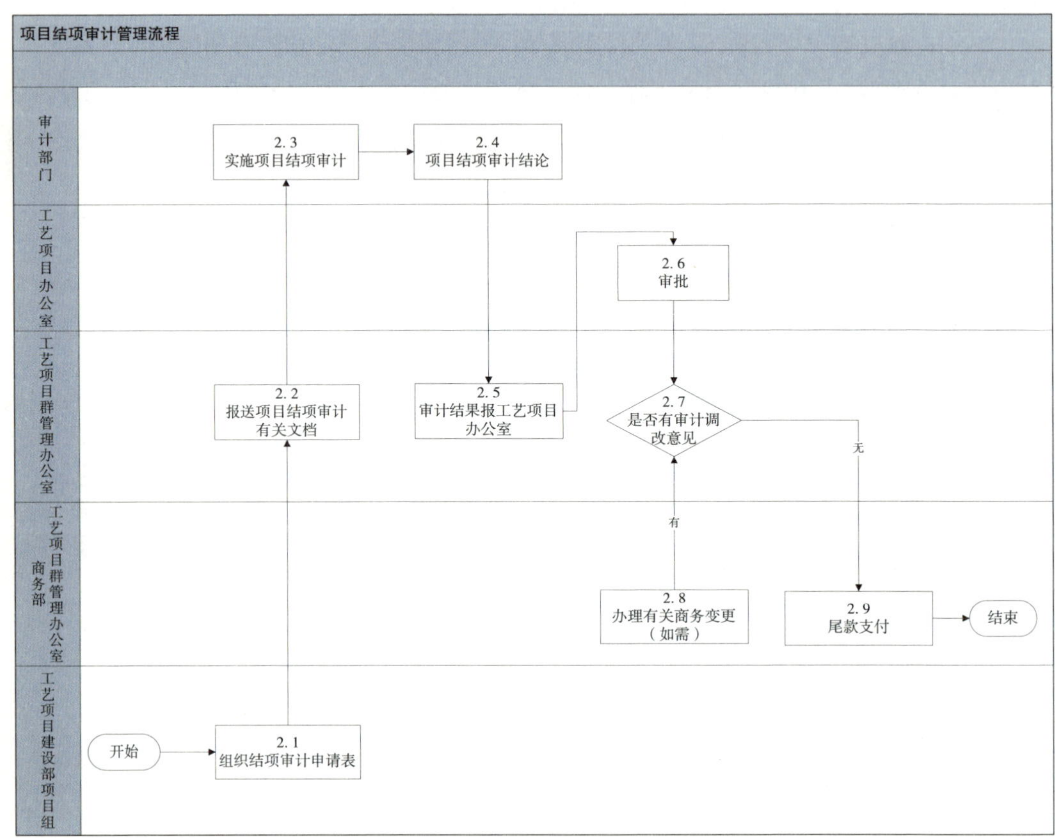

项目结项审计管理流程描述

2.1 组织项目结项审计有关文档

由工艺项目建设部项目组完成填写《集成合同结项审计申请表》（模板参见附件3，以下称“申请表”）。其中的附件：

◎《XXXX项目工程竣工验收报告》（复印件，工艺项目建设部项目组负责）；

◎《XXXX项目结项申请报告》（批复件复印件，工艺项目建设部项目组负责）；

◎《XXXX项目集成合同》合同封面页及相应付款页（复印件，工艺项目群管理办公室商务部负责）；

◎《XXXX项目集成合同》合同报审表（复印件，工艺项目群管理办公室商务部负责)。

申请表中应包括本工艺项目对应的全部集成合同、补充合同(协议)、变更协议及其合同编号。如一个集成合同中包含多个项目的集成工作,需所包含的项目全部通过竣工验收后才能进行。

2.2 报送项目结项审计有关文档

由工艺项目群管理办公室秘书负责向审计部门报送《项目集成合同结项审计申请表》及相关附件。

2.3 实施项目结项审计

由审计部门负责实施报送的项目审计工作。

2.4 项目结项审计结论

审计部门完成相应项目的工程审计,出具审计意见,并将审计意见转工艺项目群管理办公室。

2.5 审计结果报工艺项目办公室

由工艺项目群管理办公室秘书将审计部门的审计意见报工艺项目办公室领导。

2.6 工艺项目办公室领导审批

工艺项目办公室领导审批审计部门审计意见。

2.7 如审计意见有调改要求,则实施合同商务变更流程

如审计意见无调改要求,则实施合同付款流程。

2.8 办理有关商务变更

如审计有调改意见,则按工艺项目办公室领导审批意见由工艺项目群管理办公室及相关工艺项目建设部项目组按变更流程完成相应合同变更。

2.9 尾款支付

进入尾款支付工作流程。参见《项目结项管理的工作流程图》尾款支付阶段。

尾款支付

3. 尾款支付条件(参见《项目结项管理流程图》步骤3)

集成合同尾款支付根据相关合同约定进行,通常集成合同的尾款支付条件有以下两种,支付前应根据集成合同对尾款支付条件进行判断:

(1)如合同约定“通过竣工验收”为尾款支付条件,则应转向4执行后续工作;

(2)如合同约定“质量保证期满”为尾款支付条件,则应转向7执行后续工作。

7.2 “通过竣工验收为尾款支付条件”的项目结项管理流程

合同约定以“通过竣工验收”为尾款支付条件的管理流程参见《项目结项管理流程图》。

4. 工艺项目建设部项目组提交“项目竣工验收报告”，办理支付合同尾款（参见《项目结项管理流程图》步骤4）

由工艺项目建设部项目组依据相关项目的《项目竣工验收报告》（附批复的项目结项申请报告）提出合同尾款支付要求，经工艺项目群管理办公室计划部、质量控制部复核后，办理合同尾款支付。

5. 执行“质量保证期”工作（参见《项目结项管理流程图》步骤5）

依据相关集成合同的约定，完成合同尾款支付后项目进入质量保证期，合同有关各方按“质量保证期”相关章节的责任划分，执行质量保证期内各自的工作。在质量保证期结束后，由工艺项目建设部项目组负责完成《质量保证期工作评价报告》（模板参见附件4），其中应附相应项目集成商出具的《质量保证期工作报告》。

6. 工艺项目建设部项目组提交《集成合同结项审批表》，启动结项（参见《项目结项管理流程图》步骤6）

根据项目集成合同签订的有关条款，通常分为“通过竣工验收为尾款支付条件”的结项流程和“质量保证期满后为尾款支付条件”的结项流程，两个流程不同。工艺技术系统建设方在签订集成合同时，如合同内容仅涉及普通的常规工艺技术系统建设，则尾款支付条件一般为“通过竣工验收为尾款支付条件”，同时相关合同结项；如合同内容涉及专用应用系统开发、专用功能性软件开发和专用成品软件集成等工作，则合同中的尾款支付条件通常定为“在通过竣工验收后进入质量保证期，质量保证期满后为尾款支付条件”，质量保证期视项目复杂程度一般为六个月到一年，通过质量保证期相关条款的要求来约定集成商在质量保证期内提供相应的质量保证服务，以确保相关软件的运行达到稳定状态。

以“通过竣工验收为尾款支付条件”的项目结项工作流程见《“通过竣工验收为尾款支付条件”的项目结项管理流程》。

“通过竣工验收为尾款支付条件”的项目结项管理流程图

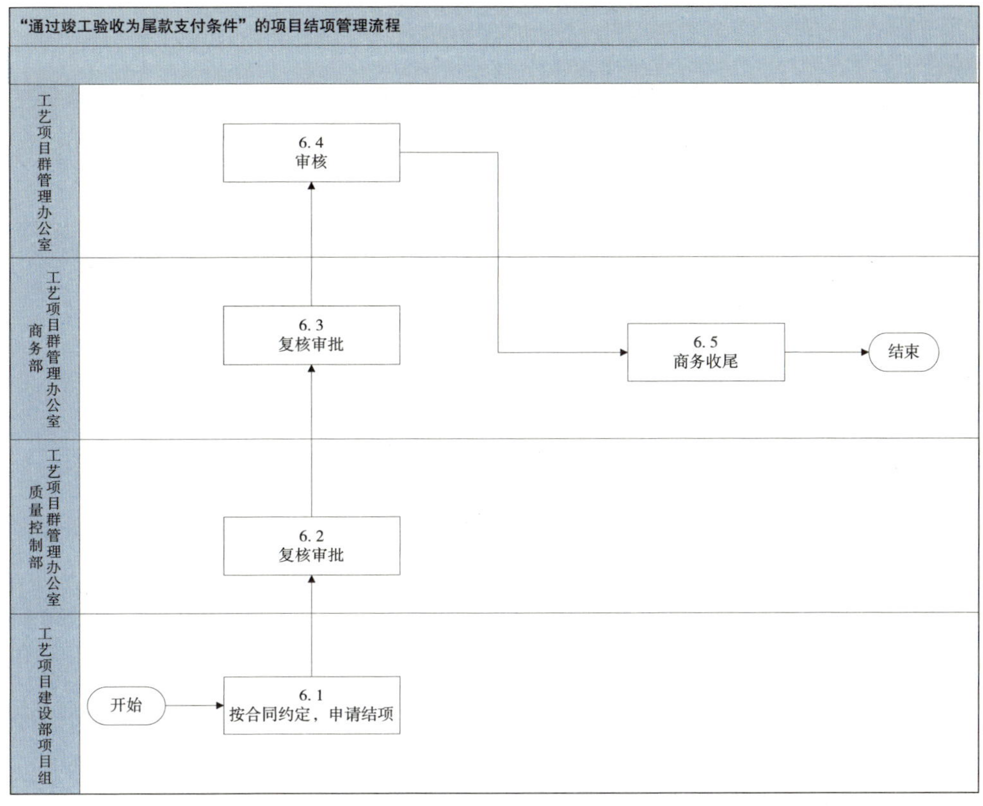

“通过竣工验收为尾款支付条件”的项目结项管理流程描述

6.1 按合同约定，申请合同结项

（1）由工艺项目建设部项目组完成填写《工艺项目合同结项审批表》（以下称“审批表”，模板参见附件2）。其中的附件含《集成合同结项审计申请表》（含附件，复印件，工艺项目建设部项目组负责）。其中，审批表中的“编号”由工艺项目群管理办公室秘书统一编制并记录。其余申请部分由工艺项目建设部项目组填写；

（2）如一个集成合同中包含多个项目的集成工作，需所包含的项目全部通过竣工验收才能进行项目结项；

（3）工艺项目负责人对填写完成的审批表签字；

（4）工艺项目建设部项目组组长对填写完成的审批表进行审核签字。

6.2 复核审批

工艺项目建设部项目组联系人将完成组内签字后的审批表提交工艺项目群管理

办公室秘书。工艺项目群管理办公室秘书将收到的审批表登记并编号后转交工艺项目群管理办公室质量控制部复核并签字。

6.3 复核审批

工艺项目群管理办公室秘书将经计划部、质量控制部签字的审批表转商务部复核并签字。

6.4 审核

工艺项目群管理办公室秘书将复核后的审批表，送工艺项目群管理办公室领导审核。

6.5 商务收尾

进入商务收尾工作流程，参见《项目结项管理的工作流程图》商务收尾阶段。

7.3 “质量保证期满后为尾款支付条件”的项目结项管理流程

合同约定以“质量保证期满后为尾款支付条件”的管理流程参见《项目结项管理流程图》。

7. 工艺项目建设部项目组提交“项目竣工验收报告”启动结项，支付合同阶段性付款（参见《项目结项管理流程图》步骤7）

由工艺项目建设部项目组依据相关项目的《项目竣工验收报告》提出合同阶段性付款支付要求，经工艺项目群管理办公室质量控制部复核后，由工艺项目群管理办公室商务部向相关项目集成商办理合同约定的“通过竣工验收”阶段的付款工作。

8. 执行“质量保证期”工作（参见《项目结项管理流程图》步骤8）

（1）依据相关集成合同的约定，合同有关各方按“质量保证期”相关章节的责任划分，执行质量保证期内各自的工作；

（2）在质量保证期结束后，由工艺项目建设部项目组负责完成《质量保证期工作评价报告》，其中应附相应项目集成商出具的《质量保证期工作报告》。

9. 工艺项目建设部项目组提交《集成合同结项审批表》，办理支付合同尾款（参见《项目结项管理流程图》步骤9）

以“质量保证期满后为尾款支付条件”的项目结项工作流程见《以“质量保证期满后为尾款支付条件”的项目结项工作流程图》。

“质量保证期满后为尾款支付条件”的项目结项管理流程图

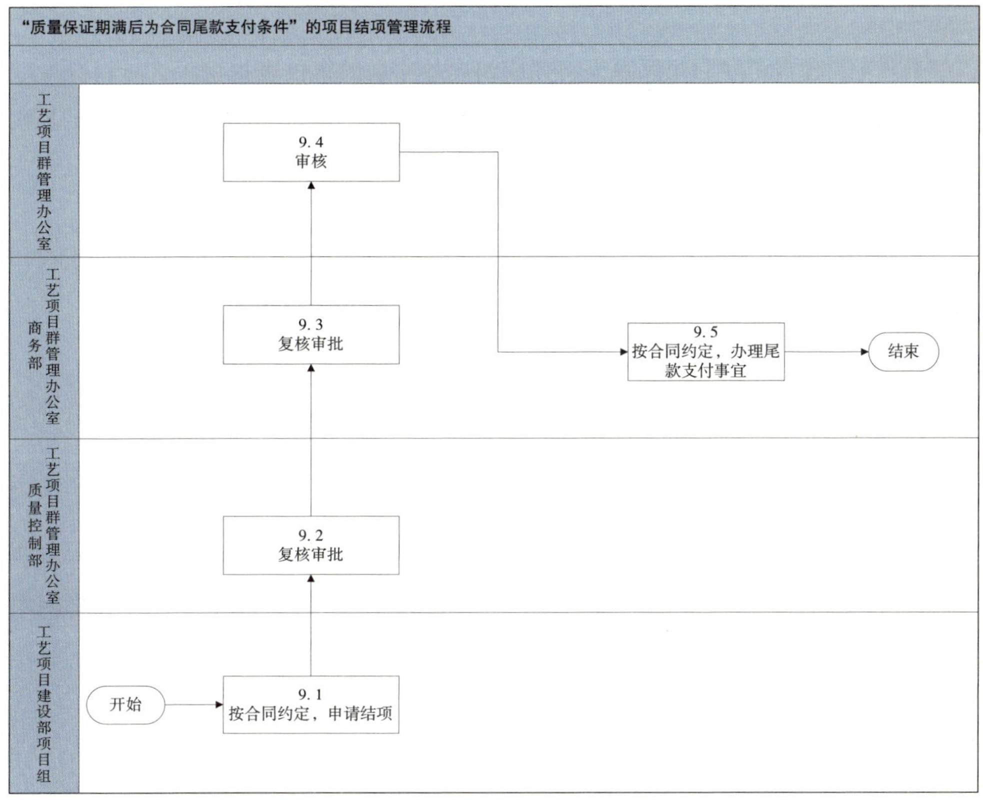

“质量保证期满后为合同尾款支付条件”的项目结项管理流程描述

9.1 按合同约定，申请合同结项

(1)由工艺项目建设部项目组完成填写《工艺项目集成合同结项审批表》(以下称“审批表”，模板参见附件2)。其中的附件含:

◎《XXXX项目质量保证期工作评价报告》（工艺项目建设部项目组负责）;

◎《工艺项目集成合同结项审计申请表》(复印件，工艺项目建设部项目组负责）。

其中，审批表中的“编号”由工艺项目群管理办公室秘书统一编制并记录。其余申请部分由工艺项目建设部项目组填写。

(2)如一个集成合同中包含多个项目的集成工作，需所包含的项目全部通过竣工验收才能进行项目结项。

(3)工艺项目负责人对填写完成的审批表进行签字。

(4)工艺项目建设部项目组组长对填写完成的审批表进行审核签字。

9.2 复核审批

工艺项目建设部项目组联系人将完成组内签字后的审批表提交工艺项目群管理办公室秘书。工艺项目群管理办公室秘书将收到的审批表登记并编号后，转交工艺项目群管理办公室质量控制部复核并签字。

9.3 复核审批

工艺项目群管理办公室秘书将经质量控制部签字的审批表转商务部复核并签字。

9.4 审核

工艺项目群管理办公室秘书将复核后的审批表，送工艺项目群管理办公室领导审核。

9.5 按合同约定，办理有关付款

工艺项目群管理办公室秘书将签字完成的审批表转交工艺项目群管理办公室商务部，商务部根据有关合同和/或变更协议(如有)负责办理合同付款工作并办理商务收尾工作。

商务收尾

10. 向项目集成商退回集成合同履约保函(按合同约定)(参见《项目结项管理流程图》步骤10)

如合同中约定在合同执行完毕后向项目集成商退回履约保函，由工艺项目群管理办公室商务部向项目集成商退回履约保函。

11. 归档有关合同的商务文档(参见《项目结项管理流程图》步骤11)

完成以上所有工作后，工艺项目群管理办公室商务部将对应合同的完整商务文件(清单参见附件5)实施归档。

附件1：工艺项目结项申请报告

关于申请《XXX项目》结项事

工艺项目群管理办公室：

XXXX项目已于XXXX年XX月XX日召开的竣工审定会上通过竣工审定，现申请进行项目结项。

妥否，请批示。

附件：《项目竣工验收报告》（复印件）

【组长签字】

工艺项目建设部项目　　组

附件2：工艺项目集成合同结项审批表

工艺项目集成合同结项审批表

报送单位：工艺项目建设部项目　　组
编　　号：_____年份（四位）-顺序号（四位）_____

序号	合同名称	合同编号
1		
2		
3		
4		
5		
合同结项事项	向乙方支付合同款项 质量保证期满，向乙方退还履约保证函	
附件	工程竣工验收报告 集成合同封面页及相应付款页 项目质量保证期工作评价报告 集成合同结项审计申请表（如有）	
项目负责人	年　月　日	
工艺项目建设部项目组	年　月　日	
工艺项目群管理办公室计划部	年　月　日	
工艺项目群管理办公室质量控制部	年　月　日	
工艺项目群管理办公室商务部	年　月　日	
工艺项目群管理办公室物资部	年　月　日	
工艺项目群管理办公室	年　月　日	

附件3：工艺项目集成合同结项审计申请表

工艺项目集成合同结项审计申请表

报送单位：工艺项目办公室工艺项目群管理办公室　　　　年　月　日
编　　号：________________

序号	合同名称		合同编号
1			
2			
3			
4			
5			
6			
项目承办单位			
项目负责人		电话	
附　件			
工艺项目建设部项目组	年　月　日		
工艺项目群管理办公室	年　月　日		
工艺项目建设部	年　月　日		
审计	年　月　日		
工艺项目办公室	年　月　日		

附件4：《xxxx项目质量保证期工作评价报告》

工艺项目________________项目
质量保证期工作评价报告

报送单位：工艺项目建设部项目　　组

<table>
<tr><td>合同编号</td><td colspan="2"></td></tr>
<tr><td>合同名称</td><td colspan="2"></td></tr>
<tr><td>项目集成商</td><td colspan="2"></td></tr>
<tr><td>合同中对质量保证期的约定</td><td colspan="2"></td></tr>
<tr><td rowspan="2">实际执行期限</td><td>起始时间</td><td>年　月　日</td></tr>
<tr><td>完成时间</td><td>年　月　日</td></tr>
<tr><td>附件</td><td colspan="2">《质量保证期工作报告》（项目集成商提供）</td></tr>
<tr><td>质量保证期工作评价</td><td colspan="2"></td></tr>
<tr><td>项目负责人</td><td colspan="2">年　月　日</td></tr>
<tr><td>工艺项目建设部项目组</td><td colspan="2">年　月　日</td></tr>
</table>

附件5:《XXXX项目商务文档》

1. 四级审批文件;
2. 采购商务文件(采购文件、应答文件、采购结果报告及批复等);
3. 合同报批表;
4. 合同;
5. 变更相关文档和/或补充协议(如有);
6. 历次付款手续;
7. 其他相关商务文档。

9
Chapter

第九章

设备管理

设备管理是工艺技术系统建设的重要管理环节，其范围包括设备采购、设备到货等各方面。

1 采购管理实施细则

采购管理是为了规范工艺技术系统建设采购行为、明确责任、保证工艺设备和技术服务购置进度和质量，确保工艺技术系统建设按期完成。

在采购管理过程中工艺项目办公室为采购审批部门；

工艺项目群管理办公室为采购执行部门；

工艺项目建设部各项目组为使用部门；

在实施采购的管理过程中实行审批、采购、使用三分离的原则；

工艺技术系统建设预算的执行由工艺项目办公室负责管控，工艺项目群管理办公室计划部负责预算编制和办理相关报批程序；

工艺项目群管理办公室商务部根据工艺技术系统建设的实施计划负责组织、实施相关的采购、合同谈判及签订工作；

采购管理涵盖工艺技术系统建设过程中的工艺设计、技术服务、技术设备的采购工作。

1.1 项目预算及采购方式的确定

工艺技术系统建设的预算包括：设备购置费、系统集成费（含材料费）、设计费、应用开发费、管理运行费及其他与工艺技术系统建设相关的费用。

工艺技术系统建设的预算按照工艺项目办公室提出的下年度计划由工艺项目建设部各项目组根据各自的项目建设计划进行编制，内容包括：项目名称、项目预算金额、项目采购方式及金额、项目建设地点、项目负责人等，对采用非公开招标采购方式的理由进行书面陈述。

工艺技术系统建设的采购采用以下几种方式：

◎公开招标(含定点采购、协议供货);

◎邀请招标;

◎竞争性谈判;

◎单一来源采购;

◎询价方式采购。

除公开招标以外的采购方式均须按《中华人民共和国政府采购法》的有关规定做采购方式说明,用充分的理由说明所申报的项目符合采用该采购方式的必要条件,如有调研报告或选型测试报告须注明。

工艺项目群管理办公室计划部根据各工艺项目建设部项目组所报项目预算和采购方式,经审核汇总整理报工艺项目办公室审批后报相关主管部门审批。

预算和采购方式批复后,由工艺项目群管理办公室负责组织采购实施。

工艺技术系统建设项目预算及采购方式如发生变更,须重新按上述程序报批。

1.2 供应商资格的确定

工艺项目群管理办公室在财政部公布的具有甲级招标代理资质的招标代理机构范围内通过招标方式确定招标代理机构,报工艺项目办公室审批。

根据项目进展情况,对采购相对集中的项目由招标代理机构对有意向参与相关项目建设的供应商发出征询函,概要介绍拟采购项目。

供应商需回应的内容包括:

◎企业营业执照和相关业务能力资质证明;

◎企业业务范围和相关业务能力资质相对于甲方的适用性与符合性;

◎注册资金;

◎资信情况;

◎组织结构及管理模式;

◎拟参与项目团队的构成及知识结构、专业背景和资质情况;

◎近三年主要相关业绩;

◎承接大型项目的实现能力;

◎设计理念及能力阐述。

招标代理机构负责统计汇总并组织行业内专家召开评审会,对供应商回应的内容进行评议,超过三分之二与会者认可的供应商即可入围承担相关项目的供应商名单。

招标代理机构将评审结果报工艺项目群管理办公室备案。如认为评审结果有问题由工艺项目群管理办公室向招标代理机构提出质询。

招标代理机构应对供应商名单进行维护和动态调整。

根据项目建设需要，应适时按前述程序补充供应商名单。

定期对通过审查的供应商的资质进行复查及时排除问题供应商。

1.3 采购实施的必要条件

四级审批文件是采购得以实施的重要基础。作为采购依据的四级审批文件应包括：

◎完整的技术需求及项目要求内容：项目范围、重要时间节点及交付物、技术要求/规格以及培训、售后服务要求等；

◎标明采购方式、项目预算。如采用综合评分法或最低评标价法，应包括技术部分的评分方法或评标价格调整方法；

◎除公开招标外，需列出经评审会确认资格的拟邀请供应商；

◎如资金、采购方式等内容与相关主管部门批复的采购计划不同，则四级审批文件中须附详细说明并履行必要的审批程序；

◎需使用综合评分法确定供应商的采购，该评分方法中的商务部分，应由商务部根据相关规定制定，并上报工艺项目办公室审批。

1.4 采购实施

商务部根据年度采购计划，确定各项目的采购承办人和招标代理机构。

项目采购需求文件通过四级审批后，计划部配合商务部制定采购实施计划，并负责组织实施。

采购承办人要掌握有关政府采购管理法规，协助招标代理机构按照合法有效的程序实施采购。

采购实施计划包括：采购文件编制和发售、标前答疑、评标/竞谈、结果报审、合同谈判、合同签订、项目启动会等工作内容的相关时间和承办人以及进程管控需要的信息。

对复杂的承包项目和货物采购项目，商务部负责人要协调相关项目负责人进行分类打包并制定采购策略报工艺项目办公室审批。

采购承办人与工艺项目建设部的项目组负责人依据四级审批文件共同编制工艺技术项目招标采购文件。招标采购文件的编制需在5个工作日内完成。报工艺项目群管理办公室相关领导确认，并在《采购文件发出确认单》上签字后由招标代理机构发出。

在评标与竞谈前，采购承办人需至少提前1日通知审计人员与律师参加，必要时应提前3日向审计人员或律师提供相关文档，以便提供有效的咨询服务。

在评标与竞谈前，采购承办人需提前3日书面通知相关纪检监察部门参加以对采购活动进行监督。

采购承办人要配合招标代理机构组织标前答疑会，相关项目负责人向投标人对采购文件中的疑问进行解答。标前答疑会纪要应归档在采购过程文件中。

开标前1日由工艺项目办公室确定参加评标或谈判的采购方代表。

招标代理机构在评标或谈判工作结束后2个工作日内将《评标报告/谈判纪要》报至商务部。商务部于1个工作日内将《评标报告/谈判纪要》经工艺项目群管理办公室上报工艺项目办公室。

工艺项目办公室在3个工作日内完成采购结果审批，商务部在1个工作日内出具《评标/谈判结果确认函》回复招标代理机构。

如采购结果未获批准，后续工作将按照工艺项目办公室的批示进行。

针对不同采购方式的采购操作流程见附件。

1.5　合同的签订

采购承办人在招标代理机构发出中标/成交通知书后3日内与中选承包商/供货商取得联系，共同草拟合同。

承包合同由采购承办人与承包商依照招标文件中的通用/专用合同条款，按审定的合同模板起草合同主约。工艺项目建设部项目组与承包商共同确定合同的工作说明书或技术需求书、项目人员名单、项目进度计划及交付物清单等合同附件。

国内货物采购合同，由采购承办人根据“工艺项目货物采购合同模板”拟订货物采购合同主约。工艺项目建设部项目组与供货商共同拟订合同的设备清单、详细技术需求及售后服务条款等合同附件。

进口货物采购，由采购承办人根据“工艺项目设备外贸采购协议模板”拟订外贸采购协议主约。工艺项目建设部项目组与供货商共同拟订合同的设备清单、详细技术需求及售后服务条款等协议附件。根据外贸协议，采购承办人按审定的合同模板与进口代理商拟订进口委托合同。

运行管理类服务合同由合同发起部门的项目负责人与供应商按照合同模版共同草拟合同，报工艺项目群管理办公室审批。

采购承办人负责汇总全部合同文档后，3个工作日内组织合同谈判。工艺项目建设部项目组负责人、采购承办人、律师、审计共同组成项目建设方谈判小组。谈判过程由商务部采购承办人主持。如双方对经审定的合同模板公共条款无争议，双方确认专项条款后可直接报批。

合同谈判中，项目建设方谈判小组与承包商就合同主约内容逐条确认。其中付款方式及条件、履约保函期限、交付物清单等需当面明确。与项目实施相关的合同附件由工艺项目建设部项目组与承包商签字确认，报价及明细由审计审核。

境内货物、境内技术服务类合同以人民币结算，进口货物、境外技术服务类合同原则上以美元结算。供货商自行办理进口手续的进口货物合同可以人民币结算，但须提供关税、增值税完税证明。

人民币结算货物，原则上按货到验收合格后100%付款。如货物质量无法通过简单验收判断或验收周期较长，则需订立分次付款条款，于初步验收后支付部分货款，保留至少10%尾款至货物全部验收合格。

美元结算货物，原则上按发货前21天开具90%信用证（L/C），货到验收合格后采用电汇（T/T）支付尾款；或货到验收合格后100%电汇（T/T）支付。

货物金额较大、制造周期较长，需要预付货款的，预付款比例不超过30%，同时供货方需提交同等金额的履约保函，以保证预付款安全。

无论进口货物或国产货物，供货方运输保险责任须至项目建设方指定的交货地点并经项目建设方签收为止。

以人民币结算的境内技术服务类合同，视项目规模、性质和进度周期确定分期支付比例。保留至少5%尾款至竣工验收合格。履约保函金额不低于合同金额的10%，有效期至试运行期结束为止。

经合同谈判，双方对合同内容无任何异议后，采购承办人按照谈判纪要修改合同条款，形成最终合同文本后于1个工作日内送交律师及审计审核，律师及审计提出书面审核意见后报合同审批。

合同审批程序为：工艺项目群管理办公室及工艺项目建设部分别在2个工作日内完成各自审批，工艺项目办公室在3个工作日内完成各自审批。

合同正式文本一式6份，由授权签字人签署。合同工作版若干份。合同工作版不包括合同金额及支付方式等内容。合同工作版由采购承办人分送工艺项目建设部项目组、质量控制部等合同执行部门。

货物采购合同签订后如需补充该供货商的同一产品，由工艺项目建设部项目组提出需求，经工艺项目办公室审批后由商务部签订该合同的补充合同，补充合同金额不得超过主合同金额的10%，进口设备无须另签外贸委托合同，与委托进口代理公司签订合同变更单后与委托代理主合同一并结算。若补充订货金额超过主合同的10%需另签合同并办理合同审批程序。

1.6 合同的执行

合同签订后7个工作日内需由供应商提供合同规定首次付款金额的发票，采购承办人持发票、合同审批表及附件、合同原件经财务部门办理首款支付手续。按合同约定再次支付时需有合同规定金额的发票及交付物审批的相关文件。

技术服务类合同，由计划部跟踪合同各关键时间点，由质量控制部对供应商的各阶段交付物进行质量审核，由商务部办理合同付款结算等事项。

货物采购类合同，商务部负责合同执行，根据合同约定对合同实施过程中各阶段费用进行结算。计划部配合商务部进行到货和付款的计划管理，质量控制部和工艺项目建设部项目组配合商务部、物资部进行货物到货验收。

承包类合同的执行由工艺项目群管理办公室计划部及质量控制部负责，各工艺项目建设部项目组配合。商务部依据合同约定负责费用结算。

运行管理类服务合同，由合同发起部门的项目负责人执行合同，商务部根据项目负责人确认的工作量结算单办理付款结算等事项。

合同履行过程中如出现索赔事项，由商务部、物资部负责索赔办理事宜。

涉及货物的售后服务事宜，由采购承办人配合项目负责人协调设备供应商解决。

如合同约定的产品因故需要以类似产品替代，由供应商书面提供产品替代申请。由项目负责人确认该替代产品符合项目设计要求，并可正常用于相应系统；由商务部确认其价格、服务条款等不劣于原合同。由商务部、工艺项目建设部项目组共同发文上报工艺项目群管理办公室备案，并同时抄送其他有关部门。如替代产品不符合上述要求，则视为合同变更。

合同变更，应由相关工艺项目建设部项目组按工艺项目办公室制定的变更流程报批。由于供应商原因所导致的合同变更需出具供应商的书面变更申请。

合同变更获得批准后，由商务部负责办理合同变更事宜。

1.7 采购文件归档

商务部、物资部派专人负责工艺项目办公室采购文件的收集、整理、存档工作。

商务部、物资部存档采购文件包括：

◎四级审批文档、设备购置报告、补充说明文件；

◎招投标/谈判过程中的全部相关文件；

◎与招标代理机构的往来函件及其内部审批文件；

◎评标报告/谈判纪要；

◎合同审批表及相关文档、合同文本、合同谈判纪要；

◎合同履行过程中所有相关文件。

每完成一个项目的合同签订工作，采购承办人对以上文档进行收集并移交商务部、物资部文档管理人员，定期送交给上级主管部门监察人员审查后移交工艺项目办公室档案室。

如需借阅采购存档文件，需得到商务部、物资部负责人书面同意。

2 采购准备管理

2.1 采购前期准备管理流程

采购前期准备管理流程图

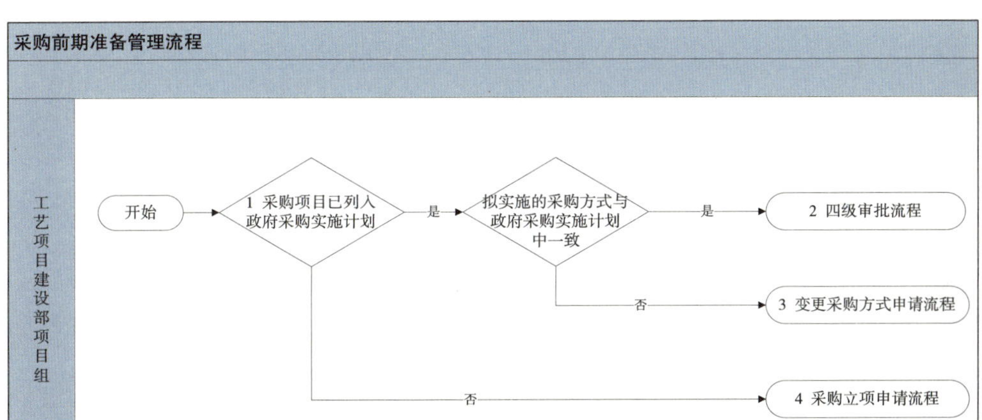

采购前期准备管理流程描述

通常的采购管理和预算管理都是按计划管理，通过计算机辅助管理手段，管理对象都是以计划代码的形式实施。工艺项目办公室工艺技术系统建设的采购项目（设备/物资、集成、服务等各类采购）也是实行项目实施计划代码管理，由相关主管部门按采购项目逐一审批采购方式及预算金额并授予项目的政府采购实施计划代码。此代码是项目在相关合同报审及执行过程中的必要依据。

1. 工艺项目建设部项目组依据政府采购实施计划，检查拟采购项目是否已经列入政府采购实施计划中；

2. 如果明确在列，同时拟实施的采购方式与政府采购实施计划中相应采购项目的采购方式一致，则直接进入四级审批流程；

3. 若拟采购项目已经列入政府采购实施计划中，但拟实施的采购方式与政府采购实施计划中相应采购项目的采购方式不一致，则进入变更采购方式申请流程；

4. 若拟采购项目并未列入政府采购实施计划中，则需要进入采购立项申请流程。

2.2 采购立项申请管理流程

在采购工作的实施过程中，如果在政府采购实施计划外新增采购项目或对计划内的采购项目进行调改，都需要办理相关采购项目的立项申请。

采购立项申请管理流程图

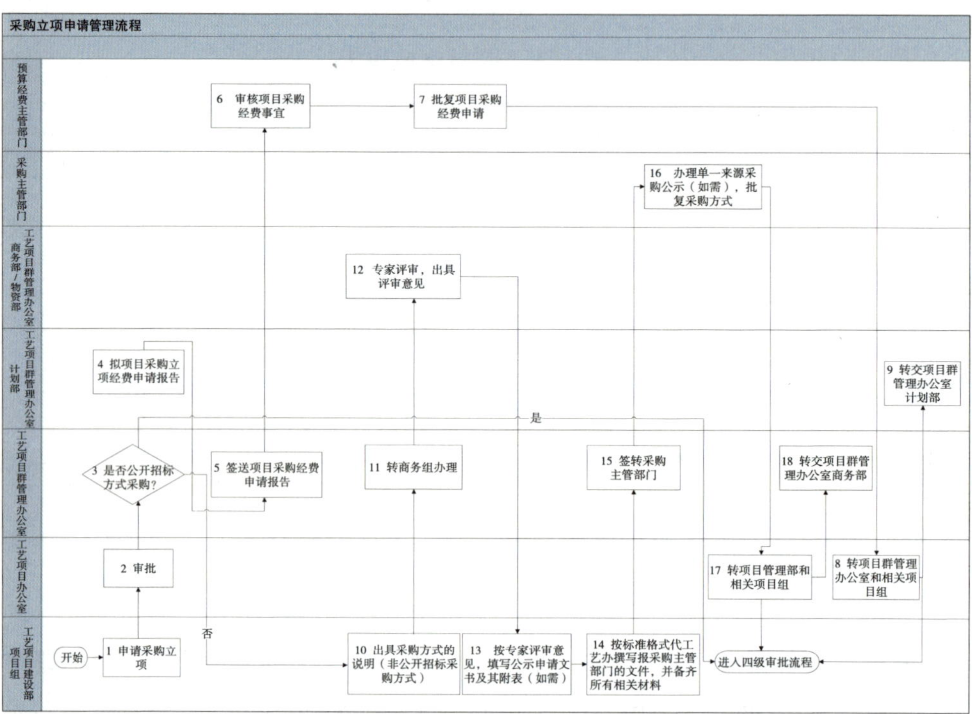

采购立项申请管理流程描述

1. 根据拟采购项目，工艺项目建设部项目组编写申请采购立项的请示，并备齐所需相关附件；

上述文件得到项目负责人及项目组组长的确认后提交工艺项目办公室秘书组。

2. 工艺项目办公室秘书组将收到的工艺项目建设部项目组提交的申请采购立项的请示及其附件送工艺项目建设部主任审批；

工艺项目建设部主任审批通过后，工艺项目办公室秘书组将工艺项目建设部主任审批后的申请采购立项的请示及其附件送工艺项目办公室主任审批；

工艺项目办公室主任审批通过后，由工艺项目办公室秘书组将相关文件转工艺项目群管理办公室秘书及相关项目组。

3. 工艺项目群管理办公室收到工艺项目办公室领导批示后：

（1）保存工艺项目办公室领导批示原文用于文件归档；

（2）根据工艺项目办公室主任审批意见，如确定为“非公开招标”采购方式，则将批示复印件转相关工艺项目建设部项目组准备有关“非公开招标”采购方式说明（转10）；

（3）如确定为“公开招标”采购方式，则项目组可直接进入四级审批流程。

4. 工艺项目群管理办公室根据工艺项目办公室主任审批意见，将批示复印件转工艺项目群管理办公室计划部代工艺项目办公室拟《项目采购经费申请报告》（模板参见附录5），并附批准的申请采购立项的请示复印件及相关附件复印件。

5. 工艺项目群管理办公室将《项目采购经费申请报告》签送预算经费主管部门。

6. 预算经费主管部门根据收到的《项目采购经费申请报告》及其相关附件办理相关审批事宜。

7. 预算经费主管部门将审核完成的《项目采购经费申请报告》及项目的政府采购实施计划代码批转工艺项目办公室。

8. 工艺项目办公室秘书组将收到的预算经费主管部门审批后的《项目采购经费申请报告》及相关文件转工艺项目群管理办公室和相关项目组。

9. 工艺项目群管理办公室将工艺项目办公室秘书组转交的《项目采购经费申请报告》完成后的相关文件批转工艺项目群管理办公室计划部。

10. 如采购方式为“非公开招标”，由项目组出具采购方式的说明，并报工艺项目群管理办公室。

11. 工艺项目群管理办公室将收到的项目组提交的采购方式的说明及工艺项目办公室批准的申请采购立项的请示和相关附件批转商务部进行办理。

12. 商务部根据工艺项目群管理办公室批转的采购方式的说明及相关文件，委托招标代理机构组织专家对采购方式进行评审，并将专家评审意见转交项目组。

13. 依据专家评审意见，若拟采购方式为单一来源采购方式，项目组应填写单一来源采购公示文书及其附表。

14. 项目组按照标准格式代工艺项目办公室拟《关于申请〈XXX项目〉单一来源采购事》（格式模板参见附录2章节），并将工艺项目办公室批准的申请采购立项的请示及其相关附件、单一来源公示文书及其附表（如需）等所有材料备齐后，提交工艺项目群管理办公室。

15. 工艺项目群管理办公室将步骤14中项目组提交的相关文件签转采购主管部门。

16. 采购主管部门根据工艺项目群管理办公室提交的相关文件，如拟采购方式为单一来源采购方式，则先办理单一来源采购方式公示。根据公示的结果对采购方式进行批复，并将批复采购方式的文件转工艺项目办公室。

17. 工艺项目办公室秘书组将收到的采购主管部门批复采购方式的相关文件转工艺项目群管理办公室和相关项目组。

18. 工艺项目群管理办公室将工艺项目办公室秘书组转交的采购主管部门批复采购方式的相关文件批转工艺项目群管理办公室商务部。

申请采购立项的请示及其附件要求

●请示正文的要求：

（1）首先应详细说明此次申请采购立项的起因；

（2）基本要素项应包括：采购项目名称、预算金额、拟采用的采购方式等；

（3）由于工艺项目办公室工艺项目经费采购实施计划已按年度全部落实，新增采购项目所需经费应从本项目组已有项目的采购实施计划的项目经费中调整。请示中应明确采购立项的项目所属经费拟从现有采购实施计划中的哪个项目中划拨调用；

（4）如需特别说明的其他内容，也应在正文中一并提出；

（5）请示的其他行文要求应遵循工艺技术系统项目建设主管单位和工艺项目办公室的相关规定。

●附件相关要求

（1）采购细项内容应提供详细完整的设备清单、技术需求书等；

（2）若拟采用非公开招标方式，应从技术角度说明其理由和原因，形成拟采用非公开招标采购方式的说明文档，若有相关补充说明材料（审定会纪要、工艺设计会纪要、工艺项目办公室例会纪要等）应一并附上；

（3）如需提供其他专项附件，也应一并附上。

2.3 变更采购方式管理流程

如需对已经批准确认的采购方式进行变更，应根据政府采购的不同方式，按照：公开招标、邀请招标、竞争性谈判、单一来源采购的顺序选择可行的采购方式申请变更，不宜按反向顺序选择采购方式申请变更。

变更采购方式管理流程图

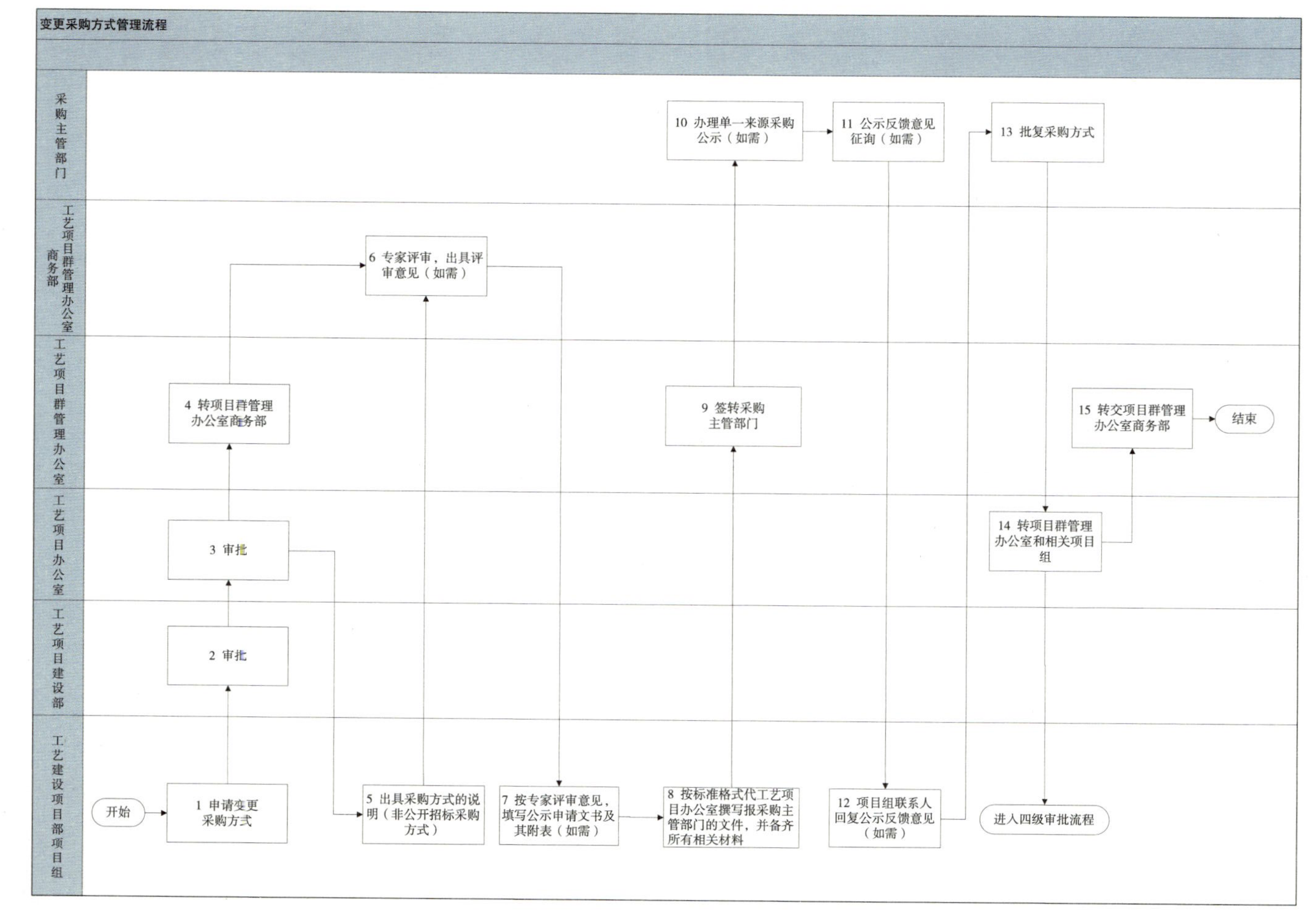

变更采购方式管理流程描述

1. 根据拟采购项目，工艺项目建设部项目组编写申请变更采购方式的请示，并备齐所需相关附件；上述文件得到项目负责人及项目组组长的确认后提交工艺项目办公室秘书组。

2. 工艺项目办公室秘书组将收到的工艺项目建设部项目组提交的申请变更采购方式的请示及其附件送工艺项目建设部主任审批；工艺项目建设部主任审批通过后，工艺项目办公室秘书组将工艺项目建设部主任审批后的申请变更采购方式的请示及其附件送工艺项目办公室主任审批签字。

3. 工艺项目办公室主任审批通过后，由工艺项目办公室秘书组将相关文件转工艺项目群管理办公室秘书及相关项目组。

4. 工艺项目群管理办公室将批准的申请变更采购方式的请示及相关附件转商务部办理。

5. 商务部依据工艺项目办公室主任审批意见：

（1）若审批意见的拟采购方式为非公开招标方式，转项目组出具采购方式的说明后提交工艺项目群管理办公室商务部；

（2）若审批意见的拟采购方式为公开招标方式，转项目组直接进入四级审批流程。

6. 商务部根据收到的采购方式的说明及相关文件，委托招标代理机构组织专家对拟采用的非公开招标采购方式进行评审，并将专家评审意见转交项目组。

7. 依据专家评审意见，若拟采购方式为单一来源采购方式，项目组应填写单一来源公示文书及其附表（格式模板参见附录1章节）。

8. 项目组按照标准格式代工艺项目办公室拟《关于申请〈XXX项目〉单一来源采购事》（其中，单一来源采购方式报批公文格式模板参见附录2章节，其他非公开来源采购方式报批公文格式模板参见附录3章节），并将工艺项目办公室批准的申请变更采购方式的请示及其相关附件和单一来源公示文书及其附表（如需）等所有材料备齐后，提交工艺项目群管理办公室。

9. 工艺项目群管理办公室将步骤8中项目组提交的相关文件签转采购主管部门。

10. 采购主管部门根据工艺项目群管理办公室提交的相关文件，若拟采购方式为单一来源采购方式，则办理单一来源采购公示。

11. 在单一来源采购公示期结束后，由采购主管部门通过工艺项目群管理办公室向工艺项目办公室相关项目组联系人（即《单一来源采购征求意见公示》中明确的联系人）征询公示反馈意见。

12. 工艺项目办公室相关项目组联系人通过工艺项目群管理办公室向采购主管部门提供有关单一来源采购前公示的反馈意见（反馈意见模板参见附录4章节）。

13. 采购主管部门根据公示完成后的结果对采购方式进行批复，并将批复采购方式的文件转工艺项目办公室。

14. 工艺项目办公室秘书组将收到的采购主管部门批复采购方式的相关文件转工艺项目群管理办公室和相关项目组；项目组可依据收到的采购主管部门批复采购方式的相关文件，进入四级审批流程。

15. 工艺项目群管理办公室将工艺项目办公室秘书组转交的采购主管部门批复采购方式的相关文件批转工艺项目群管理办公室商务部。

申请变更采购方式的请示及其附件要求

●请示正文的要求：

（1）首先应详细说明此次申请新采购方式的起因；

（2）基本要素项应包括：原采购项目名称、预算金额；拟实施的采购项目名称、预算金额；拟采用的采购方式（注明与政府采购实施计划不一致）；

（3）如需特别说明的其他内容，也应在正文中一并提出；

（4）请示的其他行文要求应遵循工艺技术系统项目建设主管单位和工艺项目办公室的相关规定。

●附件相关要求：

（1）采购细项内容应提供详细完整的设备清单、技术需求书等；

（2）应从技术角度说明申请新采购方式的理由和原因，形成申请新采购方式的技术说明文档，若有相关补充说明材料（审定会纪要、工艺设计会纪要、工艺项目办公室例会纪要等）应一并附上；

（3）如需提供其他专项附件，也应一并附上。

采购工作准备流程相关附件

附录1: 公示文书格式

******（预算执行部门）单一来源采购征求意见公示

（预算执行部门名称）申请（使用部门）***采购项目采用单一来源方式采购，该项目拟由***（供应商名称）提供（或承担）。现将有关情况向潜在政府采购供应商征求意见。征求意见期限从**年*月*日起至**年*月*日止。

潜在政府采购供应商对公示内容有异议的，请于公示期满后两个工作日内以实名书面（包括联系人、地址、联系电话）形式将意见反馈至政府采购领导小组办公室（联系电话：******）和***（预算执行部门名称）（联系地址：***，联系人：***，联系电话：******）。

附：专家论证意见及专家姓名、工作单位、职称。

**年*月*日

单一来源采购专家论证意见表

单位名称	
预算执行部门	
使用部门	
项目名称	
项目金额	
专家1论证意见	专家姓名：（签字） 工作单位： 职称：
专家2论证意见	专家姓名：（签字） 工作单位： 职称：
专家3论证意见	专家姓名：（签字） 工作单位： 职称：
……	

附录2:《关于申请〈XXX项目〉单一来源采购事》公文格式

关于申请《XXX项目》单一来源采购事

(采购主管部门名称):

工艺项目办公室根据工作需要拟对《XXX项目》采用单一来源方式进行采购,并已委托招标代理机构组织专家进行了评审,出具了评审意见。现按有关规定填报单一来源采购前公示表申办公示及审批。

现将有关资料报上。

妥否,请批示。

附件:1. XXX项目(工艺项目办公室领导批示同意的报告)

2. XXX项目评审专家意见

3. XXX项目单一来源采购前公示表

工艺项目办公室

XXXX年XX月XX日

附录3:《关于申请〈XXX项目〉XXXX方式采购事》公文格式

关于申请《XXX项目》XXXX方式采购事

(采购主管部门名称):

工艺项目办公室根据工作需要拟对《XXX项目》采用XXXX方式进行采购,并已委托招标代理机构组织专家进行了评审,出具了评审意见。

现将有关资料报上。

妥否,请批示。

附件:1. XXX项目(工艺项目办公室领导批示同意的报告)

2. XXX项目评审专家意见

工艺项目办公室

XXXX年XX月XX日

附录4:《关于〈XXX项目〉单一来源采购前公示的情况说明》公文格式

关于《XXX项目》单一来源采购前公示的情况说明

(采购主管部门名称):

《XXX项目》于XXXX年XX月XX日 至 XXXX年XX月XX日在中国政府采购网上完成该项目的单一来源采购前公示,公示期间未接到潜在供应商提出任何疑义,特此说明。

工艺项目办公室

XXXX年XX月XX日

附录5:《关于〈XXX项目〉申请采购经费的请示》公文格式

关于《XXX项目》申请采购经费的请示

(预算经费主管部门名称):

根据工作需要,工艺项目办公室新增《XXX项目》采购项目,所需费用XXXXX元。所需经费拟由《财字(XXXX)XX号文》文中《XXX项目》(采购实施计划代码:XXXX,预算金额:XXXXXXX)中调整。现将有关材料报上。

妥否,请批示。

工艺项目办公室

XXXX年XX月XX日

3 采购清单整备管理流程

在大型的工艺技术系统建设中，所需设备的采购都是由负责相关项目建设的具体项目组提出设备需求，采购审定也是基于相关项目的技术要求。但不同项目的设备需求往往会涉及相同的设备，如分别采购会造成采购工作的重复。将采购需求集中汇总统一实施采购不但可减少采购工作量而且有利于形成一定的采购规模，在招标过程中获得更优惠的价格。采购清单整备工作就是进行采购的汇总工作。

采购清单整备管理流程图

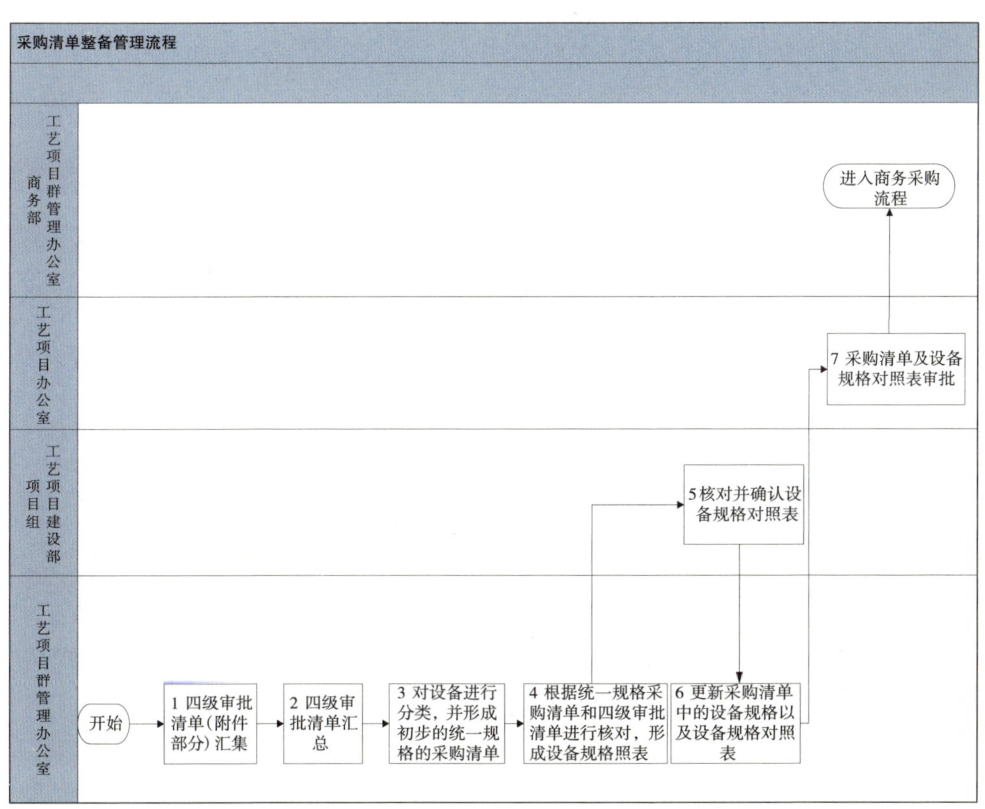

采购清单整备管理流程描述

序号	工作任务	任务描述	负责部门	主要参与部门	主要输入	主要输出
1	四级审批清单汇集	汇集各工艺项目建设部项目组提交的四级审批清单	工艺项目群管理办公室	计划部商务部	四级审批单	四级审批单的附件部分
2	四级审批清单汇总	对所有的四级审批清单进行整理汇总，形成初始的采购清单	工艺项目群管理办公室	商务部、质量控制部	四级审批单的附件部分	汇总后的采购清单
3	对设备进行分类，并形成初步的统一规格的采购清单	基于初始的采购清单，对设备进行分类，并形成初步的统一规格的采购清单	工艺项目群管理办公室	商务部、质量控制部	汇总后的采购清单	初步的采购清单
4	将统一规格采购清单和四级审批清单进行核对，形成设备规格对照表	将统一规格采购清单和四级审批清单进行核对，形成设备规格对照表	工艺项目群管理办公室	商务部、质量控制部	初步的采购清单	设备规格对照表
5	核对并确认设备规格对照表	针对本项目涉及的设备，核对并确认设备规格对照表	工艺项目建设部项目组	商务部、质量控制部	设备规格对照表	确认后的设备规格对照表
6	更新采购清单中的设备规格以及设备规格对照表	根据各工艺项目建设部项目组核对情况的反馈，更新采购清单中的设备规格以及设备规格对照表	工艺项目群管理办公室	商务部、质量控制部	项目组核对清单的反馈	更新后的采购清单及设备规格对照表
7	采购清单及设备规格对照表审批	提交更新后的采购清单及设备规格对照表进行审批，审批通过后形成最终的采购清单，并进入商务采购流程	工艺项目办公室	商务部、质量控制部	采购清单、设备规格对照表	审批后的采购清单及设备规格对照表

1. 根据设备采购情况，如果需要对采购清单进行整备，由工艺项目群管理办公室计划部、商务部汇集已经提交的四级审批设备清单；

2. 商务部、质量控制部对所有的四级审批设备清单进行整理汇总，形成初始的采购清单；

3. 商务部、质量控制部基于初始的采购清单，对设备进行分类，并形成初步的统一规格的采购清单；

4. 商务部、质量控制部根据统一规格采购清单和四级审批清单进行核对，形成设备规格对照表并转发工艺项目建设部各项目组联系人；

5. 工艺项目建设部项目组根据收到的设备规格对照表，针对本项目涉及的设备，核对并确认设备规格对照表，并将反馈意见及确认后的设备规格对照表返回商务部、质量控制部；

6. 商务部、质量控制部根据工艺项目建设部各项目组核对情况的反馈，统一更新采购清单中的设备规格以及设备规格对照表；

7. 商务部、质量控制部将更新后的采购清单及设备规格对照表提交工艺项目办公室秘书组；

工艺项目办公室秘书组将收到的采购清单及设备规格对照表送工艺项目办公室领导进行审核；

工艺项目办公室秘书组将工艺项目办公室领导审核完成后的审核意见及相关文档转交商务部、质量控制部；

商务部、质量控制部根据工艺项目办公室领导审核意见形成最终的设备采购清单，由商务部开始商务采购流程。

4 设备采购审定管理流程

设备采购是工艺技术系统建设过程中的关键环节之一，直接关系到系统建设的质量和成本，严格的采购审定流程十分必要。设备采购审定是在项目建设所需的设备实施采购前进行的审定工作，通过必要的审定流程实施设备采购审定。

设备采购审定管理流程图

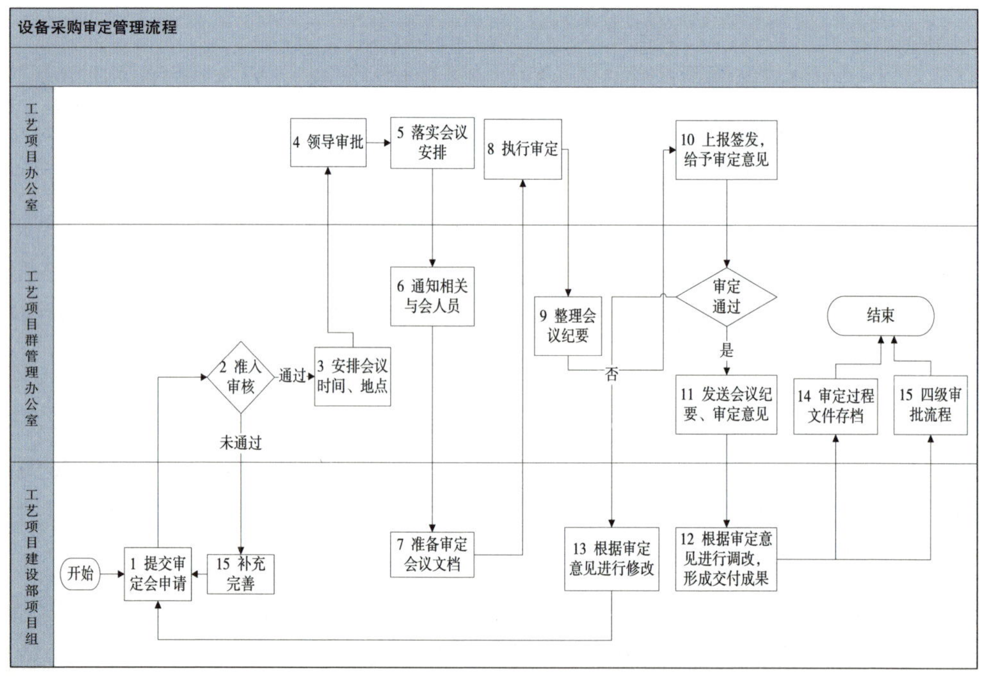

设备采购审定管理流程描述

序号	工作任务	任务描述	负责部门	主要参与部门	主要输入	主要输出
1	提交设备采购审定会申请	工艺项目建设部项目组填写并提交审定会申请表	工艺项目建设部	工艺项目建设部项目组	项目交付审定资料准备完成	设备采购审定会申请 供审定的设备采购文档
2	准入审核	就审定申请进行审核，是否符合设备采购审定准入要求	工艺项目群管理办公室	质量控制部	审定会申请表供审定的设备采购文档	是否准入审核
3	安排会议时间、地点	协调并安排审定会议时间、地点及参加人员	工艺项目办公室秘书组、工艺项目群管理办公室	计划部	审定会申请表	拟定会议时间、地点、参加人员
4	领导审批	领导进行审批	工艺项目办公室		拟定会议时间、地点、参加人员	确认时间、地点、参加人员
5	落实会议安排	根据领导批示落实会议安排	工艺项目办公室秘书组		确认时间、地点、参加人员	确定的会议时间、地点、参加人员
6	通知相关与会人员	发项目设备采购审定会通知	工艺项目群管理办公室	工艺项目群管理办公室秘书	确认的时间、地点、参加人员	会议通知
7	准备审定会议文档	准备审定会议文档	工艺项目建设部	工艺项目建设部项目组	会议通知	会议文档
8	执行审定	召开审定会，审定并给出意见	工艺项目办公室	专家评委相关项目组	审定申请审定资料	评审意见
9	整理会议纪要	整理会议纪要	工艺项目群管理办公室	质量控制部	各方会议记录	审定会议纪要
10	上报签发	上报会议纪要至工艺项目办公室领导签发	工艺项目办公室	质量控制部	审定会议纪要	签发的审定会议纪要
11	发送会议纪要	向各相关部门发送会议纪要	工艺项目群管理办公室	工艺项目群管理办公室秘书	签发的审定会议纪要	正式审定会议纪要
12	根据审定意见进行调改	若通过审定，根据审定意见进行调改	工艺项目建设部	工艺项目建设部项目组	正式审定会议纪要	调改完成的设备采购文档

续表

序号	工作任务	任务描述	负责部门	主要参与部门	主要输入	主要输出
13	根据审定意见进行修改	若未通过审定，根据审定意见进行修改，修改完成后可再次申请审定	工艺项目建设部	工艺项目建设部项目组	正式审定会议纪要	修改后的设备采购文档再报设备采购审定申请，重新执行审定会流程
14	审定过程文件存档	将审定文档参评版，审定文档最终版、评审结果、会议纪要、审批件、签到表等文件进行存档	工艺项目群管理办公室	质量控制部		审定文档参评版、审定文档最终版、会议纪要、审批件、签到表等
15	四级审批流程	转入四级审批流程	项目领导实施小组、工艺项目办公室、工艺项目群管理办公室、工艺项目建设部		四级审批文件	

1. 工艺项目建设部项目组按照要求填写设备采购审定会申请表及相关文档，由工艺项目建设部项目组联系人提交至工艺项目群管理办公室质量控制部。

2. 工艺项目群管理办公室质量控制部将收到的设备采购文档进行审核，检查相关设备采购文档格式是否符合审定准入要求。如果审核未能通过，则由工艺项目群管理办公室质量控制部通知相关工艺项目建设部项目组对相关文档进行修改、补充和完善后再次申请。

3. 相关文档通过审核后，工艺项目群管理办公室质量控制部将审核通过的项目设备采购审定申请表及相关文档转交工艺项目群管理办公室计划部，由计划部协商工艺项目办公室秘书组拟定审定会议时间、地点和参加人员。

4. 工艺项目办公室领导审批：

（1）工艺项目群管理办公室计划部将完成的项目审定安排提交工艺项目办公室秘书组；

（2）工艺项目办公室秘书组将收到的项目审定安排送工艺项目办公室领导进行审批，确定审定会时间、地点和参加人员；

（3）工艺项目办公室秘书组将工艺项目办公室领导意见通知工艺项目群管理办公室计划部。

5. 工艺项目办公室秘书组根据工艺项目办公室领导确认后的设备采购审定会安排，落实会议场地，并在落实后通知工艺项目群管理办公室计划部。

6. 工艺项目群管理办公室计划部确定会议通知及参会人员名单；工艺项目群管理办公室秘书根据项目审定会的通知及参会人员名单通知工艺项目建设部项目组及相关与会人员。

7. 工艺项目建设部项目组根据审定会安排准备审定会议用相关文档。

8. 工艺项目群管理办公室按照审定会安排组织设备采购审定会。会议基本流程如下：

(1)工艺项目建设部项目组介绍；

(2)评委评审；

(3)综合评审意见。

9. 工艺项目群管理办公室质量控制部记录并整理审定会议纪要，并与工艺项目建设部项目组负责人及相关人员核对确认会议主要评审结论。

10. 上报签发。

(1)工艺项目群管理办公室质量控制部将审定会议纪要送工艺项目群管理办公室领导预审后提交工艺项目办公室秘书组；

(2)工艺项目办公室秘书组将收到的项目审定会议纪要送工艺项目办公室领导进行签发；

(3)工艺项目办公室秘书组将工艺项目办公室领导签发的设备采购审定会议纪要转交工艺项目群管理办公室。

11. 工艺项目群管理办公室秘书将工艺项目办公室领导签发后的设备采购审定会议纪要以正式的《项目审定会会议纪要》模式发送。

12. 若审定通过，相关工艺项目建设部项目组根据签发后的设备采购审定会议纪要，针对审定意见进行调改，编制最终文档。

13. 若审定未能通过，相关工艺项目建设部项目组根据签发后的设备采购审定会议纪要，针对审定意见进行修改，修改完成后再次申请审定，重新执行审定会流程。

14. 审定文件存档。

(1)工艺项目建设部项目组向工艺项目群管理办公室质量控制部提交调改完成后的审定文件最终版；

(2)工艺项目群管理办公室质量控制部将本次项目审定涉及的所有文件，包括：审定会申请表、审定文件参评版、审定文件最终版、评审结果、会议纪要、审批件、签到表等，进行存档。

15. 进入设备采购管理流程的四级审批流程进行设备采购四级审批。

工艺项目审定申请表（样表）

工艺项目审定会申请表

项目编号		项目名称	
审定类型			
审定目的			
审定范围			
是否为初审		如果不是初审，请填第X次	
项目负责人		项目负责人联系方式 （用于审定联系）	
工艺项目建设部 项目组参审人员			
工艺项目建设部 项目组组长			
附：待审定的交付成果			
编号	名称		是否初审

工艺项目群管理办公室接收日期：______________________

5 商务采购管理

商务采购有公开招标、邀请招标、竞争性谈判、单一来源、询价。由于相关法律法规和管理要求会有调整和变化，具体的管理流程要适配国家有关管理机构、行业管理机构及项目建设主管单位的相关管理规定和法律法规。

5.1 公开招标流程

公开招标的工作流程图

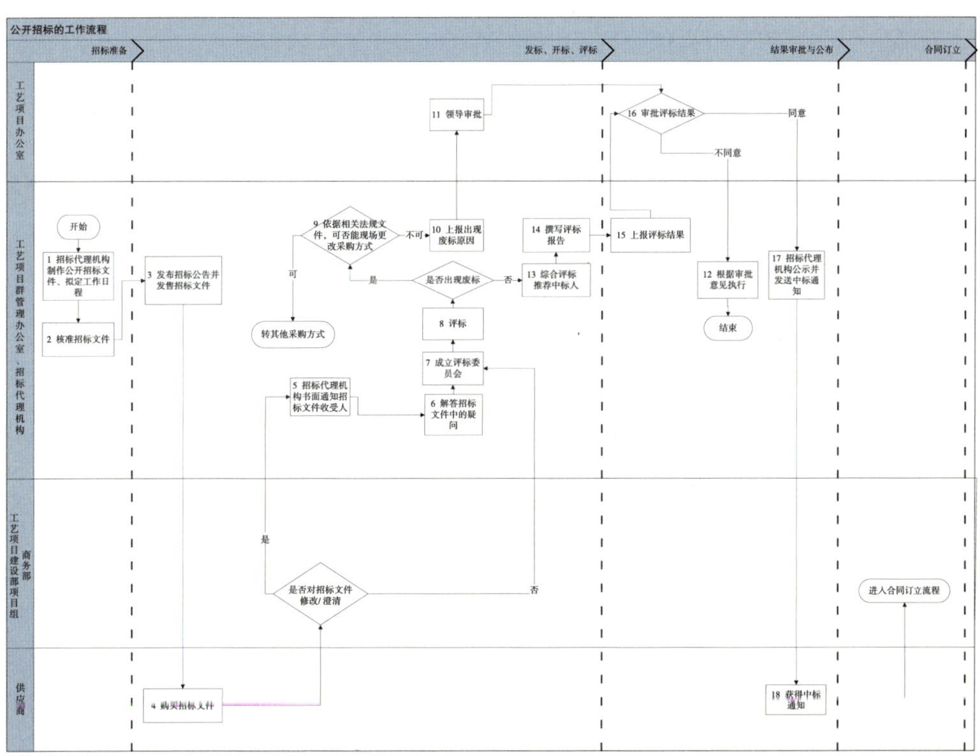

公开招标的工作流程描述

序号	工作任务	任务描述	负责部门	主要参与部门	主要输入	主要输出
1	招标代理机构制作公开招标文件拟定工作日程	招标代理机构在收到项目建设方编制的招标文件后制作招标文件，并与采购承办人拟定招标工作日程	招标代理机构	商务部、工艺项目建设部项目组	经工艺项目办公室批准的招标文件及评分方法和标准	公开招标文件招标工作日程
2	核准招标文件	商务部采购承办人核准招标文件，工艺项目群管理办公室相关领导签发	工艺项目群管理办公室	商务部	公开招标文件	核准的公开招标文件
3	发布招标公告并发售招标文件	招标代理机构在指定媒体上发布招标公告，并于当日开始发售招标文件，从公告日期到开标日期不少于20天（自然日）	招标代理机构			
4	购买招标文件	供应商在规定的时间内从招标代理机构处购买标书	供应商	招标代理机构		
5	书面通知招标文件收受人	如项目建设方对已发出的招标文件进行必要的澄清或者修改，招标代理机构应当在招标文件要求提交投标文件截止时间至少15天（自然日）内，以书面形式通知所有招标文件收受人。该澄清或者修改的内容为招标文件的组成部分	招标代理机构	商务部、工艺项目建设部项目组		招标修改/澄清文件
6	解答招标文件中的疑问	商务部采购承办人配合招标代理机构组织标前答疑会，项目相关负责人向投标人对采购文件中的疑问进行解答。标前答疑会纪要应归档在采购过程文件中	招标代理机构	工艺项目建设部项目组、商务部		标前答疑会纪要

续表

序号	工作任务	任务描述	负责部门	主要参与部门	主要输入	主要输出
7	成立评标委员会	招标代理机构在政府采购网的专家库中随机抽取技术专家，与工艺项目办公室委派代表共同组成评标委员会	招标代理机构	工艺项目办公室		
8	评标	招标代理机构在规定的时间地点接受投标并评标	招标代理机构	评标委员会、商务部、工艺项目建设部项目组、律师、审计、监察部门、供应商		
9	依据相关法律法规文件，可否能现场更改采购方式	如果出现废标情况，则应依据相关的法律法规文件：若能现场更改采购方式，则进入其他采购方式流程的相关环节若不能现场更改采购方式，则终止评标工作并上报废标原因	招标代理机构	评标委员会、商务/物资部、工艺项目建设部项目组、律师、审计、监察部门、供应商		
10	上报废标原因	招标代理机构公司将废标原因书面通知所有投标人及商务部。商务部经工艺项目群管理办公室将废标原因上报工艺项目办公室	工艺项目群管理办公室	商务部、招标代理机构		废标原因
11	领导审批	工艺项目办公室领导对公开招标废标进行决策并给出审批意见	工艺项目办公室		废标原因	审批意见
12	根据审批意见执行	工艺项目群管理办公室根据工艺项目办公室给出的审批意见执行相关工作	工艺项目群管理办公室		工艺项目办公室领导审批意见	

续表

序号	工作任务	任务描述	负责部门	主要参与部门	主要输入	主要输出
13	综合评标，推荐中标人	招标代理机构组织评标委员会对所有投标文件进行审核，并由各评委对通过审核的供应商按照既定的评分方法和标准进行评标，出具综合评标意见，推荐中标人	招标代理机构	评标委员会		
14	撰写评标报告	招标代理机构撰写评标报告，并报至商务部	招标代理机构			评标报告
15	上报评标结果	商务部将评标结果经工艺项目群管理办公室上报至工艺项目办公室	工艺项目群管理办公室	商务部	评标报告	评标结果
16	审批评标结果	工艺项目办公室领导对评标结果给予决策	工艺项目办公室		评标结果	审批意见
17	招标代理机构公示并发送中标通知	商务部向招标代理机构出具《评标结果确认函》招标代理机构将中标结果上网公示，向中标人发布中标通知书，对未中标人发未中标通知书	招标代理机构	商务部	评标结果确认函	中标通知书
18	获得中标通知	获得公开招标的中标通知	招标代理机构、供应商			

5.2 邀请招标流程

邀请招标的工作流程图

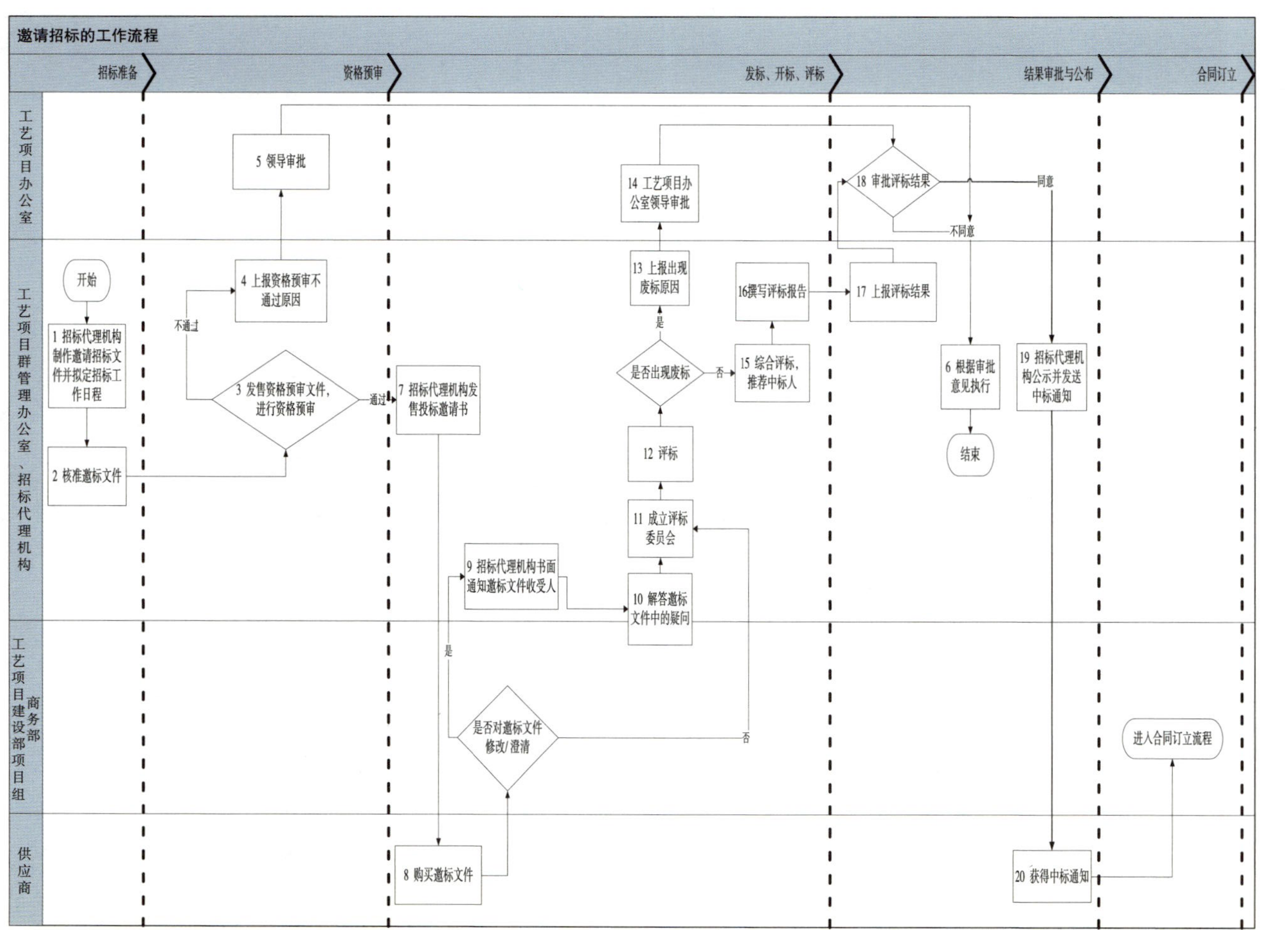

邀请招标的工作流程描述

序号	工作任务	任务描述	负责部门	主要参与部门	主要输入	主要输出
1	招标代理机构制作邀请招标文件拟定工作日程	招标代理机构在收到项目建设方编制的招标文件后制作邀标文件，并与采购承办人拟定招标工作日程	招标代理机构	商务部、工艺项目建设部项目组	经工艺项目办公室批准的招标文件及评分方法和标准	邀请招标文件招标工作日程
2	核准邀标文件	由商务部采购承办人核准邀标文件，工艺项目群管理办公室相关领导签发	工艺项目群管理办公室	商务部	邀请招标文件	核准的邀请招标文件
3	发售资格预审文件，进行资格预审	招标代理机构发售资格预审文件，进行资格预审	招标代理机构	工艺项目群管理办公室		
4	上报资格预审不通过的原因	招标代理机构将资格预审不通过的原因书面通知所有投标人及商务部，商务部经工艺项目群管理办公室将资格预审不通过的原因上报工艺项目办公室	工艺项目群管理办公室	商务部、招标代理机构		资格预审不通过的原因
5	领导审批	工艺项目办公室领导对邀请招标资格预审不通过进行决策，并给出审批意见	工艺项目办公室		资格预审不通过的原因	审批意见
6	根据审批意见执行	工艺项目群管理办公室根据工艺项目办公室领导给出的审批意见执行相关工作	工艺项目群管理办公室		工艺项目办公室领导审批意见	
7	招标代理机构发售投标邀请书	招标代理机构向不少于三家被邀请供应商发放投标邀请书，从受邀之日起至开标日期不少于20天（自然日）	招标代理机构			
8	购买邀标文件	应邀供应商在投标邀请书要求的时间内到招标代理机构购买邀标文件。	供应商			

续表

序号	工作任务	任务描述	负责部门	主要参与部门	主要输入	主要输出
9	书面通知邀标文件收受人修改或澄清邀标文件	如项目建设方对已发出的邀标文件进行必要的澄清或者修改的，招标代理机构应当在邀标文件要求提交投标文件截止时间至少15天（自然日）内，以书面形式通知所有邀标文件收受人。该澄清或者修改的内容为邀标文件的组成部分	招标代理机构	商务部、工艺项目建设部项目组		邀标澄清文件
10	解答邀标文件中的疑问	商务部采购承办人配合招标代理机构组织标前答疑会，项目相关负责人向投标人对采购文件中的疑问进行解答。标前答疑会纪要应归档在采购过程文件中	招标代理机构	工艺项目建设部项目组、商务部		标前答疑会纪要
11	成立评标委员会	招标代理机构在政府采购网的专家库中随机抽取技术专家，与工艺项目办公室委派代表共同组成评标委员会	招标代理机构	工艺项目办公室		
12	评标	招标代理机构在规定的时间地点接受投标并评标	招标代理机构	评标委员会、商务部、工艺项目建设部项目组、律师、审计、监察部门、供应商		
13	上报废标原因	招标代理机构公司将废标原因书面通知所有投标人及商务部，商务部经工艺项目群管理办公室将废标原因上报工艺项目办公室	工艺项目群管理办公室	商务部、招标代理机构		废标原因

续表

序号	工作任务	任务描述	负责部门	主要参与部门	主要输入	主要输出
14	领导审批	工艺项目办公室领导对邀请招标废标进行决策，并给出审批意见	工艺项目办公室		废标原因	审批意见
15	综合评标，推荐中标人	招标代理机构组织评标委员会对所有投标文件进行审核，并由各评委对通过审核的供应商按照即定的评分方法和标准进行评标，出具综合评标意见，推荐中标人，并将结果报至商务部	招标代理机构	评标委员会		
16	撰写评标报告	招标代理机构撰写评标报告，并报至商务部	招标代理机构			评标报告
17	上报评标结果	商务部将评标结果经工艺项目群管理办公室上报至工艺项目办公室	工艺项目群管理办公室	商务部	评标报告	评标结果
18	审批评标结果	工艺项目办公室领导对评标结果给予决策	工艺项目办公室		评标结果	审批意见
19	招标代理机构公示并发送中标通知	商务部向招标代理机构出具《评标结果确认函》招标代理机构将中标结果上网公示，向中标人发布中标通知书，对未中标人发未中标通知书	招标代理机构	商务部	评标结果确认函	中标通知书
20	获得中标通知	获得邀请招标的中标通知	供应商			

5.3 竞争性谈判流程

竞争性谈判的工作流程图

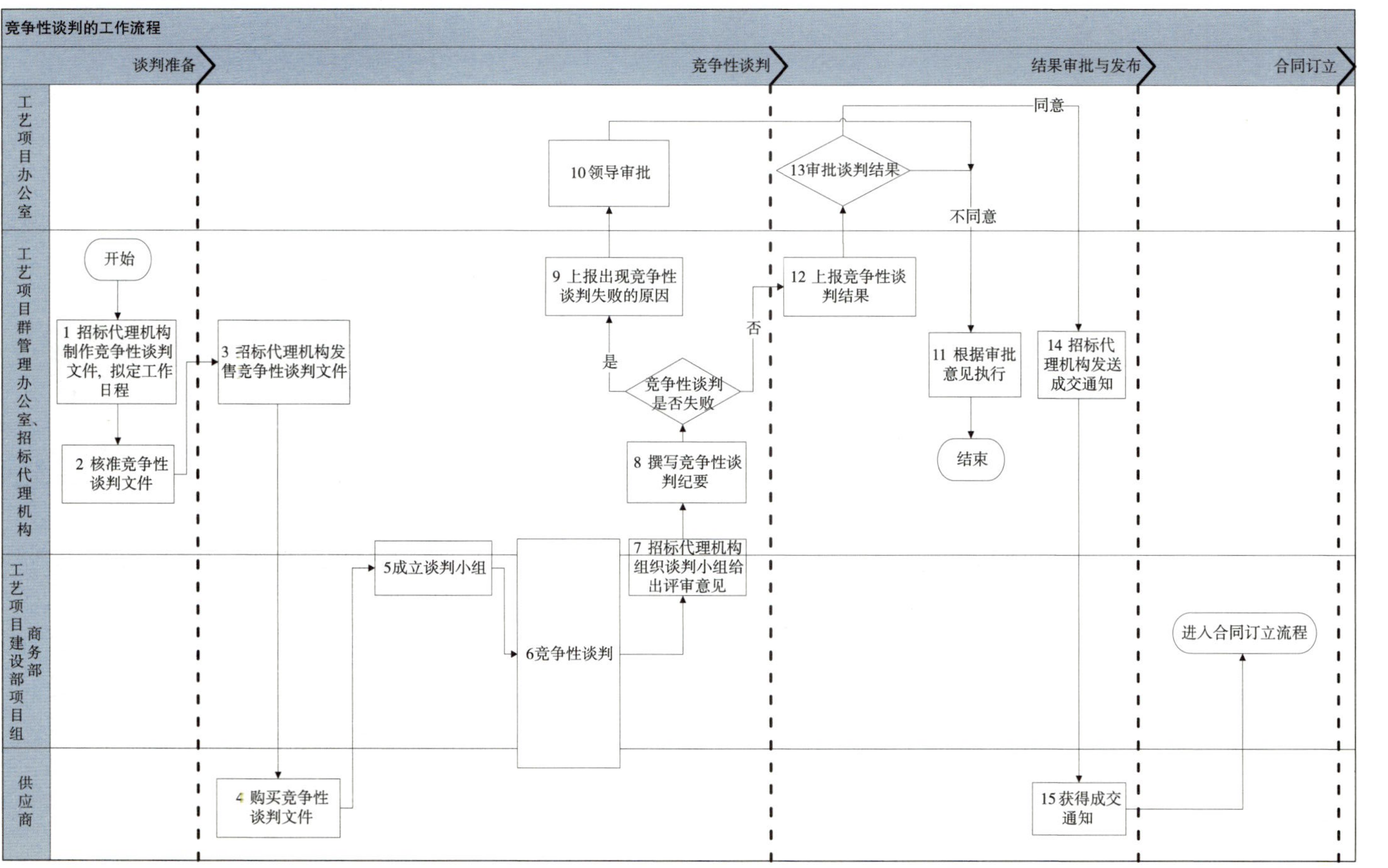

竞争性谈判的工作流程描述

序号	工作任务	任务描述	负责部门	主要参与部门	主要输入	主要输出
1	招标代理机构制作竞争性谈判文件拟定工作日程	招标代理机构在收到项目建设方编制的招标文件后制作竞争性谈判文件并与采购承办人拟定谈判工作日程	招标代理机构	商务部、工艺项目建设部项目组	经工艺项目办公室批准的谈判文件及评分方法和标准	竞争性谈判文件谈判工作日程
2	核准竞争性谈判文件	由商务部采购承办人核准谈判文件，工艺项目群管理办公室相关领导签发	工艺项目群管理办公室	商务部	竞争性谈判文件	核准的竞争性谈判文件
3	招标代理机构发售竞争性谈判文件	招标代理机构向三家以上被邀请供应商发出竞争性谈判邀请，并发售竞争性谈判文件	招标代理机构			
4	购买竞争性谈判文件	应邀供应商在竞争性谈判邀请书要求的时间内到招标代理机构购买竞争性谈判文件	供应商			
5	成立谈判小组	招标代理机构在政府采购网的专家库中随机抽取技术专家，与工艺项目办公室委派代表共同组成谈判小组	招标代理机构	工艺项目办公室		
6	竞争性谈判	招标代理机构在规定的时间组织竞争性谈判	招标代理机构	谈判小组、商务部、工艺项目建设部项目组、律师、审计、监察部门、供应商		
7	招标代理机构组织谈判小组给出评审意见	谈判过程中谈判小组对递交的应答文件进行审阅，对各报价文件中的有关问题予以记录，供应商对应答文件中不够明确部分进行澄清，之后与供应商分别进行谈判，并要求最终报价。经过谈判后，谈判小组出具谈判综合评审意见	招标代理机构	谈判小组		

续表

序号	工作任务	任务描述	负责部门	主要参与部门	主要输入	主要输出
8	撰写竞争性谈判纪要	招标代理机构撰写竞争性谈判纪要并报商务部	招标代理机构			竞争性谈判纪要
9	上报竞争性谈判失败的原因	招标代理机构将竞争性谈判失败的原因书面通知所有参与谈判的供应商及商务部，商务部应及时经工艺项目群管理办公室将竞争性谈判失败的原因上报工艺项目办公室	工艺项目群管理办公室	商务部、招标代理机构		竞争性谈判失败的原因
10	领导审批	工艺项目办公室领导对竞争性谈判失败进行决策，并给出审批意见	工艺项目办公室		竞争性谈判失败的原因	审批意见
11	根据审批意见执行	工艺项目群管理办公室根据工艺项目办公室领导给出的审批意见执行相关工作	工艺项目群管理办公室		工艺项目办公室审批意见	
12	上报竞争性谈判结果	商务部将竞争性谈判结果经工艺项目群管理办公室上报至工艺项目办公室	工艺项目群管理办公室	商务部		竞争性谈判结果
13	审批谈判结果	工艺项目办公室领导对竞争性谈判结果给予决策	工艺项目办公室		竞争性谈判结果	审批意见
14	招标代理机构发送成交通知书	商务部向招标代理机构出具《竞争性谈判纪要确认函》，招标代理机构向成交供应商发送成交通知书	招标代理机构	商务部	竞争性谈判纪要确认函	中标通知书
15	获得成交通知书	获得竞争性谈判的结果	供应商			

5.4 单一来源流程

单一来源的工作流程图

单一来源的工作流程

谈判准备
谈判
结果审批与发布
合同订立

工艺项目办公室
工艺项目群管理办公室、招标代理机构
工艺项目建设部商务部项目组
供应商

开始
1 招标代理机构制作单一来源采购文件及工作日程
2 核准单一来源采购文件
3 招标代理机构发售单一来源采购文件
4 购买单一来源采购文件
5 成立谈判小组
6 招标代理机构组织单一来源谈判
7 招标代理机构组织谈判小组给出评审意见
8 撰写谈判纪要
单一来源谈判是否失败
是
9 上报出现单一来源谈判失败的原因
10 领导审批
否
12 上报单一来源谈判结果
13 审批单一来源谈判结果
不同意
11 根据审批意见执行
结束
同意
14 招标代理机构发送成交通知
15 获得成交通知
进入合同订立流程

单一来源的工作流程描述

序号	工作任务	任务描述	负责部门	主要参与部门	主要输入	主要输出
1	招标代理机构制作单一来源采购文件拟定工作日程	招标代理机构在收到项目建设方编制的谈判文件后制作单一来源采购文件并与采购承办人拟定谈判工作日程	招标代理机构	商务部、工艺项目建设部项目组	经工艺项目办公室批准的单一来源采购文件	单一来源采购文件、谈判工作日程
2	核准单一来源采购文件	由商务部采购承办人核准单一来源采购文件，工艺项目群管理办公室相关领导签发	工艺项目群管理办公室	商务部	单一来源采购文件	核准的单一来源采购文件
3	招标代理机构发售单一来源采购文件	招标代理机构向所选定的供应商发出谈判邀请，发售单一来源采购文件	招标代理机构			
4	购买单一来源采购文件	供货商在规定的时间内到招标代理机构购买单一来源采购文件	供应商			
5	成立谈判小组	招标代理机构在政府采购网的专家库中随机抽取技术专家，与工艺项目办公室委派代表共同组成谈判小组	招标代理机构	工艺项目办公室		
6	招标代理机构组织单一来源谈判	招标代理机构在规定的时间组织单一来源谈判	招标代理机构	谈判小组、商务部、工艺项目建设部项目组、律师、审计、监察部门、供应商		
7	招标代理机构组织谈判小组给出评审意见	经过谈判，谈判小组出具最终评审意见	招标代理机构	谈判小组		

续表

序号	工作任务	任务描述	负责部门	主要参与部门	主要输入	主要输出
8	撰写谈判纪要	招标代理机构撰写谈判纪要，并报商务部	招标代理机构			单一来源谈判纪要
9	上报单一来源谈判失败的原因	招标代理机构公司将单一来源谈判失败的原因书面通知参与谈判的供应商及商务部，商务部经工艺项目群管理办公室将单一来源谈判失败的原因上报工艺项目办公室	工艺项目群管理办公室	商务部、招标代理机构		单一来源谈判失败的原因
10	领导审批	工艺项目办公室领导对单一来源谈判失败进行决策，并给出审批意见	工艺项目办公室		单一来源谈判失败的原因	审批意见
11	根据审批意见执行	工艺项目群管理办公室根据工艺项目办公室领导给出的审批意见执行相关工作	工艺项目群管理办公室		工艺项目办公室审批意见	
12	上报单一来源谈判结果	商务部经工艺项目群管理办公室将单一来源谈判结果上报至工艺项目办公室	工艺项目群管理办公室	商务部		单一来源谈判结果
13	审批单一来源谈判结果	工艺项目办公室领导对单一来源谈判结果进行决策	工艺项目办公室		单一来源谈判结果	审批意见
14	招标代理机构发送成交通知书	商务部出具《单一来源谈判纪要确认函》，招标代理机构在收到项目建设方谈判结果确认函后向成交供应商发送成交通知书	工艺项目群管理办公室、招标代理机构	商务部		
15	获得成交通知书	获得单一来源谈判的结果	供应商			

5.5 询价流程

询价的工作流程图

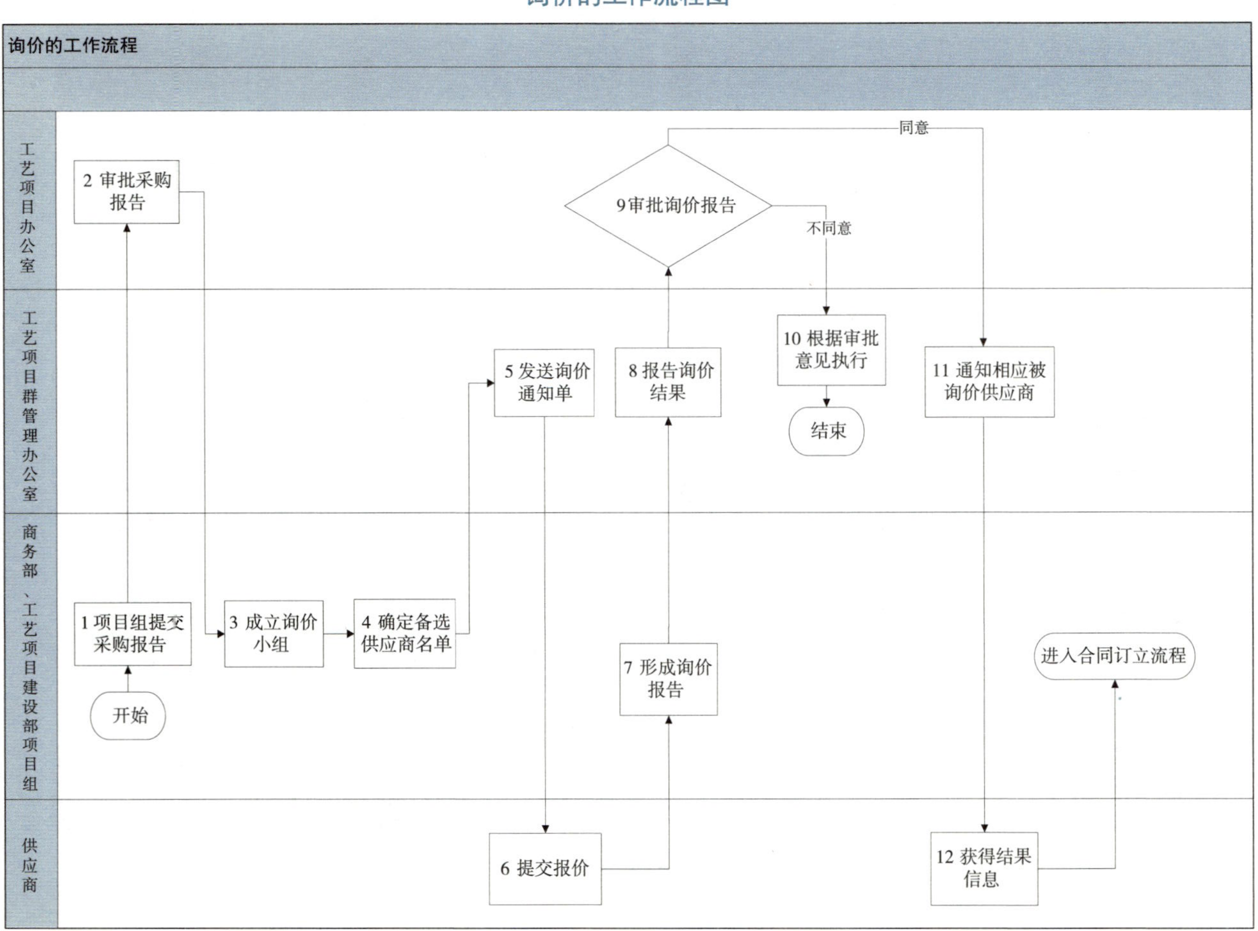

询价的工作流程描述

序号	工作任务	任务描述	负责部门	主要参与部门	主要输入	主要输出
1	提交采购报告	工艺项目建设部项目组提交采购报告	工艺项目建设部	工艺项目建设部项目组		采购报告
2	审批采购报告	工艺项目办公室审批采购报告	工艺项目办公室		采购报告	审批后的采购报告
3	成立询价小组	商务部与工艺项目建设部项目组共同成立不少于三人的询价小组，其中工艺项目建设部项目组占询价小组的三分之二	工艺项目群管理办公室	商务部、工艺项目建设部项目组		
4	确定备选供应商名单	询价小组根据采购需求制定被询价供应商的资格条件，根据资格条件确定被询价供应商名单，并从中选择三家以上供应商作为被询价对象	工艺项目群管理办公室	商务部、工艺项目建设部项目组		三家拟询价供应商
5	发送询价通知单	商务部向被选供应商发出询价通知单	工艺项目群管理办公室	商务部	三家拟询价供应商	询价通知单
6	提交报价	被询价供应商如实填报询价通知单并提交给询价小组	供应商		询价通知单	询价反馈单
7	形成询价报告	根据供应商的询价反馈单形成询价报告，报工艺项目群管理办公室	工艺项目群管理办公室	商务部、工艺项目建设部项目组	询价反馈单	询价报告
8	报告询价结果	工艺项目群管理办公室将询价报告提交工艺项目办公室	工艺项目群管理办公室		询价报告	询价报告
9	审批询价报告	工艺项目办公室对询价报告进行审批	工艺项目办公室		询价报告	审批意见
10	根据审批意见执行	工艺项目群管理办公室根据工艺项目办公室领导给出的审批意见执行相关工作	工艺项目群管理办公室		工艺项目办公室领导审批意见	
11	通知相应被询价供应商	商务部将结果通知相关被询价的供应商	工艺项目群管理办公室	商务部		
12	获得询价结果通知	获得询价采购的结果通知	供应商			

5.6 合同订立管理流程

合同订立管理流程图

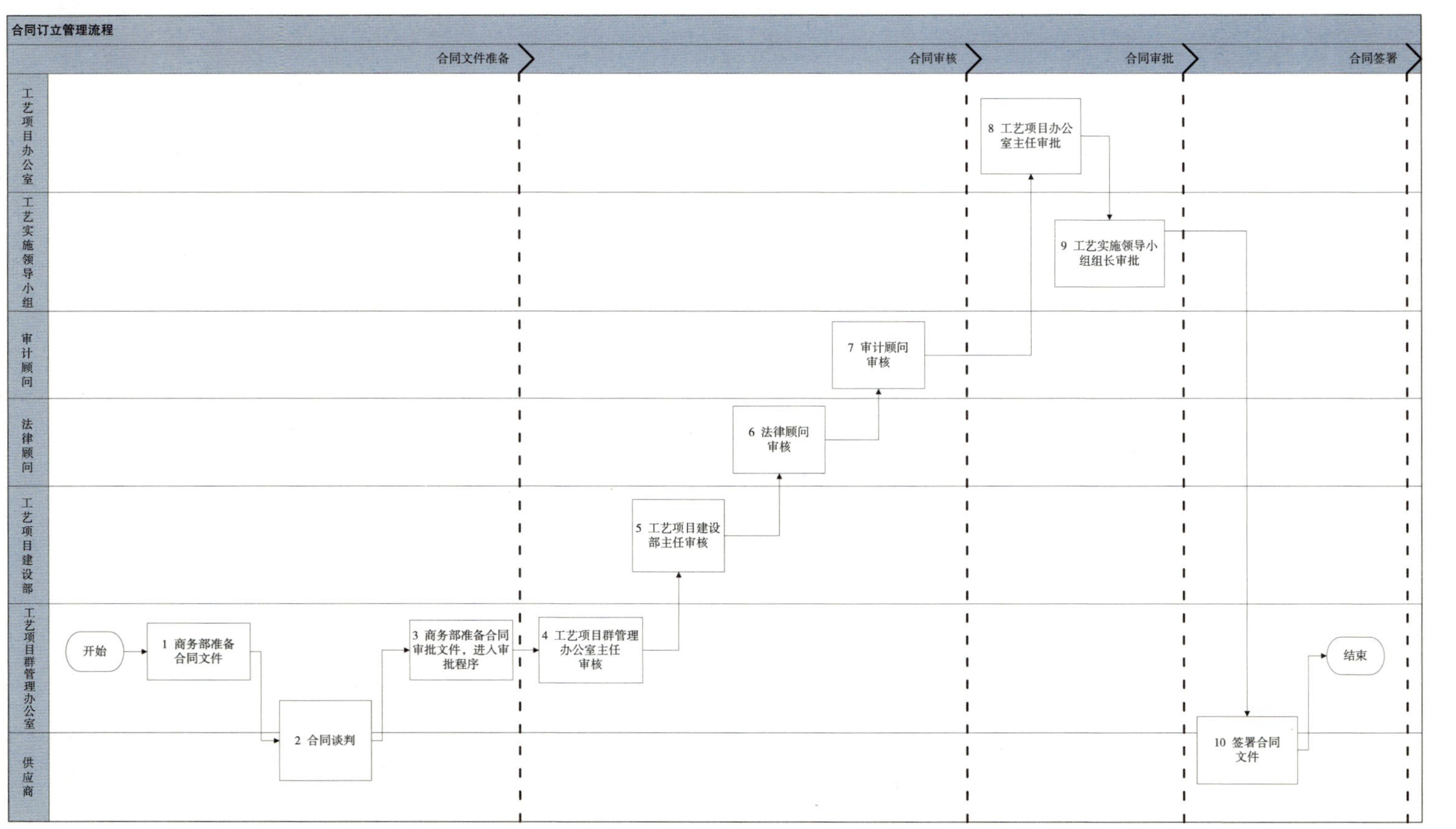

合同订立管理流程描述

合同文件准备：

1. 工艺项目群管理办公室商务部合同承办人准备合同文件；

2. 工艺项目群管理办公室商务部合同承办人组织中标/成交供应商、相关项目组及其他相关方就合同文本及内容进行谈判；

3. 谈判完成后，工艺项目群管理办公室商务部合同承办人填写《工艺项目合同审批表》中的相关内容，并将该审批表及其他相关合同文件一同报送，进入合同审核程序。

合同审核：

4. 工艺项目群管理办公室秘书将工艺项目群管理办公室商务部合同承办人报送的《工艺项目合同审批表》及其他相关合同文件，送工艺项目群管理办公室主任审核；

5. 工艺项目群管理办公室秘书将工艺项目群管理办公室主任审核签字后的《工艺项目合同审批表》及其他相关合同文件送工艺项目办公室秘书组；工艺项目办公室秘书组将收到的《工艺项目合同审批表》及其他相关合同文件送工艺项目建设部主任审核；

6. 工艺项目办公室秘书组将工艺项目建设部主任审核签字后的《工艺项目合同审批表》及其他相关合同文件转工艺项目群管理办公室秘书；工艺项目群管理办公室秘书将工艺项目建设部主任审核签字后的《工艺项目合同审批表》及其他相关合同文件送律师审核；

7. 工艺项目群管理办公室秘书将律师审核签字后的《工艺项目合同审批表》及其他相关合同文件送审计审核。

合同审批：

8. 工艺项目群管理办公室秘书将审计审核签字后的《工艺项目合同审批表》及其他相关合同文件送工艺项目办公室秘书组；工艺项目办公室秘书组将收到的《工艺项目合同审批表》及其他相关合同文件送工艺项目办公室主任审批；

9. 工艺项目办公室秘书组将工艺项目办公室主任审批签字后的《工艺项目合同审批表》及其他相关合同文件转工艺项目群管理办公室秘书；工艺项目群管理办公室秘书将工艺项目办公室主任审批签字后的《工艺项目合同审批表》及其他相关合同文件报送工艺实施领导小组组长审批；工艺项目群管理办公室秘书将工艺实施领导小组组

长审批签字后的《工艺项目合同审批表》及其他相关合同文件转工艺项目群管理办公室商务部合同承办人。

合同签署：

10. 工艺项目群管理办公室商务部合同承办人在收到已经审批完成的《工艺项目合同审批表》及其他相关合同文件后，通知工艺项目办公室相关人员及相关中标/成交供应商负责人签署合同文件。

合同审批表（样表）

工艺项目合同审批表

报送单位：工艺项目群管理办公室　　　　　　年　月　日

<table>
<tr><td colspan="2">合同名称</td><td colspan="2"></td><td>合同编号</td><td colspan="2"></td></tr>
<tr><td colspan="2">对方当事人</td><td colspan="5"></td></tr>
<tr><td colspan="2">标的及数额</td><td colspan="5"></td></tr>
<tr><td colspan="2">项目承办单位</td><td></td><td>项目负责人</td><td></td><td>电话</td><td></td></tr>
<tr><td colspan="2">合同承办单位</td><td></td><td>合同承办人</td><td></td><td>电话</td><td></td></tr>
<tr><td rowspan="4">审核意见</td><td>工艺项目群管理办公室</td><td colspan="5">年　月　日</td></tr>
<tr><td>工艺项目建设部</td><td colspan="5">年　月　日</td></tr>
<tr><td>律师</td><td colspan="5">年　月　日</td></tr>
<tr><td>审计</td><td colspan="5">年　月　日</td></tr>
<tr><td rowspan="2">审批意见</td><td>工艺项目办公室</td><td colspan="5">年　月　日</td></tr>
<tr><td>项目实施领导小组</td><td colspan="5">年　月　日</td></tr>
</table>

6 物资管理

6.1 物资入库管理流程

物资入库管理流程图

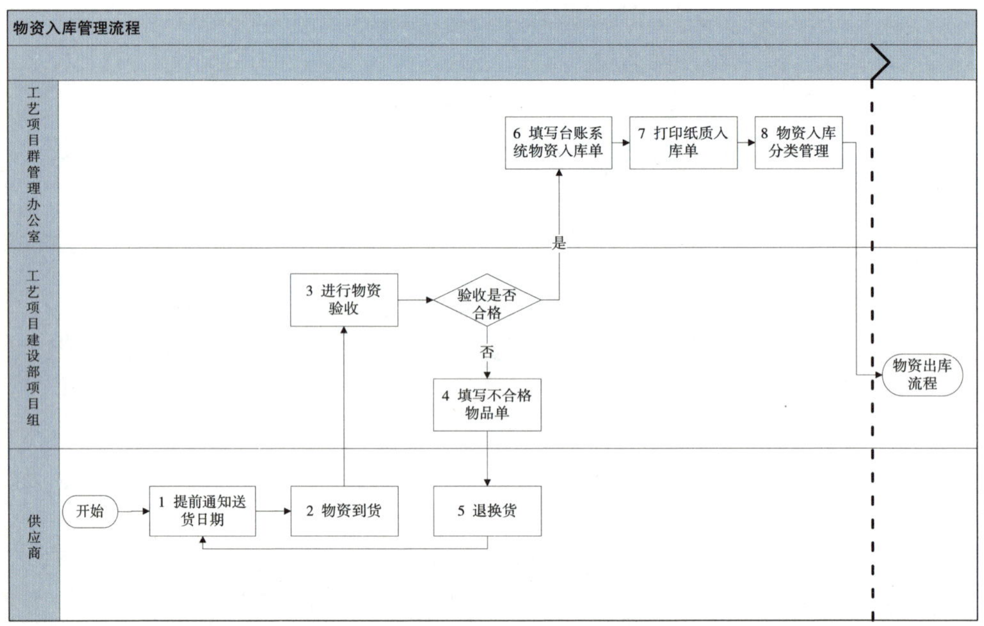

物资入库管理流程描述

序号	工作任务	任务描述	负责部门	主要参与部门	主要输入	主要输出
1	提前通知送货日期	供货商按计划提前通知送货日期，各部门准备验收	供货商	工艺项目群管理办公室、工艺项目建设部项目组	物资设备验收计划	
2	物资到货	供货商运送物资到指定地点	供货商			
3	进行物资验收	工艺项目群管理办公室及相关工艺项目建设部项目组成员联合对送达物资设备的手续、外观、质量、设备性能进行检查、验收	工艺项目群管理办公室	商务部、物资部、工艺项目建设部项目组 、供货商		
4	填写不合格物资单	对不合格物资设备进行登记记录	工艺项目群管理办公室	商务部、物资部、工艺项目建设部项目组 、供货商		不合格物资记录单
5	退换货	供货商对不合格物资设备负责退换	供货商			
6	填写台账系统物资入库单	对验收合格物资设备进行登记，包括手续是否齐备，设备性能标准，随带未组装附件及数量	工艺项目群管理办公室物资部	工艺项目建设部项目组		物资入库单
7	打印纸质入库单	打印物资设备入库单，并由相关责任人签字	工艺项目群管理办公室物资部	工艺项目建设部项目组、供货商		完成的入库单
8	物资入库，分类管理	物资管理员按照入库物资类别（设备、材料）进行分别保存管理	工艺项目群管理办公室物资部			

6.2 物资出库管理流程

物资出库管理流程图

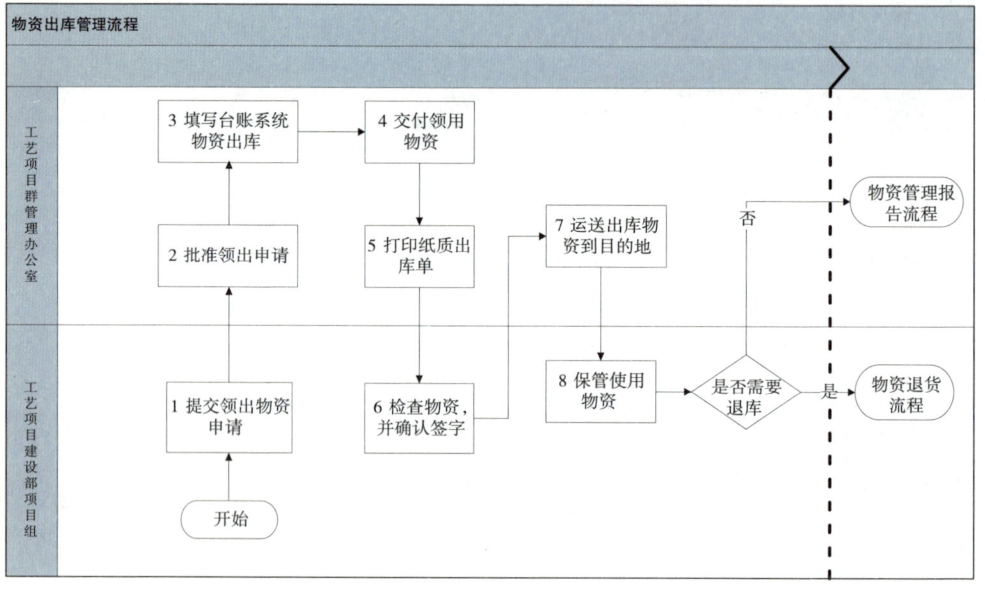

物资出库管理流程描述

序号	工作任务	任务描述	负责部门	主要参与部门	主要输入	主要输出
1	提交领出物资申请	工艺项目建设部项目组根据项目进度，提出领出物资申请	工艺项目建设部项目组			领出物资申请表
2	批准领出申请	工艺项目群管理办公室对申请进行批准	工艺项目群管理办公室	物资部	领出物资申请表	批准的领出物资申请表
3	填写台账系统物资出库单	根据批准的领出申请，对出库物资进行出库登记	工艺项目群管理办公室	物资部	批准的领出物资申请表	物资出库单
4	交付领用物资	向工艺项目建设部项目组交付领用物资	工艺项目群管理办公室	工艺项目建设部项目组、物资部		
5	打印纸质出库单	打印纸质出库单	工艺项目群管理办公室	物资部		
6	检查物资，并确认签字	对领出物资的完整性进行检查，并签字确认	工艺项目建设部项目组	物资部		完成的物资出库单
7	运送出库物资到目的地	按工艺项目建设部项目组要求，将领用物资送到目标地点	工艺项目群管理办公室	工艺项目建设部项目组、物资部		
8	保管使用物资	工艺项目建设部项目组按照规定对领用物资进行使用和保管	工艺项目建设部项目组			

6.3 物资退库管理流程

物资退库管理流程图

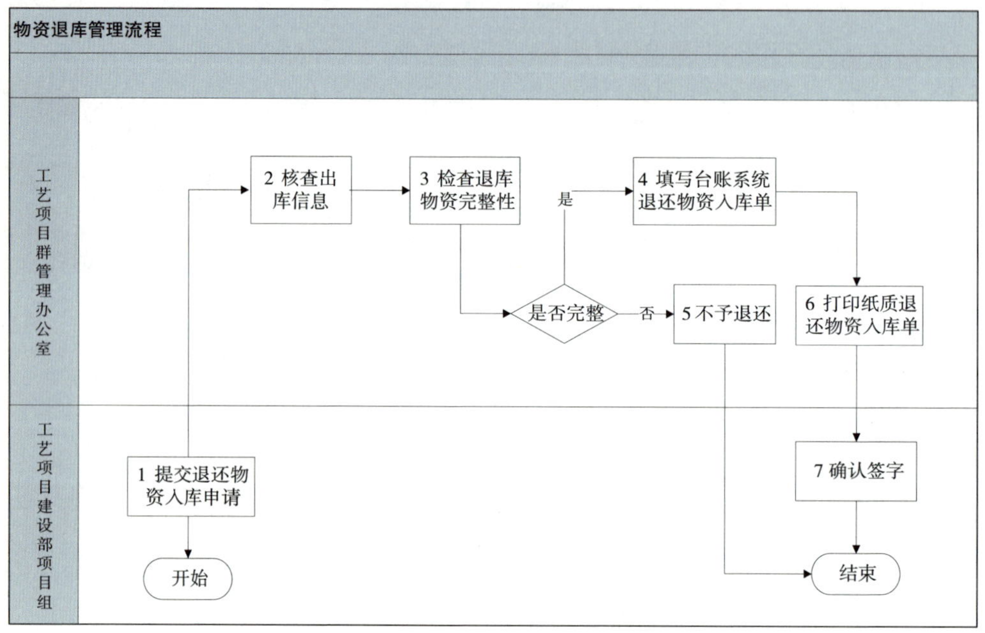

物资退库管理流程描述

序号	工作任务	任务描述	负责部门	主要参与部门	主要输入	主要输出
1	提交退还物资入库申请	工艺项目建设部项目组根据项目对物资设备使用需要，提出退还物资入库申请	工艺项目建设部项目组			退还物资申请表
2	核查出库信息	对提出的退库申请进行出库信息核查，确定物资的出处	工艺项目群管理办公室	物资部		
3	检查退库物资完整性	对于工艺项目建设部项目组的退库货物，按照物资出库时的物资性能标准进行检查，确保物资的完整和未替换	工艺项目群管理办公室	工艺项目建设部项目组、物资部		
4	填写台账系统退还物资入库单	对检查合格物资进行退库登记，包括设备性能标准、随带未组装附件及数量等信息	工艺项目群管理办公室	工艺项目建设部项目组、物资部		退还物资入库单
5	不予退还	对于未通过退库物资检查的不允许退库	工艺项目群管理办公室	工艺项目建设部项目组、物资部		
6	打印纸质退库物资入库单	打印纸质退库物资入库单，并由物资管理员签字确认	工艺项目群管理办公室	物资部		
7	确认签字	工艺项目建设部项目组退库人对退库物资入库单进行确认并签字	工艺项目建设部项目组	工艺项目建设部项目组、物资部		完成的退库物资入库单

6.4 物资管理报告的管理流程

物资管理报告的管理流程图

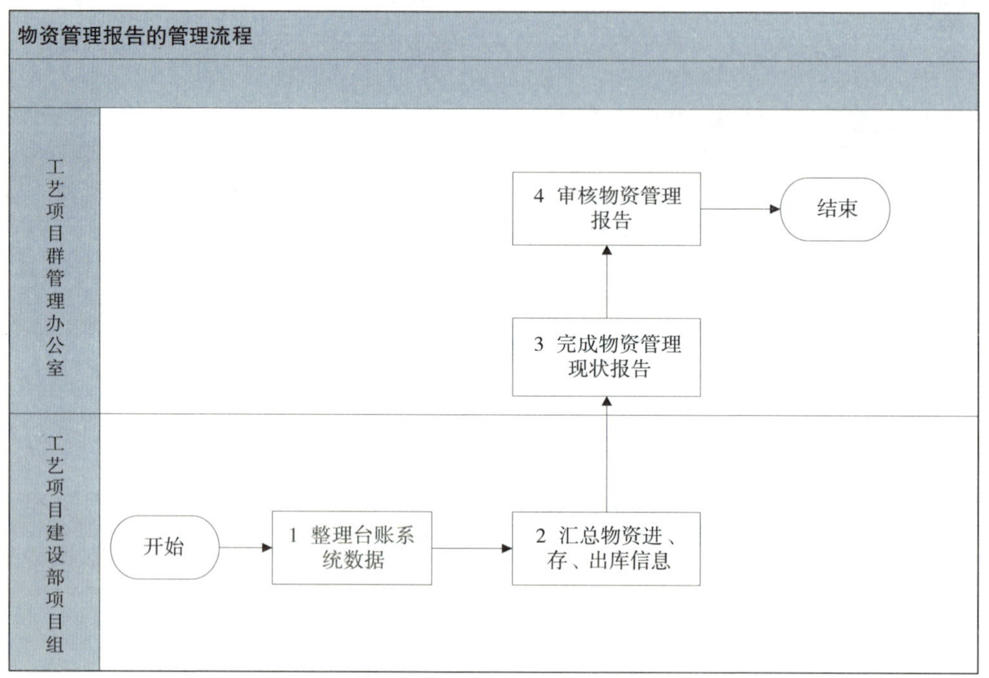

物资管理报告的管理流程描述

序号	工作任务	任务描述	负责部门	主要参与部门	主要输入	主要输出
1	整理台账系统数据	对台账系统中的物资设备数据进行整理，准备统计报表	工艺项目群管理办公室	物资部		
2	汇总物资进、存、出库信息	根据需求，完成相应的物资设备统计表	工艺项目群管理办公室	物资部		物资设备信息统计表
3	完成物资管理报告	根据整理的统计表形成物资管理报告并报送工艺项目办公室	工艺项目群管理办公室	物资部	物资设备信息统计表	物资管理报告
4	审核物资管理报告	工艺项目办公室领导审核物资设备管理的工作状态	工艺项目办公室	工艺项目群管理办公室	物资管理报告	

10
Chapter

第十章

测试管理

测试管理是工艺技术系统建设工作中的测试工作的管理流程。

1 制定测试主计划的管理流程

制定测试主计划的管理流程图

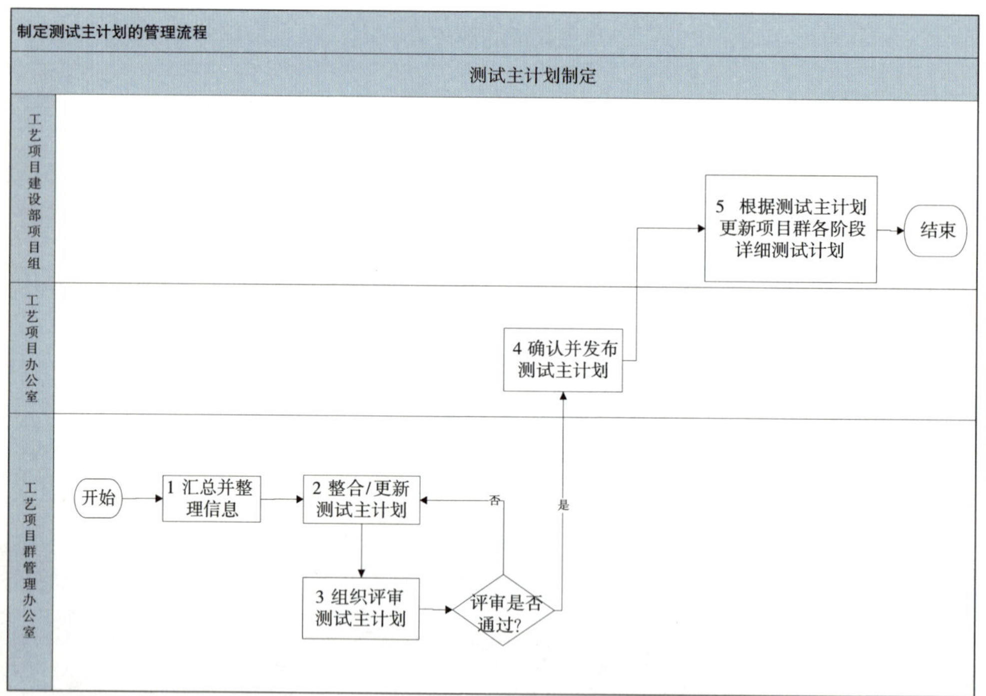

制定测试主计划的管理流程描述

序号	工作任务	任务描述	负责部门	主要参与部门	主要输入	主要输出
1	汇总并整理信息	1. 收集各个项目的测试计划和相关信息 2. 汇总分类信息	质量控制部	工艺项目建设部	各个项目群测试计划，测试报告等	整理汇总后的信息
2	编写/更新测试主计划	1. 根据各个项目的测试计划编写/更新测试主计划；计划涉及/涵盖所有各级的测试，具体内容包括：测试目的/测试团队及组织结构/测试范围/测试设施的需求（环境，工具等）/质量控制部流程与控制	质量控制部	工艺项目建设部	各个项目群测试计划	测试主计划初稿
3	组织评审测试主计划	1. 组织评审测试主计划 2. 如果有评审意见，根据评审意见进行修改	质量控制部	工艺项目建设部	测试主计划初稿	更新后的测试主计划
4	确认并发布测试主计划	1. 确认测试主计划 2. 发布测试主计划	工艺项目办公室	质量控制部、工艺项目建设部	更新后的测试主计划	确认的测试主计划
5	根据测试主计划更新项目群各阶段详细测试计划	1.工艺项目建设部各项目组根据测试主计划调整和更新项目群各个阶段详细测试计划 2. 提交详细测试计划	工艺项目建设部		测试主计划	更新后的详细测试计划

2 设备到货检测的管理流程

设备到货检测的管理流程图

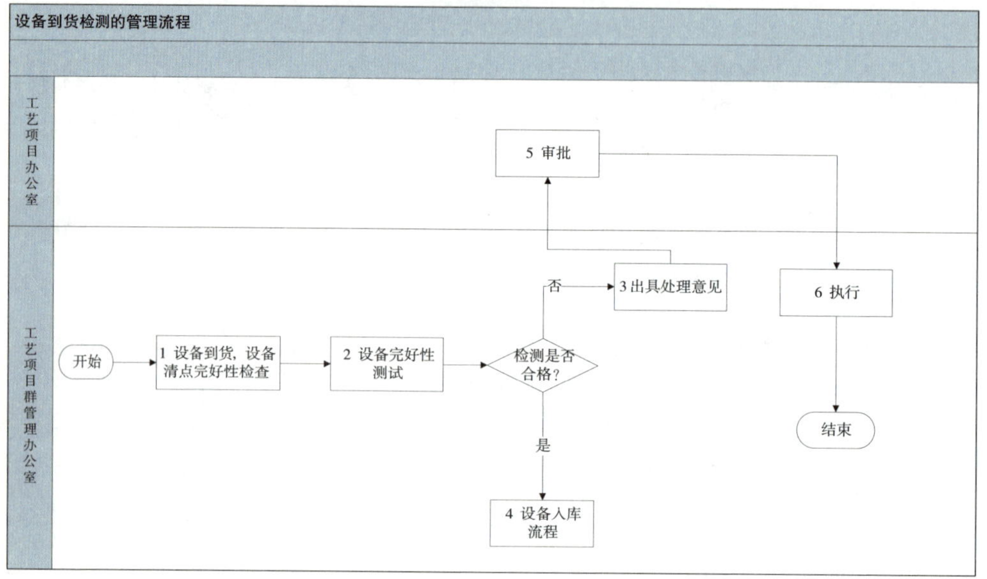

设备到货检测的管理流程描述

序号	工作任务	任务描述	负责部门	主要参与部门	主要输入	主要输出
1	设备到货、清点和完好性检查	针对到货的设备进行完好性检查和清点。完好性检查包括：设备外包装、设备数量、设备型号、设备名称等关键信息	商务部、物资部	工艺项目建设部、供货商	设备到货清单	设备完好性检查单
2	设备完好性测试	针对到场设备进行设备完好性测试，包括功能和指标两大类测试	质量控制部	工艺项目建设部、商务部、物资部	设备到货清单 设备完好性检查单	设备到货检测报告
3	出具处理意见	针对到货设备检测报告，提出处理意见	质量控制部		设备到货检测报告	处理意见
4	设备入库流程	检测合格的设备进入设备入库流程	商务部			
5	审核	工艺项目办公室领导对处理意见进行审核	工艺项目办公室	工艺项目群管理办公室	设备到货检测报告及处理意见	审核意见
6	执行批复	根据审核意见执行	工艺项目群管理办公室	工艺项目建设部	审核意见	

3 系统集成测试的管理流程

系统集成测试的管理流程图

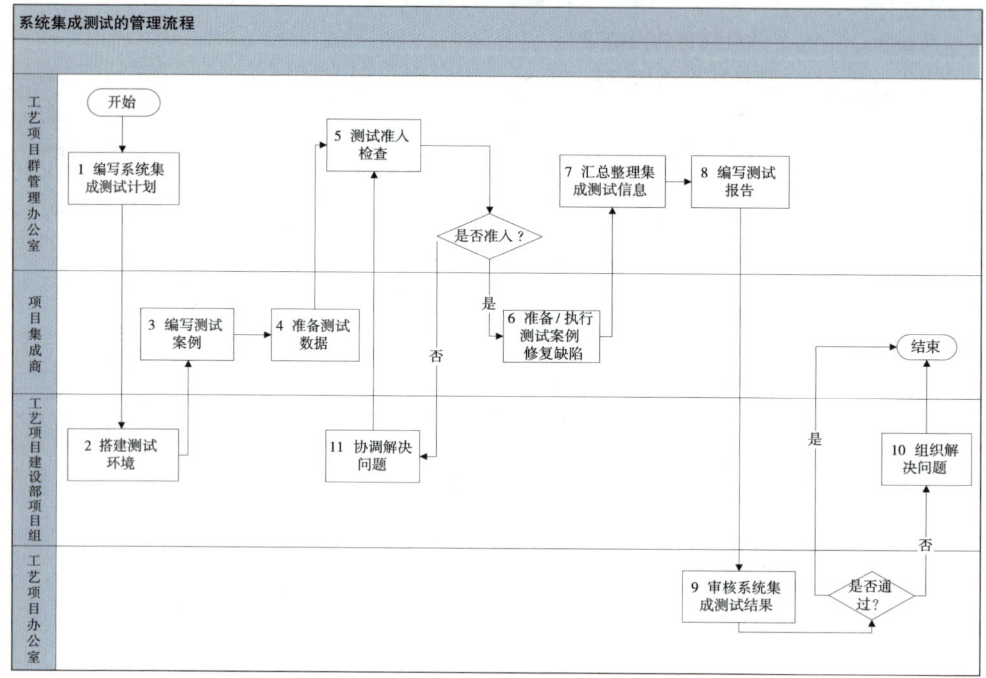

系统集成测试的管理流程描述

序号	工作任务	任务描述	负责部门	主要参与部门	主要输入	主要输出
1	编写系统集成测试计划	组织编写系统集成测试计划确定系统集成测试的准入与准出标准	质量控制部	工艺项目建设部、项目集成商	测试主计划 详细测试计划	整合的测试计划
2	搭建测试环境	组织搭建测试环境	工艺项目建设部项目组	项目集成商		测试环境就绪清单
3	编写测试案例	根据项目的特点编写测试案例	项目集成商	工艺项目建设部	测试主计划 详细测试计划	测试案例
4	准备测试数据	准备测试数据	工艺项目建设部	项目集成商	测试案例	测试数据
5	组织评审测试案例确认测试准入	组织评审测试案例确认测试准入	工艺项目群管理办公室	工艺项目建设部、项目集成商	测试案例	评审意见
11	协调解决问题	如果未能准入，工艺项目建设部和集成商根据评审意见进行相关问题的解决，直至符合准入条件	工艺项目群管理办公室	工艺项目建设部、项目集成商		
6	准备案例执行测试修复缺陷	依据系统集成测试计划进行测试准备工作： 1. 准备/执行测试案例 2. 准备测试数据 3. 执行测试 4. 修复缺陷	项目集成商	工艺项目群管理办公室、工艺项目建设部	测试主计划 系统集成测试计划 系统功能描述	测试案例以及相关测试结果对测试反馈的缺陷进行修正
7	汇总整理集成测试信息	根据各个项目的整合测试反馈以及相关文档，整合测试信息的汇总和整理	工艺项目群管理办公室	工艺项目建设部、项目集成商	测试主计划、系统集成测试计划、测试案例结果，缺陷报告等工作件	测试信息汇总
8	编写测试报告	测试结束后，组织编写系统集成测试报告并报工艺项目办公室	工艺项目群管理办公室	工艺项目建设部、项目集成商	测试主计划、系统集成测试计划、测试案例结果，缺陷报告等工作件	系统集成测试报告
9	审核系统集成测试结果	根据汇总的集成测试报告以及功能需求的描述，对系统集成测试结果是否通过进行审核	工艺项目办公室		系统集成测试报告测试工作件	系统集成测试报告审核结果
10	组织解决问题	如果审核未能通过，工艺项目建设部和集成商根据审核意见进行相关问题的解决，直至符合准出条件	工艺项目建设部	工艺项目群管理办公室、项目集成商		

4 用户验收测试的管理流程

用户验收测试的管理流程图

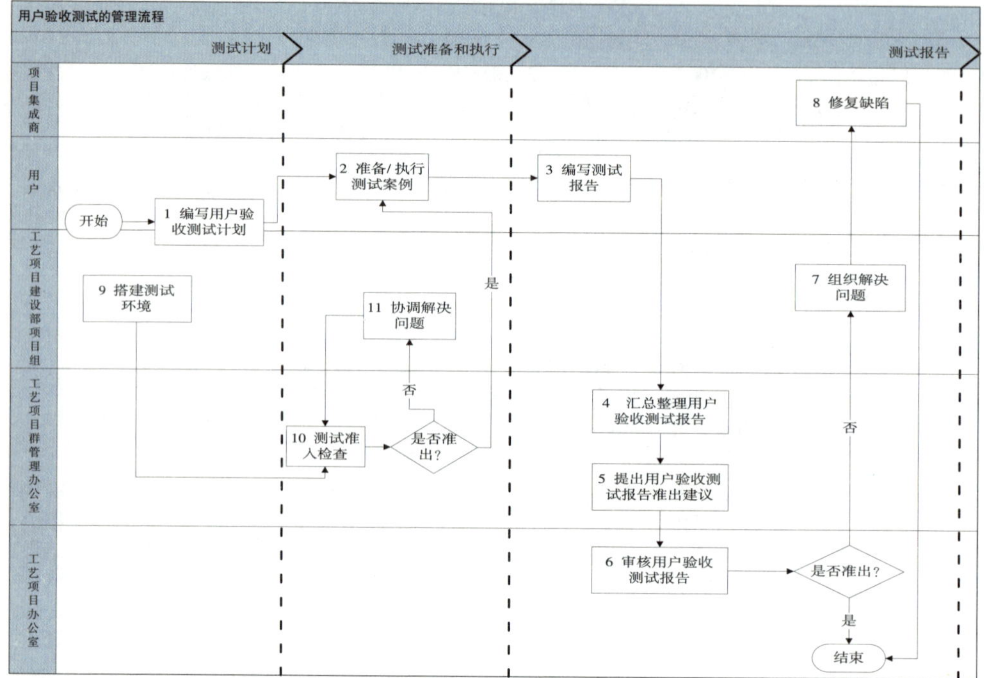

用户验收测试管理流程描述

序号	工作任务	任务描述	负责部门	主要参与部门	主要输入	主要输出
测试计划						
1	编写用户验收测试计划	根据功能需求、测试的策略以及测试主计划，组织编写用户验收测试计划确定用户验收测试的准入与准出标准/条件	用户	工艺项目建设部项目组	测试策略 测试主计划 用户功能描述	用户验收测试计划
9	搭建测试环境	组织搭建测试环境	工艺项目建设部项目组	项目集成商		测试环境就绪清单
测试准备和执行						
10	测试准入检查	组织评审测试案例确认测试准入	工艺项目群管理办公室	工艺项目建设部、项目集成商	测试案例	评审意见
11	协调解决问题	如果未能准入，工艺项目建设部和集成商根据评审意见进行相关问题的解决，直至符合准入条件	工艺项目群管理办公室	工艺项目建设部、项目集成商		
2	准备、执行测试案例准备测试数据	根据用户功能需求描述 －准备测试案例 －执行测试案例 －准备测试数据	用户	工艺项目建设部项目组	测试策略 测试主计划 用户验收测试计划 用户功能描述	测试案例
测试报告						
3	编写测试报告	依据相关文档和工具进行测试报告的编写	用户	工艺项目建设部项目组	测试策略 测试主计划 用户验收测试计划 系统功能描述 测试案例	用户验收测试报告

续表

序号	工作任务	任务描述	负责部门	主要参与部门	主要输入	主要输出
4	汇总整理用户验收测试报告	根据项目的用户测试反馈以及相关文档进行用户验收测试信息的汇总和整理，分析用户验收测试信息及其工作件，形成用户验收测试报告及其工作件分析结果	质量控制部	用户	测试策略 测试主计划 用户验收测试计划 用户功能描述 测试案例 用户测试反馈	用户验收测试报告及其工作件分析结果
5	提出用户验收测试报告准出建议	基于分析提出用户验收测试报告的准出建议	质量控制部		测试策略 测试主计划 用户验收测试计划 用户功能描述 测试案例 用户验收测试报告及其工作件分析结果	用户验收测试报告的准出建议
6	审核用户验收测试报告	工艺项目办公室领导对用户验收测试报告进行审核	工艺项目办公室		测试策略 用户功能描述 用户验收测试报告	审核意见
7	组织解决问题	与集成商等相关部门沟通，并组织各方进行问题的解决	工艺项目建设部	用户、项目集成商		
8	修复缺陷	根据测试反馈，进行必要的缺陷修复	项目集成商	工艺项目建设部		

5 生产环境上试运行测试的管理流程

生产环境上试运行测试的管理流程图

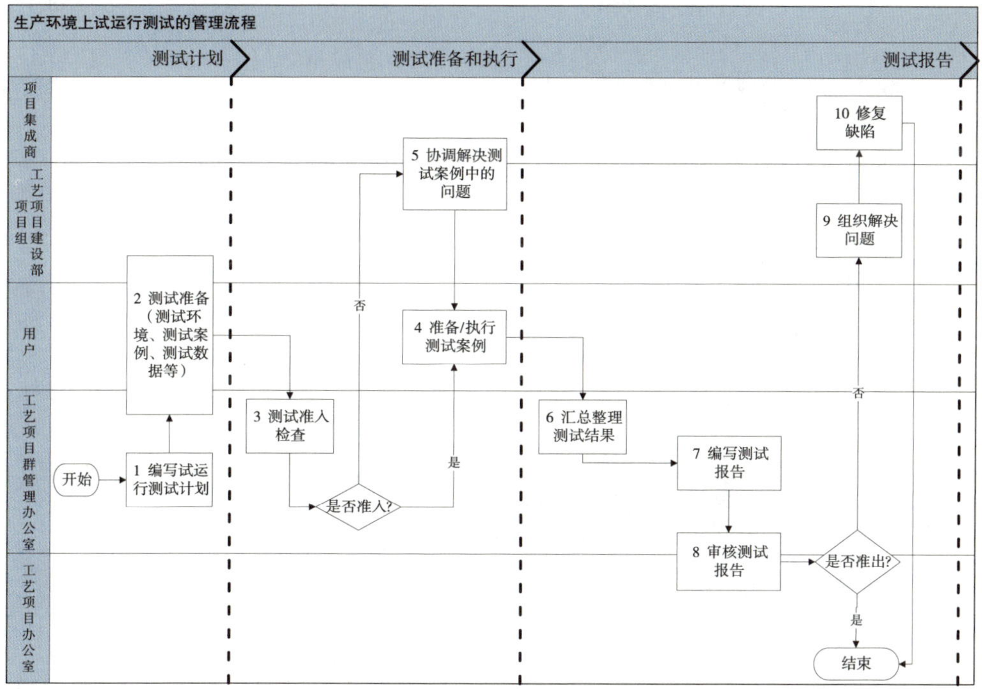

生产环境上试运行测试的管理流程描述

序号	工作任务	任务描述	负责部门	主要参与部门	主要输入	主要输出
	测试计划					
1	编写试运行测试计划	根据测试主计划编写试运行测试计划 确定试运行测试的准入与准出标准/条件	质量控制部	工艺项目建设部、项目集成商	测试主计划 详细测试计划	试运行测试计划
2	测试准备（测试案例、测试数据和测试环境等）	依据试运行测试计划进行测试准备工作： 1. 测试环境 2. 测试数据 3. 测试案例	用户	质量控制部、工艺项目建设部	测试主计划 试运行测试计划	测试案例
	测试准备和执行					
3	测试准入检查	组织评审测试案例 确认测试准入	工艺项目群管理办公室	工艺项目建设部、项目集成商	测试案例	评审意见
4	准备/执行测试案例	依据试运行测试计划进行测试准备工作： 1. 准备/执行测试案例 2. 准备测试数据 3. 修复缺陷	用户	质量控制部、工艺项目建设部	测试主计划 试运行测试计划	测试案例以及相关测试结果
5	协调解决测试案例中的问题	协调解决测试案例中的问题	工艺项目建设部、项目集成商	质量控制部、用户		修改后的测试案例
	测试报告					
6	汇总整理测试结果	汇总试运行的测试结果	质量控制部	用户	测试结果	汇总的测试结果
7	编写测试报告	编写测试报告	质量控制部	工艺项目建设部、用户	汇总的测试结果	测试报告
8	审核测试报告	工艺项目办公室领导审核测试报告	工艺项目办公室	质量控制部	测试报告	审核意见
9	组织解决问题	与集成商等相关部门沟通，并组织各方进行问题的解决	工艺项目建设部	用户、项目集成商		
10	修复缺陷	根据测试反馈，进行必要的缺陷修复	项目集成商	工艺项目建设部		

11
Chapter

第十一章

施工管理

工艺技术系统建设的施工是整个建设过程中的一个关键环节，系统所有的设计都要通过施工来实现，系统的质量和施工质量直接相关。所有这一切都必须通过一系列行之有效的全面细致的管理流程来实现对整个施工过程的管理。

1 施工图/施工方案审定的管理流程

施工图/施工方案审定是项目建设进入施工阶段前的一项重要评审工作。主要是在施工开始前对工艺项目建设部各项目组对相关项目进场施工所制定的施工方案进行评审，评审工作要依据规范的审定流程进行。

施工图/施工方案审定的管理流程图

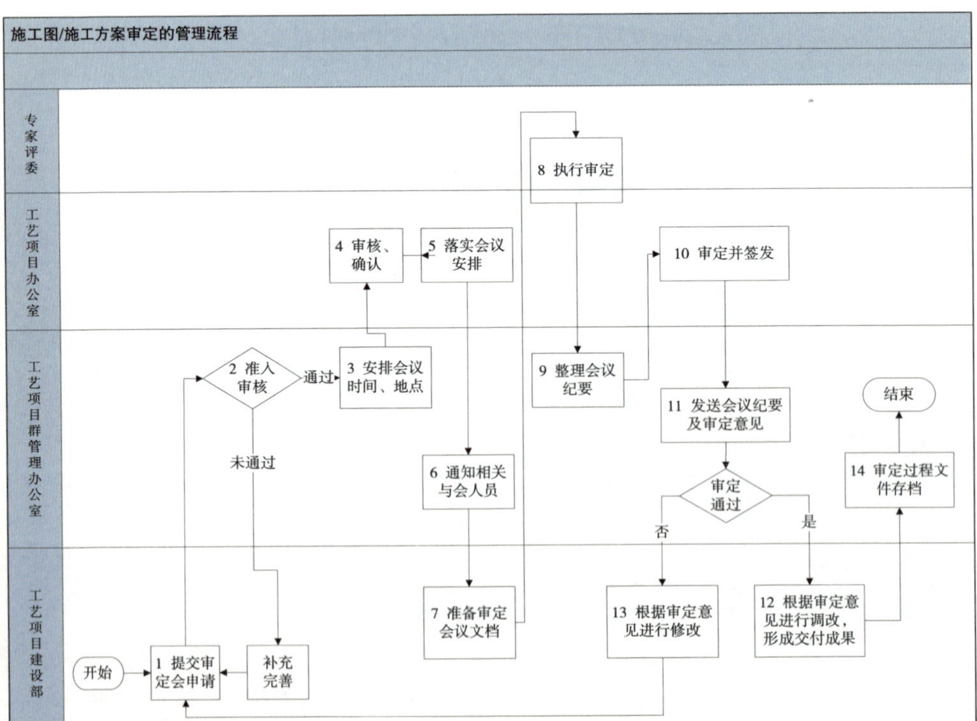

施工图/施工方案审定的管理流程描述

序号	工作任务	任务描述	负责部门	主要参与部门	主要输入	主要输出
1	提交施工图/施工方案审定会申请	工艺项目建设部项目组填写并提交审定会申请表(使用模板)	工艺项目建设部		项目交付审定资料准备完成	施工图、施工方案审定会申请供审定的施工图、施工方案文档
2	准入审核	就审定申请进行审核,是否符合施工图、施工方案审定准入要求	工艺项目群管理办公室	质量控制部	审定会申请表 供审定的施工图、施工方案文档	是否准入审核
3	安排会议时间、地点	协调并安排审定会议时间、地点及参加人员	工艺项目办公室秘书组、工艺项目群管理办公室		是否准入审核	建议的会议时间、地点、参加人员
4	审核、确认	对审定会的相关安排进行审核确认	工艺项目办公室	计划部	建议的会议时间、地点、参加人员	确认的时间、地点、参加人员
5	落实会议安排	根据领导批示落实会议安排	工艺项目办公室秘书组		确认的时间、地点	确定的会议时间、地点
6	通知相关与会人员	发项目施工图/施工方案审定会通知	工艺项目群管理办公室	工艺项目群管理办公室秘书	确定的时间、地点	会议通知
7	准备审定会议文档	准备审定会议文档	工艺项目建设部		会议通知	会议文档
8	执行审定	召开审定会,审定并给出意见	工艺项目办公室	专家评委 工艺项目建设部项目组	审定申请 审定资料	评审意见
9	整理会议纪要	整理会议纪要并报工艺项目办公室	工艺项目群管理办公室	质量控制部	各方会议记录	完整的审定会纪要
10	审定并签发	工艺项目办公室领导审定并签发会议纪要	工艺项目办公室	质量控制部	完整的审定会纪要	签发的审定会纪要

续表

序号	工作任务	任务描述	负责部门	主要参与部门	主要输入	主要输出
11	发送会议纪要及审定意见	发送会议纪要及审定意见	工艺项目群管理办公室	工艺项目群管理办公室秘书	签发的审定会纪要及审定意见	正式审定会纪要及审定意见
12	根据审定意见进行调改	若通过审定，根据审定意见进行调改	工艺项目建设部		正式审定会议纪要	调改完成的施工图/施工方案文档
13	根据审定意见进行修改	若未通过审定，根据审定意见进行修改，修改完成后可再次申请审定	工艺项目建设部		正式审定会议纪要及审定意见	修改后的施工图/施工方案文档再报施工图/施工方案审定申请，重新执行审定会流程
14	审定过程文件存档	将审定文档参评版，审定文档最终版、评审结果、会议纪要、审批件、签到表等文件进行存档	工艺项目群管理办公室	质量控制部	审定文档参评版、审定文档最终版、会议纪要、审批件、签到表等	

1. 工艺项目建设部项目组按照要求填写项目施工图/施工方案审定会申请表及相关文档，由工艺项目建设部项目组联系人提交至工艺项目群管理办公室质量控制部。

2. 工艺项目群管理办公室质量控制部将收到的项目施工图/施工方案文档进行审核，检查相关施工图/施工方案文档格式是否符合审定准入要求。如果审核未能通过，则由工艺项目群管理办公室质量控制部通知相关工艺项目建设部项目组对相关文档进行修改、补充和完善后再次申请。

3. 相关文档通过审核后，工艺项目群管理办公室质量控制部将审核通过的项目施工图/施工方案审定申请表及相关文档转交工艺项目群管理办公室计划部，由计划部协商工艺项目办公室秘书组拟定审定会议时间、地点和参加人员。

4. 工艺项目办公室领导审核、确认。

(1) 工艺项目群管理办公室计划部将完成的施工图/施工方案审定安排提交工艺项目办公室秘书组；

（2）工艺项目办公室秘书组将收到的施工图/施工方案审定安排送工艺项目办公室领导进行审核确认，确定审定会时间、地点和参加人员；

（3）工艺项目办公室秘书组将工艺项目办公室领导意见通知工艺项目群管理办公室计划部。

5. 工艺项目办公室秘书组根据工艺项目办公室领导确认后的施工图/施工方案审定会安排，落实会议场地后通知工艺项目群管理办公室计划部。

6. 工艺项目群管理办公室计划部确定会议通知及参会人员名单；工艺项目群管理办公室秘书根据施工图/施工方案审定会的通知及参会人员名单通知工艺项目建设部项目组及相关与会人员。

7. 工艺项目建设部项目组根据审定会安排准备审定会议用相关文档。

8. 工艺项目群管理办公室按照审定会安排组织项目审定会。会议基本流程如下：

（1）工艺项目建设部项目组介绍；

（2）评委评审；

（3）综合评审意见。

9. 工艺项目群管理办公室质量控制部记录并整理审定会会议纪要，并与工艺项目建设部项目组负责人及相关人员核对确认会议主要评审结论。

10. 审定并签发。

（1）工艺项目群管理办公室质量控制部将审定会会议纪要送工艺项目群管理办公室领导预审后提交工艺项目办公室秘书组；

（2）工艺项目办公室秘书组将收到的项目审定会会议纪要送工艺项目办公室领导进行审定并签发；

（3）工艺项目办公室秘书组将工艺项目办公室领导签发的施工图/施工方案审定会会议纪要转交工艺项目群管理办公室。

11. 工艺项目群管理办公室秘书将工艺项目办公室领导签发后的施工图/施工方案审定会会议纪要以正式的《项目审定会会议纪要》模式发送。

12. 若审定通过，相关工艺项目建设部项目组根据收到的《项目审定会会议纪要》，针对审定意见进行调改，编制最终文档。

13. 若审定未能通过，相关工艺项目建设部项目组根据收到的《项目审定会会议纪要》，针对审定意见进行修改，修改完成后再次申请审定，重新执行审定会流程。

14. 审定文件存档。

（1）工艺项目建设部项目组向工艺项目群管理办公室质量控制部提交调改完成

后的审定文件最终版；

（2）工艺项目群管理办公室质量控制部将本次审定涉及的所有文件，包括：审定会申请表、审定文件参评版、审定文件最终版、评审结果、会议纪要、审批件、签到表等，进行存档。

工艺项目审定会申请表（样表）

工艺项目审定会申请表

<table>
<tr><td>项目编号</td><td></td><td colspan="2">项目名称</td><td></td></tr>
<tr><td>审定类型</td><td colspan="4"></td></tr>
<tr><td>审定目的</td><td colspan="4"></td></tr>
<tr><td>审定范围</td><td colspan="4"></td></tr>
<tr><td>是否为初审</td><td></td><td colspan="2">如果不是初审，请填第X次</td><td></td></tr>
<tr><td>项目负责人</td><td></td><td colspan="2">项目负责人联系方式
（用于审定联系）</td><td></td></tr>
<tr><td>工艺项目建设部
项目组参审人员</td><td colspan="4"></td></tr>
<tr><td>工艺项目建设部
项目组组长</td><td colspan="4"></td></tr>
<tr><td colspan="5">附：待审定的交付成果</td></tr>
<tr><td>编号</td><td colspan="3">名称</td><td>是否初审</td></tr>
<tr><td></td><td colspan="3"></td><td></td></tr>
<tr><td></td><td colspan="3"></td><td></td></tr>
<tr><td></td><td colspan="3"></td><td></td></tr>
<tr><td></td><td colspan="3"></td><td></td></tr>
<tr><td></td><td colspan="3"></td><td></td></tr>
<tr><td></td><td colspan="3"></td><td></td></tr>
<tr><td></td><td colspan="3"></td><td></td></tr>
<tr><td></td><td colspan="3"></td><td></td></tr>
<tr><td></td><td colspan="3"></td><td></td></tr>
<tr><td></td><td colspan="3"></td><td></td></tr>
<tr><td></td><td colspan="3"></td><td></td></tr>
</table>

工艺项目群管理办公室接收日期：____________________

2 工作联系单管理

工作联系单是工艺技术系统建设团队与工艺技术系统建设相关的电视中心楼宇建设单位和部门之间的业务信息沟通的方式。因这类业务信息往往涉及相互之间工作的调整和建安调改等配合性工作，涉及内容许多会对工程的施工建设、工程投资、工程进度产生影响，工作联系单的发出需要遵守一定的管理流程。

2.1 发布的管理流程

发布是工艺技术系统建设团队向负责电视中心楼宇建设的建筑项目办公室发送工作联系单。

发布的管理流程图

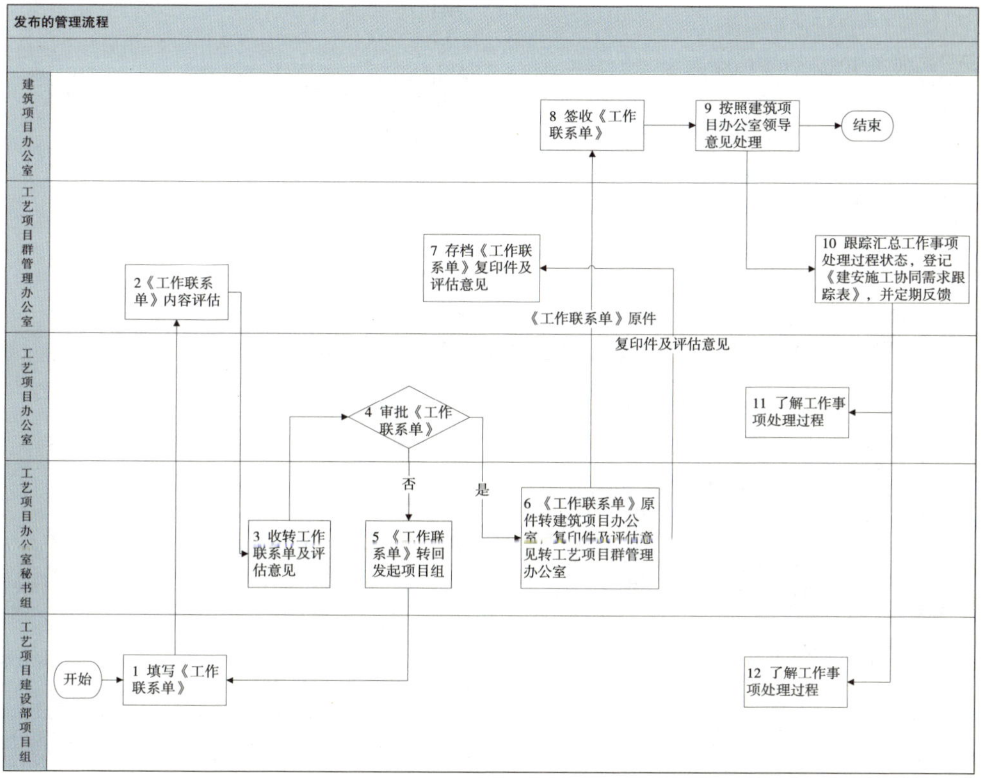

发布的管理流程

建筑项目办公室
8 签收《工作联系单》
9 按照建筑项目办公室领导意见处理
结束

工艺项目群管理办公室
2《工作联系单》内容评估
7 存档《工作联系单》复印件及评估意见
10 跟踪汇总工作事项处理过程状态，登记《建安施工协同需求跟踪表》，并定期反馈
《工作联系单》原件
复印件及评估意见

工艺项目办公室
4 审批《工作联系单》
11 了解工作事项处理过程
否
是

工艺项目办公室秘书组
3 收转工作联系单及评估意见
5 《工作联系单》转回发起项目组
6 《工作联系单》原件转建筑项目办公室，复印件及评估意见转工艺项目群管理办公室

工艺项目建设部项目组
开始
1 填写《工作联系单》
12 了解工作事项处理过程

发布的管理流程描述

序号	流程步骤	工作描述	责任方
1	填写《工作联系单》	工艺项目建设部项目组根据规范填写《工作联系单》	工艺项目建设部项目组
2	《工作联系单》内容评估	工艺项目群管理办公室质量控制部对《工作联系单》内容进行评估，如无意见则在《工作联系单》审阅人栏签字；有意见则填写评估意见表，作为《工作联系单》附件送工艺项目办公室秘书组	工艺项目群管理办公室
3	收转《工作联系单》及评估意见	工艺项目办公室秘书组将《工作联系单》及附件送工艺项目办公室领导审批	工艺项目办公室秘书组
4	审批《工作联系单》	工艺项目办公室领导审批	工艺项目办公室领导
5	将未通过审批的《工作联系单》转回发起工艺项目建设部项目组	如领导审批未通过，转回发起《工作联系单》的工艺项目建设部项目组	工艺项目办公室秘书组
6	通过审批，将工作联系单原件转建筑项目办公室，并将《工作联系单》复印件及评估意见转工艺项目群管理办公室	如领导审批通过，将工作联系单原件转建筑项目办公室，并将《工作联系单》复印件及评估意见转工艺项目群管理办公室	工艺项目办公室秘书组
7	存档《工作联系单》复印件及评估意见	工艺项目群管理办公室将《工作联系单》复印件及评估意见存档	工艺项目群管理办公室
8	签收《工作联系单》	建筑项目办公室签收《工作联系单》	建筑项目办公室
9	建筑项目办公室领导提出处理意见并进行处理	建筑项目办公室领导提出处理意见并转相关负责单位处理	建筑项目办公室
10	跟踪汇总工作事项处理过程状态，登记《建安施工协同需求跟踪表》，并定期反馈	工艺项目群管理办公室质量控制部跟踪汇总工作事项处理过程状态，登记《建安施工协同需求跟踪表》，并定期反馈	工艺项目群管理办公室
11	了解工作事项处理过程	工艺项目办公室领导通过《建安施工协同需求跟踪表》了解相关工作事项处理过程	工艺项目办公室领导
12	了解工作事项处理过程	工艺项目建设部项目组组长通过《建安施工协同需求跟踪表》了解工作事项处理过程	工艺项目建设部项目组

2.2 接收的管理流程

接收是工艺技术系统建设团队接收来自负责电视中心楼宇建设的建筑项目办公室发来的工作联系单。

接收的管理流程图

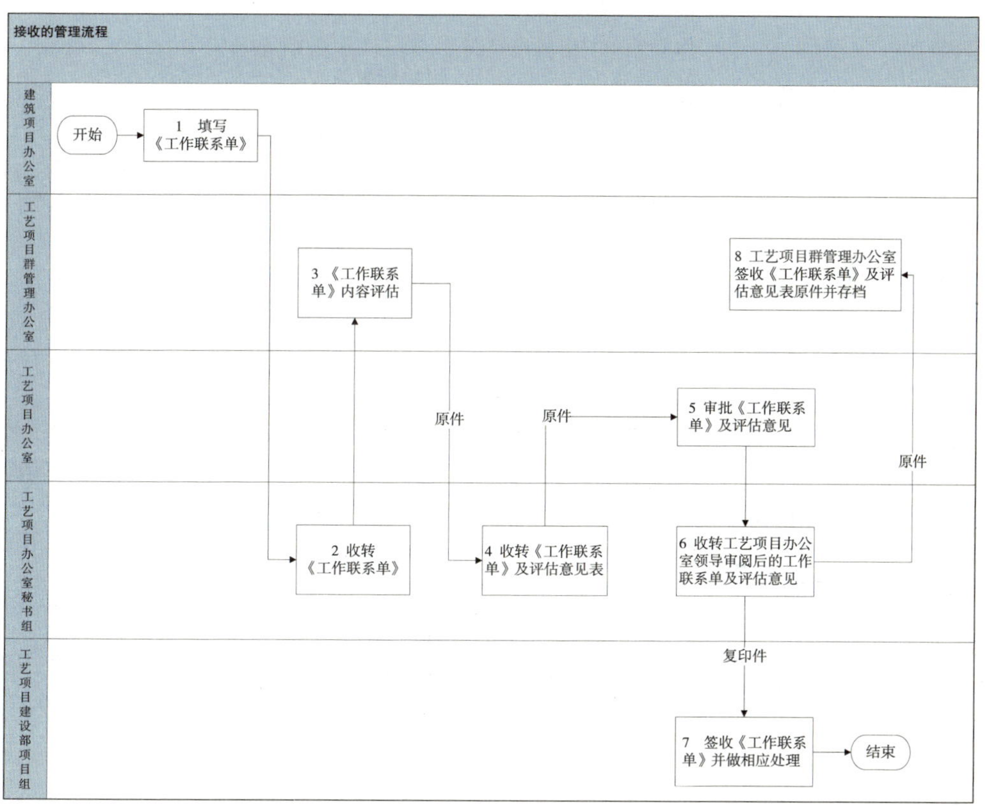

接收的管理流程描述

序号	流程步骤	工作描述	责任方
1	填写工作联系单	由建筑项目办公室发起人填写《工作联系单》	建筑项目办公室
2	收转工作联系单	由工艺项目办公室秘书组负责接收，并转交给工艺项目群管理办公室	工艺项目办公室秘书组
3	《工作联系单》内容评估	工艺项目群管理办公室秘书将收到的《工作联系单》交质量控制部，对《工作联系单》具体内容进行评估，提出回复意见。并在“工艺项目办公室处理意见”栏签字确认。如需要提出意见或建议，则填写评估意见表作为附件与《工作联系单》原件一并转交给工艺项目办公室秘书组。	工艺项目群管理办公室
4	收转《工作联系单》及评估意见表	工艺项目办公室秘书组将《工作联系单》及评估意见表的原件送工艺项目办公室领导审批	工艺项目办公室秘书组
5	审批《工作联系单》及评估意见	工艺项目办公室领导审批《工作联系单》及评估意见	工艺项目办公室
6	收转工艺项目办公室领导审阅后的《工作联系单》及评估意见表	收转工艺项目办公室领导审阅后的《工作联系单》及评估意见表的原件及复印件转送相关部门	工艺项目办公室秘书组
7	签收《工作联系单》	工艺项目建设部项目组签收《工作联系单》复印件，并做相应处理。	工艺项目建设部 工艺项目建设部项目组
8	签收《工作联系单》及评估意见表原件并存档	工艺项目群管理办公室签收《工作联系单》及评估意见表原件存档	工艺项目群管理办公室

3　进场基础施工工作整体管理

为了配合整体工期，工艺技术系统进场施工的时间节点一般都选择在电视中心楼宇建设工程基本完成各项建安施工工作，工艺施工现场能满足工艺技术系统建设进行基础施工的条件时开始实施。但此时因楼宇建安施工并没完全结束，相应的验收和交付工作还没进行，工艺施工现场还在楼宇建安工程的建筑工程总包方的管理下。为了能使工艺项目建设团队顺利地进入施工现场开展工艺基础施工工作，工艺项目建设部项目组/项目集成商应按照一定的工作流程和管理流程，按照要求准备相关文件，办理必要的进场施工管理手续，组织建设团队进场并开展基础施工工作。

3.1 进场基础施工工作整体管理流程

进场基础施工工作整体管理流程图

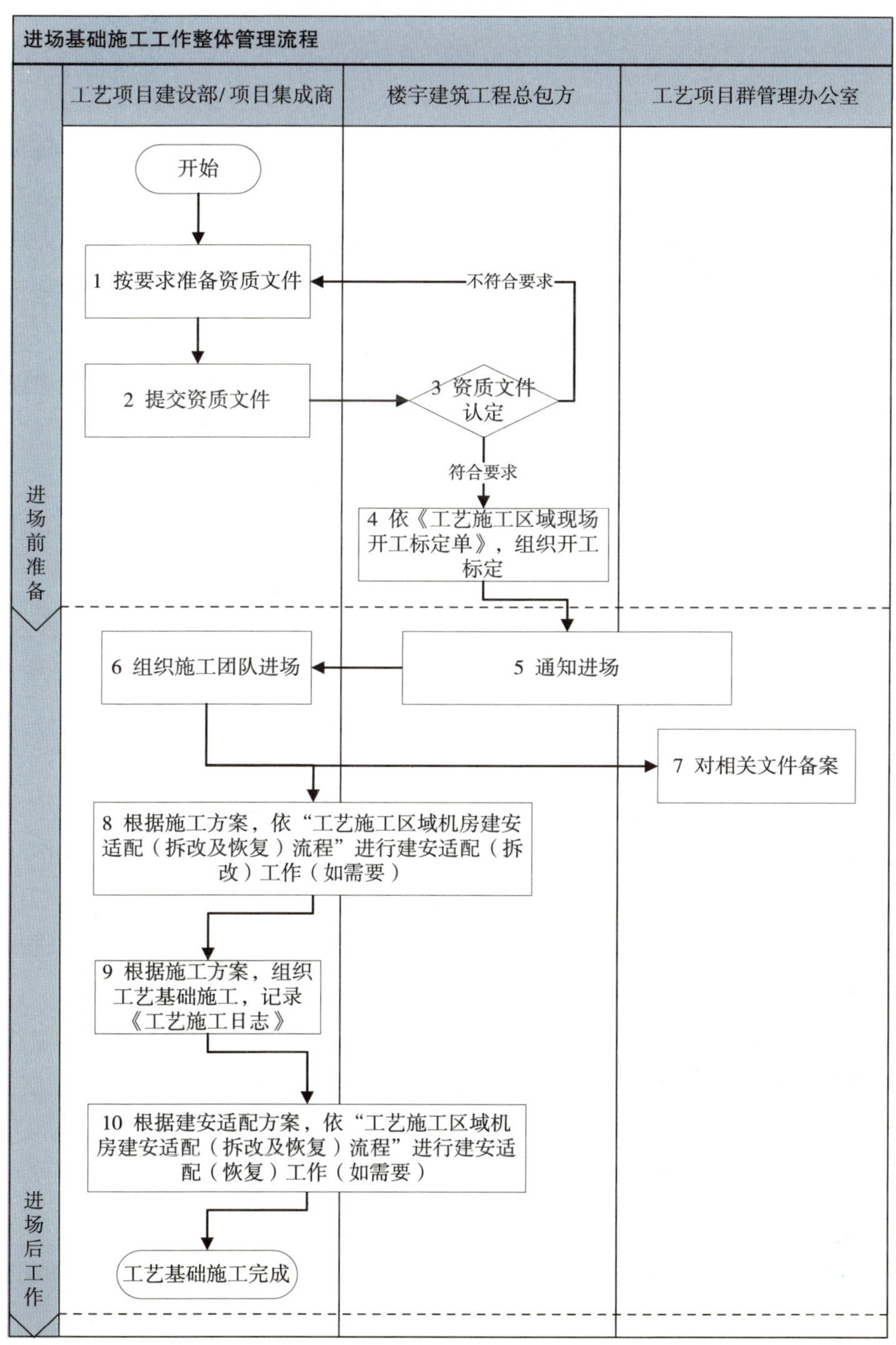

进场基础施工工作整体管理流程描述

进场前准备

1. 工艺项目建设部项目组/项目集成商按照要求准备工艺基础施工进场相关的各项资质文件；

2. 工艺项目建设部项目组/项目集成商将准备完成的全部资质文件提交建筑工程总包方；

3. 建筑工程总包方对工艺项目建设部项目组/项目集成商提交的资质文件进行认定。如果认定符合要求，则进入步骤4；如果认定不符合要求，则回到步骤1，由工艺项目建设部项目组/项目集成商重新准备相关资质文件；

4. 依据《工艺施工区域现场开工标定单》，建筑工程总包方通知工艺项目建设部项目组/项目集成商及其他有关单位，现场对相关工艺施工区域/机房进行标定。

进场后工作

5. 标定完成后，建筑工程总包方通知工艺项目群管理办公室可以进场施工，并将工艺施工区域/机房的房间钥匙交予相关的工艺项目建设部项目组/项目集成商；

6. 工艺项目建设部项目组/项目集成商组织工艺基础施工团队进场施工；

7. 工艺项目建设部项目组/项目集成商进场后，将进场所需的全部资质、方案、名单等文件的最终版（包括但不仅限于）提交工艺项目群管理办公室备案；

8. 工艺项目建设部项目组/项目集成商进场后，如需对本施工区域/机房进行建安拆改，工艺项目建设部项目组/项目集成商以及建筑工程总包方应根据基础施工方案，依《工艺施工区域机房建安适配（拆改及恢复）流程》进行建安适配（拆改）工作；

9. 依《工艺施工区域机房建安适配（拆改及恢复）流程》建安适配（拆改）工作完成后，工艺项目建设部项目组/项目集成商根据基础施工方案，组织施工团队进行工艺基础施工，并记录《工艺施工日志》；

10. 工艺基础施工完成后，如需对本施工区域/机房进行建安恢复，工艺项目建设部项目组/项目集成商以及建筑工程总包方应根据建安适配方案，依《工艺施工区域机房建安适配（拆改及恢复）流程》进行建安适配（恢复）工作。

3.2 项目进场施工前须备齐的文件

建筑工程总包方根据国家有关管理规定及政策和法规要求的进场施工的项目集成商资质文件：

所需文件名称	是否盖章	签发单位	备注
安全生产许可证	是	属地政府	
智能建筑实施资质	是	属地政府、建设部	或者建筑施工资质
税务登记证	是	地税、国税	
ISO质量体系认证	是	ISO国际组织	
中华人民共和国外商投资批准证明	是	商务部	外商或者合资企业需要
营业执照	是	工商局	
近三年业绩	是	施工单位	
一级建造师	是	属地政府	需要一名，担任项目经理
安全员B本	是	属地政府	项目经理需要有此资质
安全员C本	是	属地政府	现场专职安全员需要此资质

3.3 基础施工阶段的相关文档

基础施工的相关文档如下：

工艺基础施工计划；

工艺基础施工方案（包括施工图、建安适配方案等）；

成品保护措施方案；

施工安全预案；

消防预案；

安全制度及安全生产保证措施；

工艺项目集成商与分包项目集成商的施工承包合同；

进场施工的项目集成商与建筑工程总包方签订的《照管服务合同》；

进场施工的项目集成商与建筑工程总包方签订的《安全生产协议》；

进场施工的项目集成商与建筑工程总包方签订的《消防协议》；

工艺施工区域现场标定单；

基础施工相关人员名单（工艺项目建设部项目组、项目集成商）；

现场施工负责人（工艺项目建设部项目组、项目集成商）；

设备管理负责人（工艺项目建设部项目组）；

施工现场安全管理负责人（工艺项目建设部项目组、项目集成商）；

施工现场消防负责人（工艺项目建设部项目组、项目集成商）；

施工进场人员名单（项目集成商）；

施工安全培训完成人员名单（工艺项目建设部项目组、项目集成商）；

工艺基础施工进场人员个人防护用品领用清单（项目集成商）。

4 施工区域现场保护管理

电视中心的完整的工艺技术系统的建设通常是伴随着电视中心楼宇建筑的建设进行，工艺技术系统的建设工程一般是在楼宇建筑工程完成全部建安施工但尚未验收交付业主时进行。此时，楼宇在属性上属于建筑施工工地，管理方和相关责任方是建筑工程的总包方。工艺技术系统建设在此时进场施工，从管理上既要遵守建筑工程总包方的各项管理规定和要求以及国家相关的管理法规，又要注意对建安工程的成品保护，因此，相关的工作需要按照一定的管理流程实施。

施工区域现场保护工作

工艺技术系统建设进入施工区域开展工艺技术系统建设施工必须执行现场保护的各项工作:

（1）各进场施工的项目集成商负责所属区域/机房场地的建安现状和工艺成品保护；

（2）各工艺项目建设部项目组负责对相应项目的集成商现场保护工作进行监督和检查；

（3）各项目集成商须根据现场及设备使用情况提供区域/机房内的保护方案，制定相应的管理规定和措施对现场设备/设施进行安全保管，并由项目组审核通过后，交由工艺项目群管理办公室备案；

（4）各项目集成商制定的项目实施方案中必须明确安全用电操作规范和现场设备的上电和下电操作规范，由工艺建设部项目组审核通过后方可实施。

施工区域现场标定管理

工艺技术系统的施工从内容上分为基础施工和工艺施工，不同的施工阶段的实施都必须要确保对建安成品的保护。建安成品保护的前提是要由有关各方在施工前后对施工环境的建安成品状况进行查验、记录和确认，这个过程称为标定。

由于工艺施工工作是按阶段实施，所以每个阶段均须对拟进入进行工艺技术系统建设施工的区域/机房的建安工程现状（建安成品）进行开工标定和完工标定，以确保对建安工程的成品保护。

4.1 开工标定管理流程

标定工作由工艺项目群管理办公室、工艺项目建设部、工艺项目集成商、楼宇建筑工程总包方、工艺技术系统施工区域/机房的建筑工程分包方（如有）以及建筑工程监理等各方相关人员参与，应在建筑工地现场对有关的工艺施工区域情况共同进行标定。作为对施工区域/机房进行的标定，不涉及现场交、接、转及验收、预验收、工作认定、质量认定等；不涉及现场各责任方的交、接、转。各方责任与义务仍然由各方相互之间的合同与协议及国家有关法律法规确定。

开工标定管理流程图

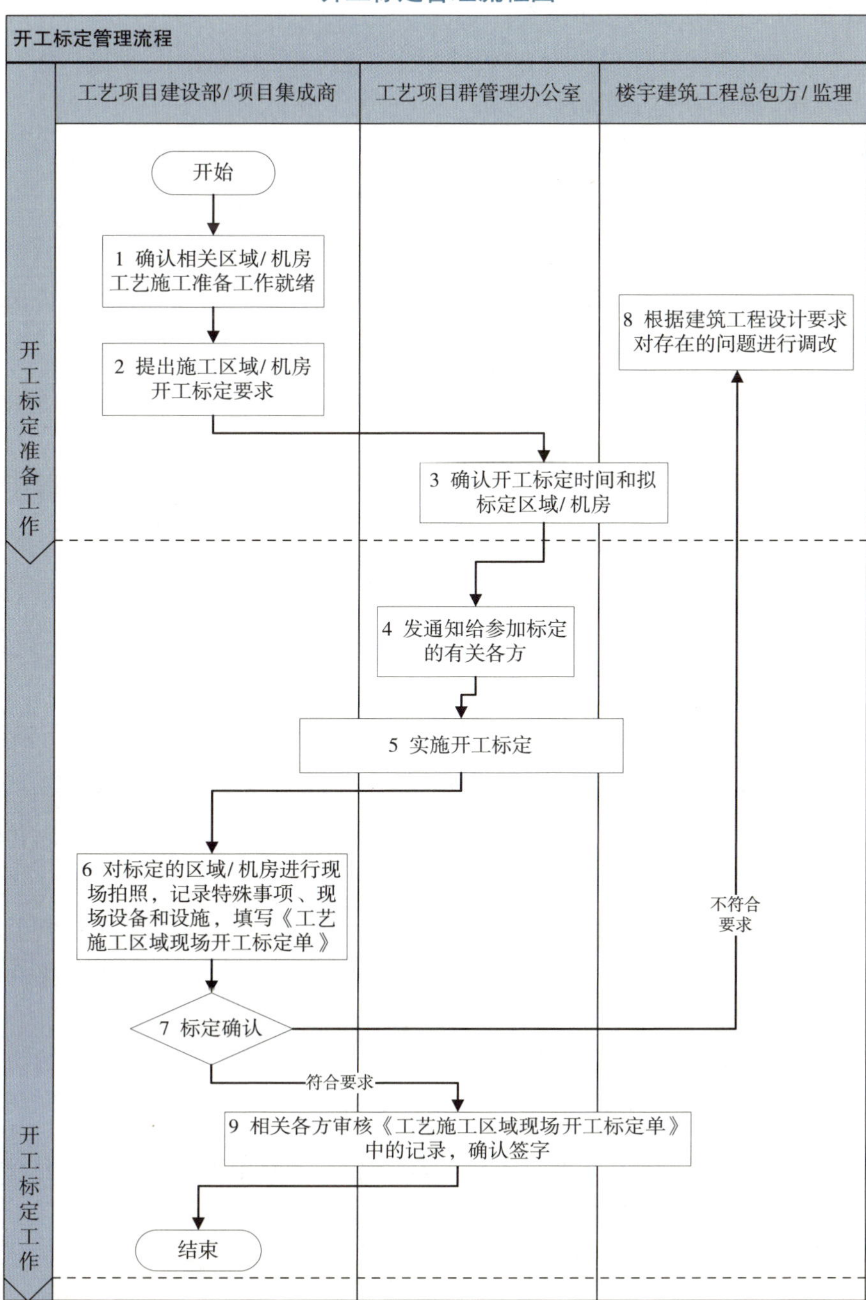

开工标定管理流程描述

开工标定准备工作

1. 工艺项目建设部和项目集成商做好进场施工前的各项准备工作，完成对拟施工区域/机房的建安情况的初步探查；

2. 工艺项目建设部向工艺项目群管理办公室提出开工标定要求，明确拟施工的区域/机房范围，进场施工时间和施工周期；

3. 工艺项目群管理办公室和楼宇建筑工程总包方沟通，确定相关拟施工区域/机房和开工标定时间。

开工标定工作

4. 工艺项目群管理办公室通知建筑总包方、建筑工程监理、工艺项目建设部项目组和相关项目集成商参加开工标定；

5. 工艺项目群管理办公室依《工艺施工区域现场开工标定单》（见附表1）组织相关各方进行开工标定；

6. 开工标定参与各方在现场对有关的工艺施工区域/机房的建安成品的现状情况共同进行标定。标定过程中，对建安成品的现状以摄像、拍照、文字记录等方式进行记录，并将相关记录资料作为《工艺施工区域现场开工标定单》附件备查。如工艺施工区域存在特殊事项、设备和设施，应明确列出。隐蔽工程不属于标定范围。按《工艺施工区域现场开工标定单》的要求填写标定单相关内容；

7. 工艺项目建设部项目组对标定的区域/机房情况是否满足施工条件进行确认；

8. 如果不符合工艺项目施工要求，则由建筑工程总包方根据开工标定中发现的问题进行调改，工艺项目群管理办公室可根据工艺施工进程在工艺施工区域内安排进行多次开工标定；

9. 如果满足工艺项目施工要求，则参与各方确认《工艺施工区域现场开工标定单》及标定过程形成的现场记录资料，由参与各方逐页签字分别保存。标定文件包括但不限于《工艺施工区域现场开工标定单》、相关图纸及有关影像资料等。

4.2 完工标定管理流程

完工标定在工艺项目建设相关施工完成后进行，是对施工区域/机房已完成的施工状况进行标定，对建安成品保护情况进行确认。

完工标定管理流程图

完工标定管理流程
工艺项目建设部 / 项目集成商
工艺项目群管理办公室
楼宇建筑工程总包方 / 监理
完工标定准备工作
完工标定工作
开始
1 确认施工区域 / 机房相关施工结束
2 提出施工区域 / 机房完工标定要求
3 确认完工标定时间和拟标定区域 / 机房
4 发通知给参加标定的有关各方
5 实施完工标定
6 参照本区域 / 机房《工艺施工区域现场开工标定单》所标定内容检查记录现场标定情况填写《工艺施工区域现场完工标定单》
7 标定确认
不符合要求
符合要求
8 相关各方审核《工艺施工区域现场完工标定单》中的记录，确认签字
9 存档
结束

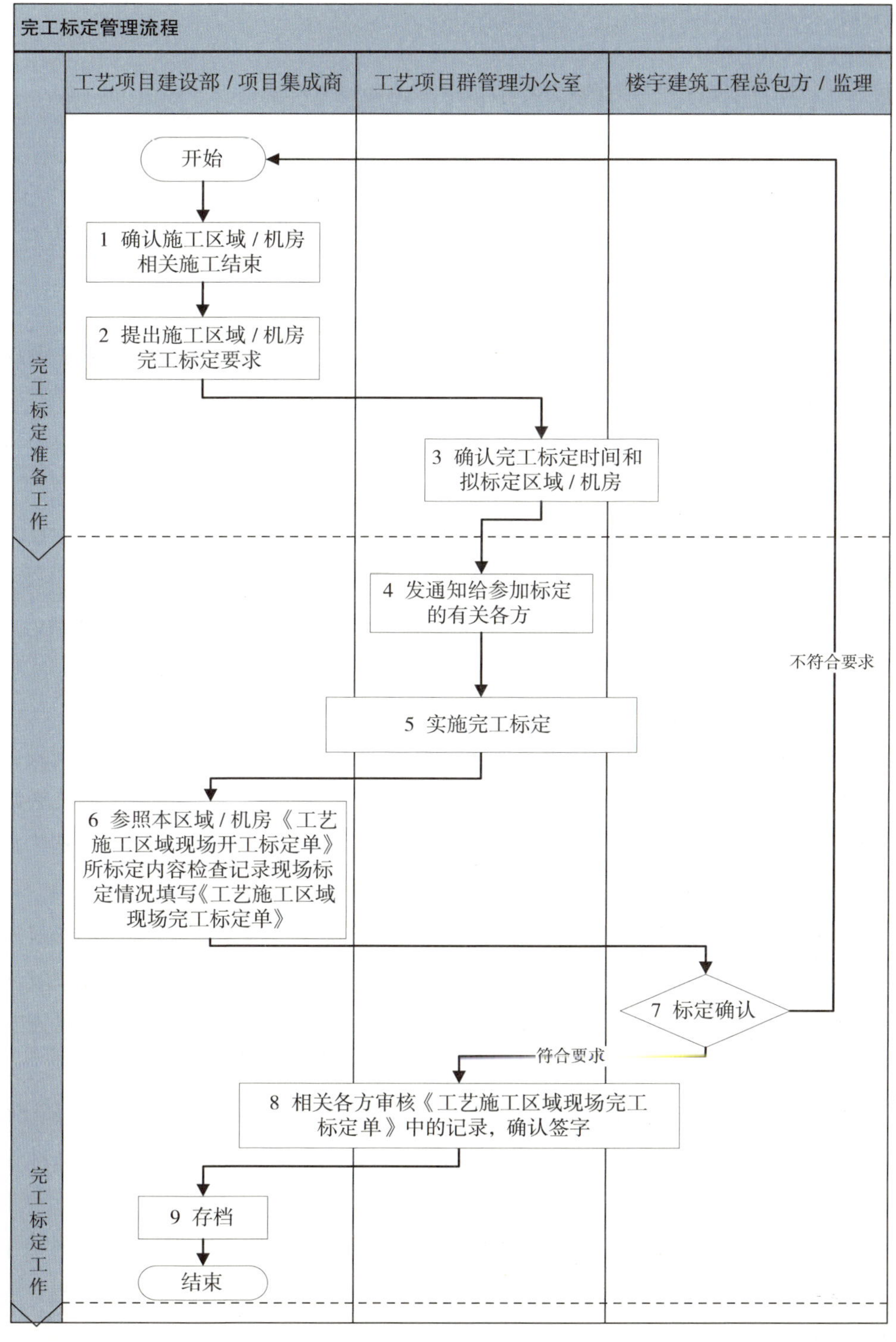

完工标定管理流程描述

完工标定准备工作

1. 工艺项目建设部和项目集成商在施工完成后做好施工区域/机房的完工标定前准备工作。

2. 工艺项目建设部向工艺项目群管理办公室提出完工标定要求。

3. 工艺项目群管理办公室和楼宇建筑工程总包方沟通，确认完工标定时间及区域/机房。

完工标定工作

4. 工艺项目群管理办公室通知楼宇建筑总包方、建筑工程监理、工艺项目建设部项目组和项目集成商参加完工标定。

5. 工艺项目群管理办公室依《工艺施工区域现场完工标定单》（见附表2）组织相关各方对建安成品的状况进行完工标定。

6. 完工标定参与各方应在工地现场对有关的工艺施工区域情况共同进行标定。完工标定时应：

（1）参照本区域的《工艺施工区域现场开工标定单》所标定的内容进行检查（不包含已拆改待恢复部分，如有）；

（2）对本区域内已完成的工艺施工状况进行标定。

现场标定过程中，如需要可以在现场以摄像、拍照和文字记录等方式进行记录，并将相关记录资料作为《工艺施工区域现场完工标定单》附件备查。如工艺施工区域/机房存在特殊事项、设备和设施应明确列出。隐蔽工程不属于标定范围。按《工艺施工区域现场完工标定单》的要求填写标定相关内容。

7. 建筑工程总包方对标定的区域/机房的建安成品保护情况进行确认；如果建安成品保护情况不符合要求，则由工艺项目建设部项目组/项目集成商根据标定中发现的问题进行调改，工艺项目群管理办公室可根据工艺施工进程在工艺施工区域内安排进行多次完工标定。

8. 如果建安成品保护情况符合要求，则参与各方确认《工艺施工区域现场完工标定单》及标定过程中形成的现场记录，并由参与各方逐页签字分别保存；标定文件包括但不限于《工艺施工区域现场完工标定单》、相关图纸及有关影像资料等。

9. 工艺建设部项目组/项目集成商将相关施工区域/机房的《工艺施工区域现场开工标定单》、《工艺施工区域现场完工标定单》及相关附件、图纸和有关影像资料等纳入项目工程文件保存。

附表1：工艺施工区域现场开工标定单

工艺施工区域现场开工标定单

<table>
<tr><td>区域</td><td colspan="3">(详见附图标注)</td></tr>
<tr><td>编号</td><td></td><td>标定时间</td><td></td></tr>
<tr><td rowspan="3">标定内容</td><td colspan="3">装饰：
(详见照片、录像)</td></tr>
<tr><td colspan="3">机电：
(详见照片、录像)</td></tr>
<tr><td colspan="3">其他：
(详见照片、录像)</td></tr>
</table>

<table>
<tr><td rowspan="13">参加标定单位</td><td colspan="2">单位名称</td><td>签字栏</td><td>备注</td></tr>
<tr><td>总包</td><td>（单位名称）</td><td></td><td>认定照片、录像所标定的内容</td></tr>
<tr><td rowspan="6">专业分包</td><td></td><td></td><td rowspan="6">认定照片、录像所标定的内容</td></tr>
<tr><td></td><td></td></tr>
<tr><td></td><td></td></tr>
<tr><td></td><td></td></tr>
<tr><td></td><td></td></tr>
<tr><td></td><td></td></tr>
<tr><td>监理</td><td>（单位名称）</td><td></td><td>认定照片、录像所标定的内容</td></tr>
<tr><td>工艺施工单位</td><td></td><td></td><td>认定照片、录像所标定的内容</td></tr>
<tr><td rowspan="2">业主</td><td>建筑项目办公室</td><td></td><td></td></tr>
<tr><td>工艺项目群管理办公室</td><td></td><td></td></tr>
<tr><td>说明</td><td colspan="4">此表仅作为对施工区域进行标定，不涉及现场交、接、转及验收、预验收、工作认定、质量认定等；不涉及现场各责任方责任的交、接、转。各方责任与义务由各方相互之间的合同与协议及国家有关法律法规确定。</td></tr>
</table>

附表2：工艺施工区域现场完工标定单

工艺施工区域现场完工标定单

<table>
<tr><td>区域</td><td colspan="3">（详见附图标注）</td></tr>
<tr><td>编号</td><td></td><td>标定时间</td><td></td></tr>
<tr><td rowspan="4">标定内容</td><td colspan="3">工艺：
(详见照片、录像)</td></tr>
<tr><td colspan="3">装饰：
（详见照片、录像）</td></tr>
<tr><td colspan="3">机电：
（详见照片、录像）</td></tr>
<tr><td colspan="3">其他：
（详见照片、录像）</td></tr>
</table>

<table>
<tr><td rowspan="13">参加标定单位</td><td colspan="2">单位名称</td><td>签字栏</td><td>备注</td></tr>
<tr><td>总包</td><td>（单位名称）</td><td></td><td>认定照片、录像所标定的内容</td></tr>
<tr><td rowspan="6">专业分包</td><td></td><td></td><td rowspan="6">认定照片、录像所标定的内容</td></tr>
<tr><td></td><td></td></tr>
<tr><td></td><td></td></tr>
<tr><td></td><td></td></tr>
<tr><td></td><td></td></tr>
<tr><td></td><td></td></tr>
<tr><td>监理</td><td>（单位名称）</td><td></td><td>认定照片、录像所标定的内容</td></tr>
<tr><td>工艺施工单位</td><td></td><td></td><td>认定照片、录像所标定的内容</td></tr>
<tr><td rowspan="2">业主</td><td>建筑项目办公室</td><td></td><td></td></tr>
<tr><td>工艺项目群管理办公室</td><td></td><td></td></tr>
<tr><td colspan="4"></td></tr>
<tr><td>说明</td><td colspan="4">此表仅作为对施工区域进行标定，不涉及现场交、接、转及验收、预验收、工作认定、质量认定等；不涉及现场各责任方责任的交、接、转。各方责任与义务由各方相互之间的合同与协议及国家有关法律法规确定。</td></tr>
</table>

5 进场施工管理流程

进场施工管理流程图

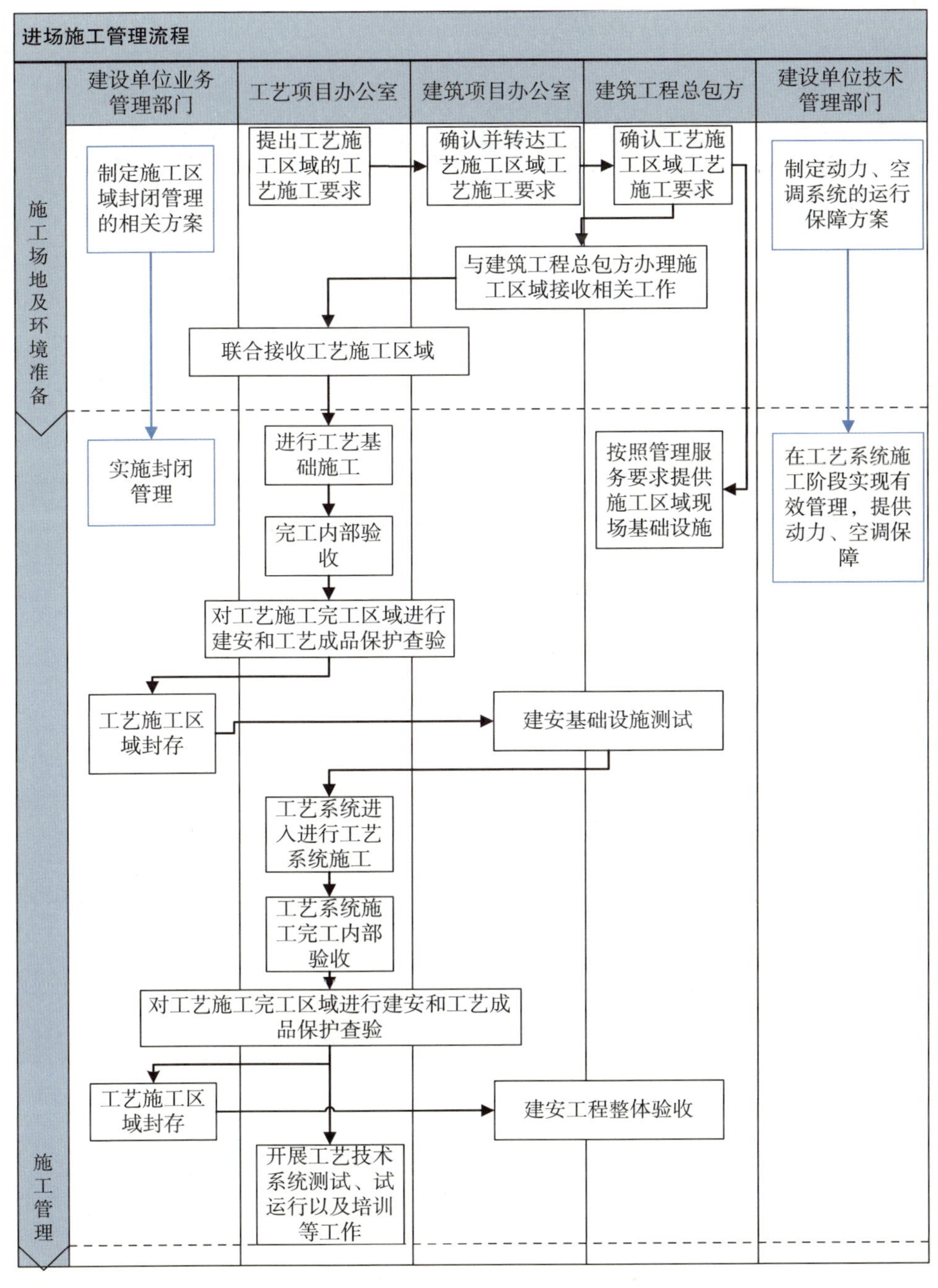

进场施工管理流程描述

施工场地及环境准备

<table>
<tr><th colspan="2">事项</th><th>建筑项目办公室</th><th>建设单位业务管理部门</th><th>工艺项目办公室</th><th>工艺项目建设部/工艺项目建设部项目组</th><th>工艺项目群管理办公室</th><th>建设单位技术管理部门</th><th>建筑工程总包方</th><th>监理公司</th></tr>
<tr><td rowspan="6">施工场地及环境准备</td><td rowspan="3">场地准备</td><td rowspan="2">与建筑工程总包方办理施工区域移交</td><td>制定施工区域封闭管理的安保、消防等方案</td><td rowspan="2">提出工艺施工区域的具体要求(*)</td><td rowspan="3">提出各项目施工区域进场环境要求</td><td rowspan="3">提出工艺施工进场区域的总体环境要求</td><td rowspan="3">根据现场实际情况，制定系统施工期间的动力、空调系统的运行保障方案</td><td rowspan="3">向建筑项目办公室交付工艺施工相关区域</td><td rowspan="3"></td></tr>
<tr><td>实施封闭管理</td></tr>
<tr><td colspan="3">建筑项目办公室、建筑工程建设单位业务管理部门、工艺项目办公室联合接收工艺施工区域</td></tr>
<tr><td rowspan="3">基础设施准备</td><td rowspan="2"></td><td rowspan="2"></td><td rowspan="2">提出工艺施工进场区域的基础设施具体要求</td><td rowspan="3">提出各项目施工区域基础设施的要求</td><td rowspan="3">提出工艺施工进场区域的总体基础设施要求</td><td rowspan="3">根据系统施工期间对动力、空调系统的要求，提供动力、空调保障</td><td rowspan="3">按照管理服务要求提供施工区域现场基础设施</td><td rowspan="3"></td></tr>
<tr></tr>
<tr><td colspan="3">对提供的基础设施状况进行检查</td></tr>
</table>

*注：详见后续基础施工进场环境要求与系统施工进场环境要求

施工管理

<table>
<tr><th colspan="2">事项</th><th>建筑项目办公室</th><th>建设单位业务管理部门</th><th>工艺项目办公室</th><th>工艺项目建设部/工艺项目建设部项目组</th><th>工艺项目群管理办公室</th><th>建设单位技术管理部门</th><th>建筑工程总包方</th><th>监理公司</th></tr>
<tr><td rowspan="7">施工管理</td><td rowspan="2">施工方案准备</td><td rowspan="2"></td><td rowspan="2"></td><td rowspan="2">确认相关项目施工方案、施工图</td><td rowspan="2">完成施工方案、施工图</td><td>组织完成对施工方案、施工图的审定</td><td rowspan="2"></td><td rowspan="2"></td><td rowspan="2">对相关项目施工方案提出监理意见</td></tr>
<tr><td>完成相关设备/设施的到货及入库</td></tr>
<tr><td>测试方案准备</td><td></td><td></td><td>确认各项目测试方案</td><td>完成测试方案</td><td>组织完成对测试方案的审定</td><td></td><td></td><td></td></tr>
<tr><td rowspan="4">施工管理</td><td></td><td></td><td colspan="3">工艺基础施工完工内部验收</td><td></td><td></td><td></td></tr>
<tr><td></td><td></td><td colspan="3">工艺技术系统施工完工内部验收</td><td></td><td></td><td></td></tr>
<tr><td colspan="8">工艺基础施工完成内部验收后，工艺项目办公室牵头组织各相关方对工艺施工区域进行联合查验，由建筑项目办公室组织相关单位对建筑项目进行完好性检查。</td></tr>
<tr><td colspan="8">工艺技术系统建设项目施工完成内部验收后，工艺项目办公室牵头组织各相关方对工艺施工区域进行联合查验，向建筑项目办公室和建筑工程总包方进行建安成品保护交接（若有任何建安成品的修补，应在此阶段完成）。</td></tr>
</table>

基础施工进场环境要求：

总体要求：

（1）所有基础建安工作完成，区域内不存在建安和工艺的交叉施工；

（2）所有工艺施工房间或区域均可实行封闭管理，并且周边不能存在扬尘的建安施工；

（3）建筑工程建设单位业务管理部门制定相应的管理手段和管理要求明确落实，并在施工区域内可实施；

（4）所有工艺施工区域内不存在建筑垃圾（包括：地面、地板下、沟槽及管线内、吊顶内等）。

人流物流：

人流物流通道应安全可靠并方便工艺施工使用，可使用电梯进行施工货物的运输。

消防：

现有消防设施可管控，确保在工艺施工过程中不会有失误动作危及工艺施工。

施工：

（1）具备基本照明条件和施工用电条件；

（2）工艺施工区域内所有线缆沟槽及管线等具备使用条件；

（3）区域/机房内建安工程各专业的自检完成，不存在未完成或不合格的返工工作；

（4）区域/机房周边的建安工程各专业主体工程完成，并完成自检自测，包括水路的压力测试，不存在直接影响工艺基础施工的工作。

系统施工进场环境要求：

总体要求：

施工区域的周边环境全面完成建安工作。

人流物流：

人流物流通道应安全可靠并方便工艺施工使用，可使用电梯进行施工货物的运输。

消防：

消防、安全监控系统达到消防验收条件。

施工：

（1）建安空调及照明具备正常运行条件；

（2）工艺用电达到设计要求，可以正常使用；

（3）具备基本通信条件（包括固定电话、移动电话等）；

（4）完成区域/机房内及周边空调及各类水管的打压测试；

（5）完成区域/机房内及周边防水测试；

（6）完成区域/机房内及周边各类强弱电线路测试；

（7）区域/机房内及周边空调风道畅通，并完成清洁工作；

（8）完成区域/机房内及周边的整体清洁工作。

安保：

现场安保管理可切实实现对工艺技术系统施工区域的管理和安全保障，达到建设单位管理部门的相关管理要求。

6 建安适配（拆改及恢复）管理流程

在工艺施工团队进场施工时，根据工艺设计的要求和现场实际环境，可能还会对已经完成的建安工程提出相应的修改和施工配合要求。建安适配工作需要按照一定的建安适配流程实施。

建安适配（拆改及恢复）管理流程图

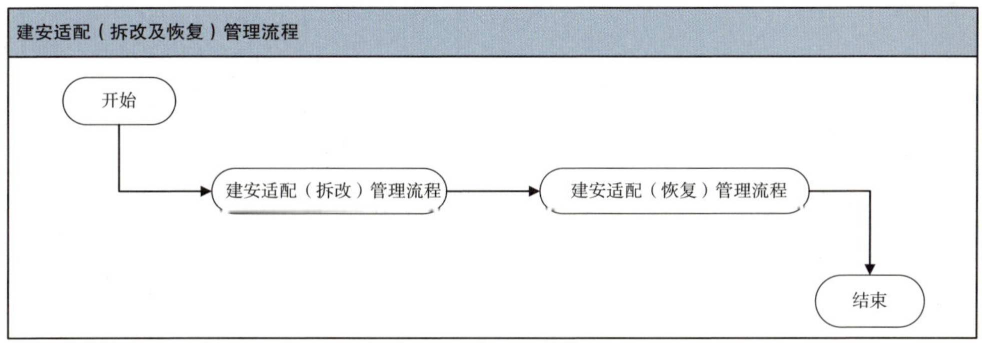

6.1 建安适配（拆改）管理流程

建安适配（拆改）管理流程图

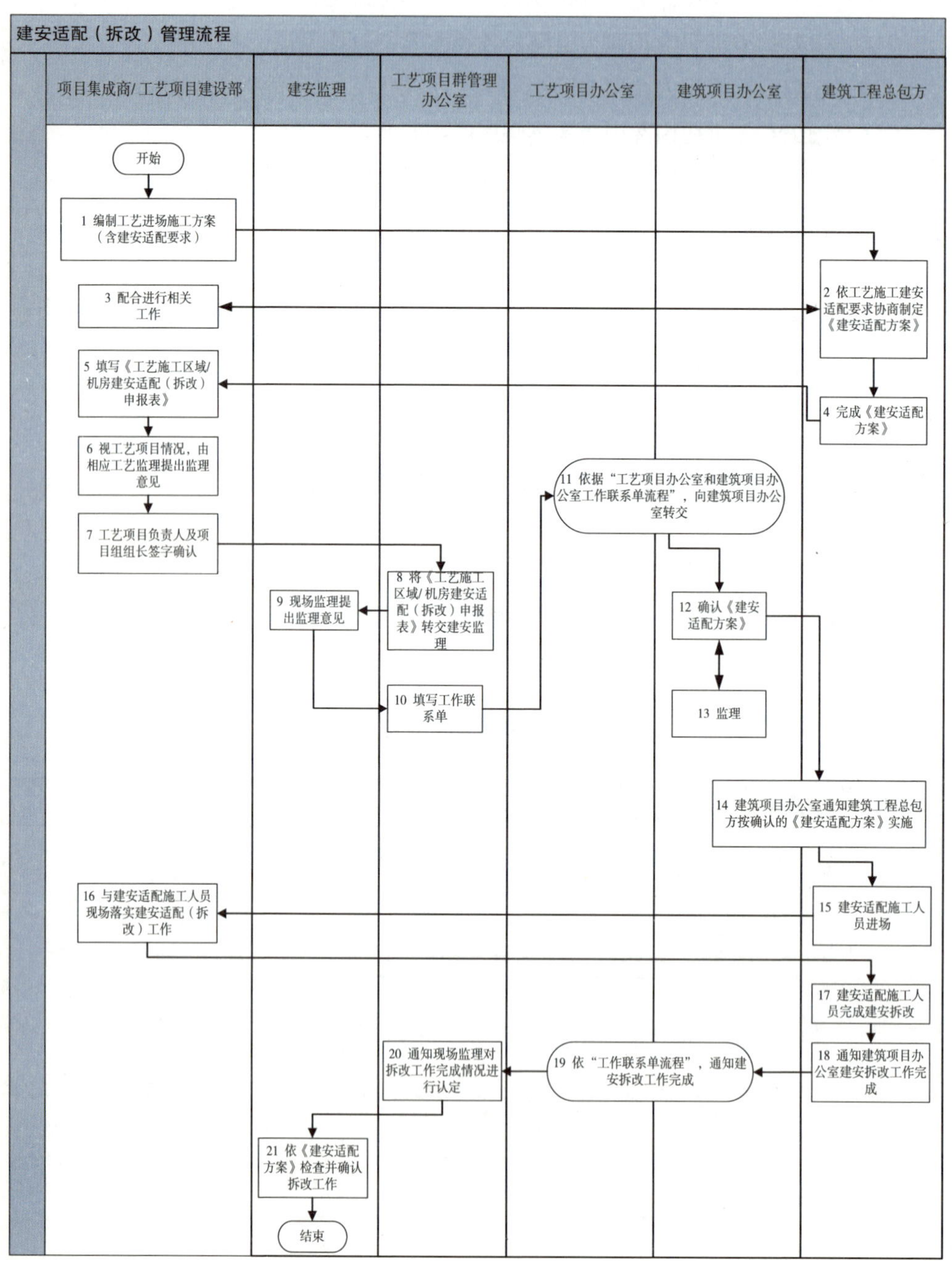

建安适配（拆改）管理流程描述

1. 工艺项目建设部项目组/项目集成商编制《工艺进场施工方案》，其中应包括：

（1）工艺施工说明文档：施工工艺描述、区域/机房环境要求、建安适配要求、整体进度时间计划；

（2）机柜、机架、线槽、吊架以及天花、墙面和地面等位置的安装位置图；

（3）缆线布线图。

2. 建筑工程总包方或建筑工程总包方指定的分包商依《工艺进场施工方案》，与工艺项目建设部项目组/项目集成商共同协商，制定《建安适配方案》。

3. 在《建安适配方案》制定过程中，工艺项目建设部项目组/项目集成商配合进行相关工作。

4. 建筑工程总包方或建筑工程总包方指定的分包商完成《建安适配方案》。

5. 工艺项目建设部项目组/项目集成商填写《工艺施工区域/机房建安适配（拆改）申报表》（模板见1.1.2.1章节表样示例）的相关内容。

6. 视工艺项目情况，由相应的工艺施工监理对《工艺施工区域/机房建安适配（拆改）申报表》、《工艺进场施工方案》及其他相关附件提出监理意见。

7. 工艺项目建设部项目组/项目集成商将填写完成的《工艺施工区域/机房建安适配（拆改）申报表》、《工艺进场施工方案》及其他相关附件交本工艺项目负责人及工艺项目建设部项目组组长审核签字确认。

8. 工艺项目负责人将完成审核签字后的《工艺施工区域/机房建安适配（拆改）申报表》、《工艺进场施工方案》及其他相关附件转交工艺项目群管理办公室质量控制部负责人确认。

9. 工艺项目群管理办公室质量控制部负责人将收到的《工艺施工区域/机房建安适配（拆改）申报表》、《工艺进场施工方案》及其他相关附件转交建安监理提出监理意见。

10. 工艺项目群管理办公室质量控制部负责人依据建安监理确认的《工艺施工区域/机房建安适配（拆改）申报表》、《工艺进场施工方案》及其他相关附件（同时一并附《建安适配方案》）填写《工作联系单》，进入工作联系单流程。

11. 工艺项目办公室秘书组依据工作联系单流程，向建筑项目办公室转交纸质工作联系单并附《工艺施工区域/机房建安适配（拆改）申报表》、《建安适配方案》、《工艺进场施工方案》及其他相关附件。

12/13. 建筑项目办公室汇同建安监理等各方对《建安适配方案》进行确认。

14. 建筑项目办公室对《建安适配方案》确认后，通知建筑工程总包方按照确认后的《建安适配方案》实施相关工作。

15. 建筑工程总包方通知相关的建安适配施工人员进场施工。

16. 工艺项目建设部项目组/项目集成商与建安适配施工人员现场落实建安适配（拆改）工作。

17. 建安适配施工人员完成现场建安拆改工作。

18. 拆改工作完成后，建筑工程总包方依据建安业务流程通知建筑项目办公室建安拆改工作完成。

19. 建筑项目办公室依据工作联系单流程，通知工艺项目办公室建安拆改工作完成。

20. 工艺项目办公室秘书组将收到的建筑项目办公室工作联系单转交工艺项目群管理办公室，由工艺项目群管理办公室质量控制部负责人通知建安监理，对拆改工作完成情况进行认定。

21. 建安监理依据《建安适配方案》检查并确认拆改工作。

6.2 建安适配（恢复）管理流程

建安适配（恢复）管理流程图

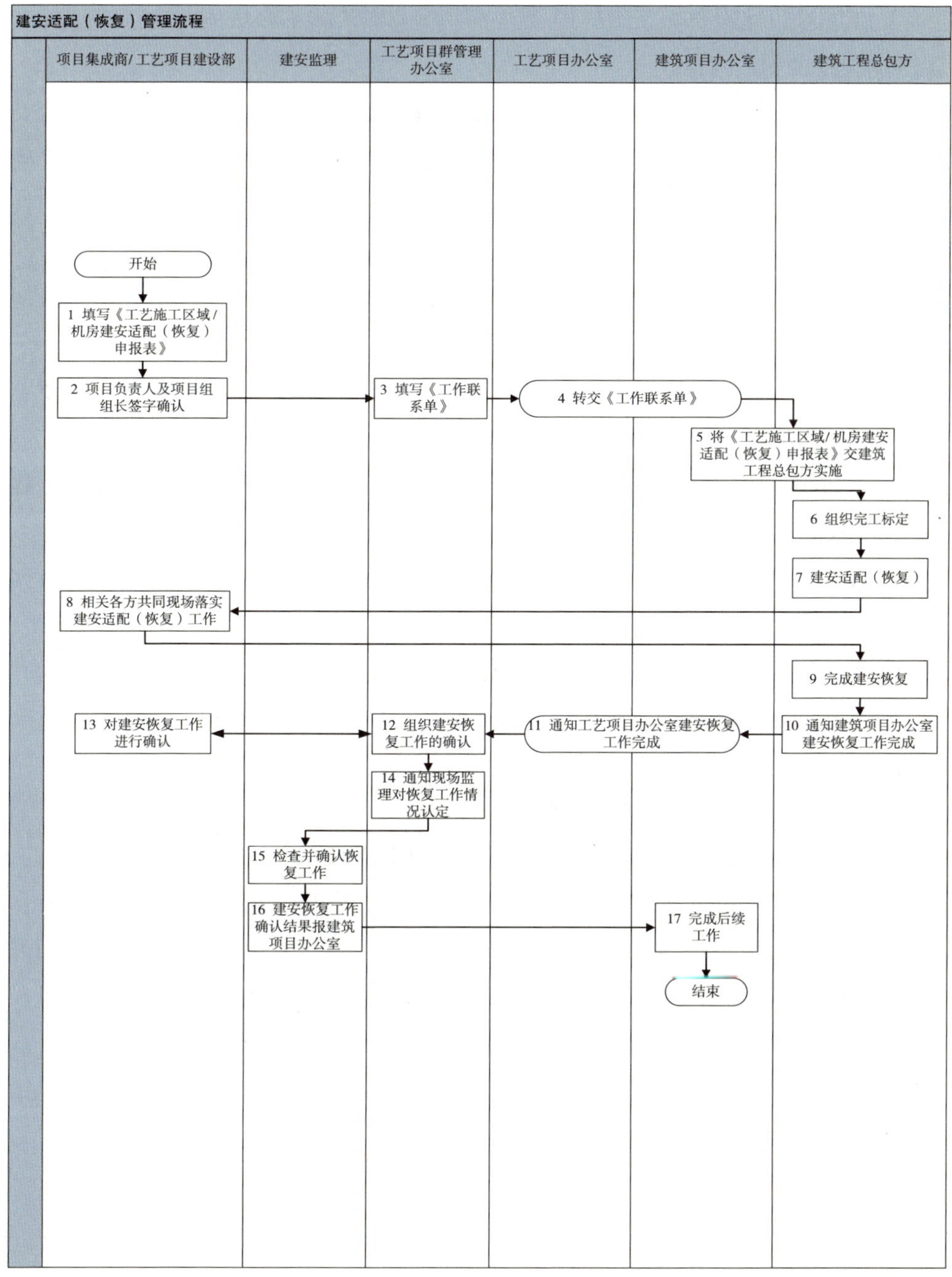

建安适配（恢复）管理流程描述

工艺项目集成商完成相关区域/机房的工艺施工工作，同时实施现场的工艺成品保护工作。

1. 工艺项目建设部项目组/项目集成商填写《工艺施工区域/机房建安适配（恢复）申报表》的相关内容；

2. 工艺项目建设部项目组/项目集成商将填写完成的《工艺施工区域/机房建安适配（恢复）申报表》交本工艺项目负责人及工艺项目建设部项目组组长审核签字确认。工艺项目负责人将完成审核签字后的《工艺施工区域/机房建安适配（恢复）申报表》转交工艺项目群管理办公室质量控制部负责人确认；

3. 工艺项目群管理办公室质量控制部负责人依据接收到的《工艺施工区域/机房建安适配（恢复）申报表》填写《工作联系单》，进入工作联系单流程；

4. 工艺项目办公室秘书组依据工作联系单流程，向建筑项目办公室转交纸质工作联系单并附《工艺施工区域/机房建安适配（恢复）申报表》；

5. 建筑项目办公室将《工艺施工区域/机房建安适配（恢复）申报表》交建筑工程总包方实施；

6. 建筑工程总包方依据《工艺施工区域现场完工标定单》组织各相关方进行完工标定；

7. 建筑工程总包方依据《建安适配方案》组织建安适配（恢复）工作；

8. 建安适配施工人员与工艺项目建设部项目组/项目集成商现场落实建安适配（恢复）工作；

9. 建安适配施工人员完成现场建安恢复；

10. 建筑工程总包方依据建安业务流程通知建筑项目办公室建安恢复工作完成；

11. 建筑项目办公室依据工作联系单流程，通知工艺项目办公室建安恢复完成；

12. 工艺项目办公室秘书组将收到的建筑项目办公室工作联系单转交工艺项目群管理办公室，由工艺项目群管理办公室质量控制部组织建安恢复工作的确认；

13. 工艺项目建设部项目组/项目集成商对建安恢复工作进行确认；

14. 工艺项目群管理办公室质量控制部负责人通知建安监理，对恢复工作完成情况进行认定；

15. 建安监理依据《建安适配方案》检查并确认恢复工作的完成情况；

16. 建安监理将建安恢复工作确认结果报建筑项目办公室；

17. 建筑项目办公室完成后续工作。

7 施工现场管理

7.1 施工现场管理总流程

施工现场管理总流程图

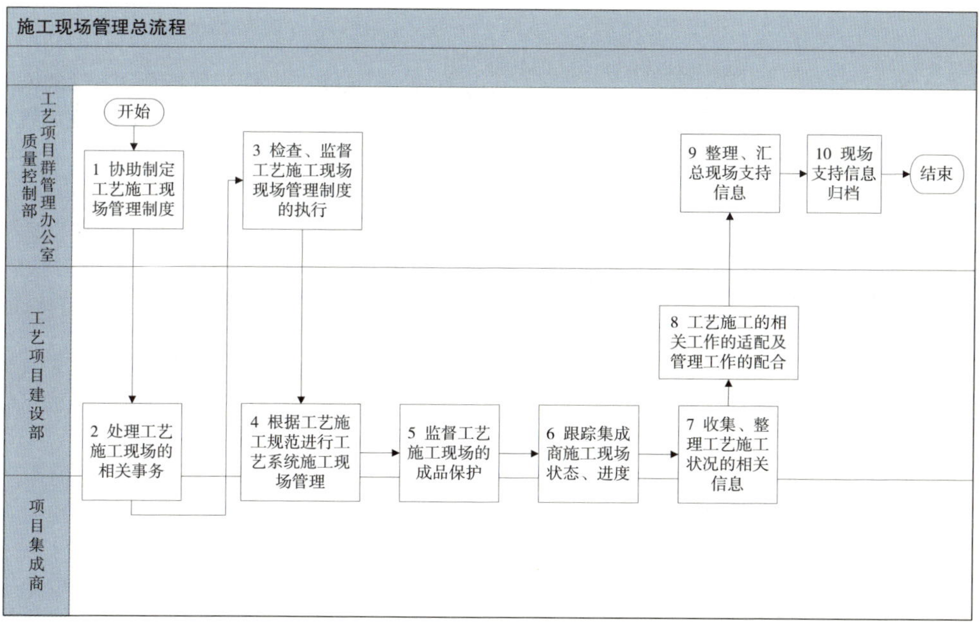

施工现场管理总流程描述

序号	工作任务	负责部门	主要参与部门	任务描述
1	协助制定工艺施工现场管理制度	工艺项目群管理办公室	质量控制部	根据工艺施工现场工作的实际情况，制定科学合理的工艺施工现场管理制度
2	协助项目组和项目集成商处理工艺施工现场的相关事务	工艺项目群管理办公室、工艺项目建设部	质量控制部、工艺项目建设部项目组、项目集成商	协助工艺项目建设部项目组、项目集成商解决、处理工艺施工现场遇到的相关问题，及时做好同工艺项目建设部项目组、项目集成商的沟通与联系
3	检查、监督工艺施工现场管理制度的执行	工艺项目群管理办公室、工艺项目建设部	质量控制部、工艺项目建设部项目组、项目集成商	检查、监督工艺施工现场管理制度的执行情况，及时纠正违反工艺施工现场管理制度的行为
4	根据工艺施工规范进行工艺技术系统施工现场管理	工艺项目群管理办公室、工艺项目建设部	质量控制部、工艺项目建设部项目组、项目集成商	协助工艺项目建设部项目组，按照工艺实施规范进行系统施工现场管理，及时纠正违反施工规范的行为
5	监督工艺施工现场的成品保护	工艺项目群管理办公室、工艺项目建设部	质量控制部、工艺项目建设部项目组、项目集成商	监督工艺现场的成品，对有可能危害成品的行为及时制止。监督设备安全，如：防尘、防水、防火等事项 施工现场保护，如：地面、墙面保护等 收集汇总工艺施工现场破损成品相关信息
6	跟踪项目集成商施工现场状态、进度	工艺项目群管理办公室	质量控制部	跟踪现场状态、进度情况，按照实际工作需要，去现场进行实时实地拍照，并做好相应的现场状态和进度记录
7	收集、整理工艺施工状况的相关信息	工艺项目群管理办公室	质量控制部	收集、整理工艺施工状况相关信息，收集、汇总项目集成商工作日报
8	其他工艺施工的相关工作的适配及管理工作的配合	工艺项目群管理办公室	质量控制部	在必要时协助其他工艺施工的适配及管理工作
9	整理、汇总现场支持信息	工艺项目群管理办公室	质量控制部	整理、汇总全部现场支持信息
10	现场管理信息归档	工艺项目群管理办公室	质量控制部	现场管理信息归档（包括纸质版和电子版）

7.2 施工现场日常巡检工作流程

施工现场日常巡检工作流程图

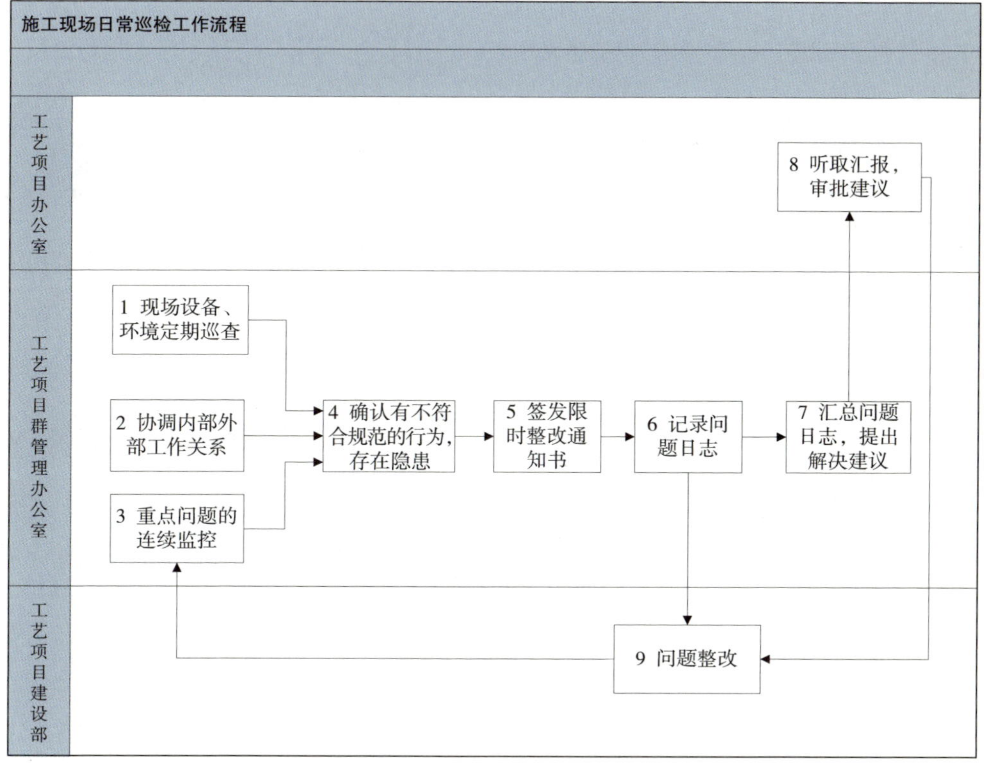

施工现场日常巡检工作流程描述

序号	工作任务	任务描述	负责部门	主要参与部门	采取措施
1	现场设备、环境安全定期巡查	安全员定期针对现场环境、通道、设备摆放的巡检	工艺项目群管理办公室	质量控制部、项目集成商	巡检记录
2	协调内部外部工作关系	协调现场内部和外部关系人的工作，做到规范统一	工艺项目群管理办公室	质量控制部、项目集成商	工作联系单
3	重点问题的连续监控	对于存在安全隐患或者重点项目，现场进行连续不离场监控	工艺项目群管理办公室	质量控制部、项目集成商	问题跟踪记录
4	确认有不符合规范的行为，存在隐患	通过检查，确认存在的隐患	工艺项目群管理办公室	质量控制部	限时整改通知书
5	签发限时整改通知书	对于不符合规范的项目集成商签发限时整改通知书	工艺项目群管理办公室	质量控制部、项目集成商	限时整改通知书
6	记录问题日志	对发现的问题同时进行记录，并后续跟踪	工艺项目群管理办公室	质量控制部	问题跟踪记录
7	汇总问题日志，提出解决建议	定期汇总工作内容，报告质量控制部负责人，并对重要问题，及时报告	工艺项目群管理办公室	质量控制部	现场周报
8	听取汇报，审批建议	听取工艺项目群管理办公室组的现场管理报告，并对出现的重大问题进行批示	工艺项目办公室、工艺项目群管理办公室	质量控制部	现场周报
9	问题整改	项目集成商负责对存在隐患的问题进行整改	项目集成商		巡检记录

7.3 工艺施工日志

工艺施工日志表样

工艺技术系统建设工程

工艺施工日志

（封面）

项 目 名 称：______________

工艺施工区域/机房：________________

工作时间	时　分至　时　分		
基础设施供应情况			
施工用电	正常		存在异常
照明	正常		存在异常
空调	正常		存在异常
水	正常		存在异常
消防设施	正常		存在异常
安保设施	正常		存在异常
施工垃圾处理	正常		存在异常
施工周边情况	正常		存在异常
建安现状	完好		有损坏
建安现状受损情况			
工艺成品状况	完好		有损坏
工艺成品受损情况			
施工情况：			
相关问题：			
记录人：	现场负责人：	日期：　年　月　日　星期	

第 XX 页　共 XX 页

工艺施工日志填写说明

工艺项目进入施工现场进行各项施工工作，相关项目的施工责任方（工艺项目建设部项目组／项目集成商）在整个施工期间应定期（每工作日）对每一个所负责机房/区域按照以下要求填写施工日志：

1. 项目名称：依据已确定的完整项目名称在封面填写；

2. 工艺施工区域/机房：遵循统一的区域/机房标识在封面填写本工艺项目建设部项目组／项目集成商工艺施工所在的工艺施工区域/机房；

3. 工作时间：工艺项目建设部项目组／项目集成商填写当日开始工作时间和结束工作时间，格式遵循24小时制，范围为当日00:00至23:59；

4. 基础设施供应情况：工艺项目建设部项目组／项目集成商针对区域/机房的各项基础设施（包括：施工用电，照明，空调，水，消防设施，安保设施，施工垃圾处理，施工周边情况）状况进行填写。如果相关基础设施状况存在异常，应在“7.相关问题记录”中进行详细说明。

5. 建安现状受损情况：工艺项目建设部项目组／项目集成商针对在区域/机房内所负责的建安现状进行状况检查，如有损坏填写相应的受损记录；

6. 工艺成品受损情况：工艺项目建设部项目组／项目集成商针对在区域/机房内所负责的工艺成品进行状况检查，如有损坏填写相应的受损记录；

7. 施工情况：工艺项目建设部项目组／项目集成商针对在区域/机房内所开展的工艺施工工作进行具体描述；

8. 相关问题：工艺项目建设部项目组／项目集成商应对在区域/机房内的各项工作（包括基础设施供应、工艺施工等）实施过程中出现的任何相关问题进行详细描述；

9. 记录人：填写此次施工日志的人员进行签字确认；

10. 现场负责人：区域/机房现场负责人对上述施工日志内容进行签字确认；

11. 日期：此次施工日志填写完成的日期。

8 系统上电管理流程

在系统施工完成系统的设备安装、缆线接驳等工作后，在进行系统调试前，系统的上电工作是一项重要工作，系统能否正常上电关系重大。为保证顺利、安全地进行系统施工的设备调试、系统联调等项工作，在上电实施过程中应遵循以下流程进行系统上电的管理，并严格遵守相关规范进行施工操作。

在系统上电前应完成的前期检查工作：

（1）接地系统；

（2）配电系统；

（3）设备/系统用电负荷；

（4）设备工作电压。

系统上电管理流程图

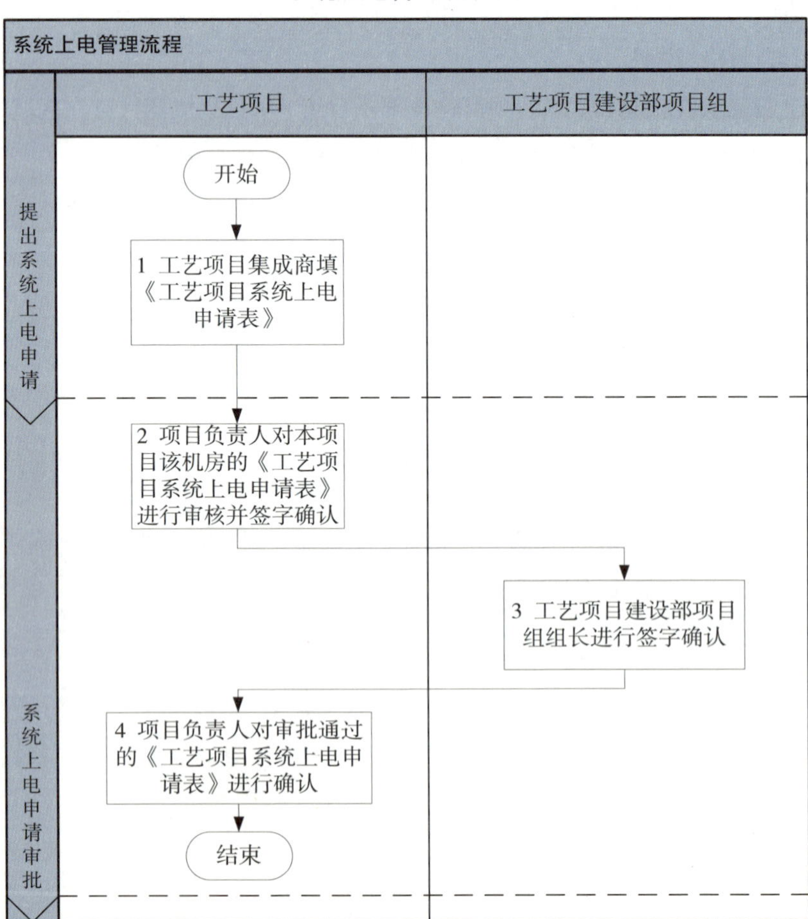

系统上电管理流程描述

提出系统上电申请

1. 工艺项目集成商填写《工艺项目系统上电申请表》(见附表)的相关内容;

系统上电申请审批

2. 工艺项目集成商将填写完成的《工艺项目系统上电申请表》提交本项目负责人审核签字确认;

3. 本项目负责人将《工艺项目系统上电申请表》提交工艺项目建设部项目组组长审核签字确认;

4. 本项目负责人将工艺项目建设部项目组组长审批完成的《工艺项目系统上电申请表》转交项目集成商进行确认。

附表:工艺项目系统上电申请表

工艺项目系统上电申请表

填报日期　　年　　月　　日　　　　　　No. ________

系统名称	
工艺区域/机房	
上游供电机房信息	房间号______________　联系电话________________
其他附属需求(如有)	
计划使用时间	年　月　日开始
上电前的检查	□ 接地系统　□ 配电系统 □ 设备/系统用电负荷　□ 设备工作电压
申请人	<签字> 年　月　日
项目负责人	<签字> 年　月　日
项目组组长	<签字> 年　月　日

附录一

RPM工具介绍

1. 什么是RPM

企业级项目管理平台（Rational Portfolio Manager），RPM是一个可伸缩的、功能强大的企业级项目管理解决方案。它集成了项目管理、流程管理和知识管理三方面能力，提供了一个可定制的企业级业务管理与分析平台。

对于领导层，RPM可以平衡项目组合并区分投资的优先级别，从而确保资源与企业战略目标保持一致，并把想法、提案发展为可测量的项目和项目组合。

对于项目群经理和项目经理，RPM可以基于准确的项目数据，做出及时的、准确的决策。平衡工作量，实现对资源的技能管理和利用。主动地管理项目风险和问题，保证时间和支出得到及时的跟踪，确保企业最佳项目管理实践经验不断重复地应用到每一个项目和项目管理过程。

对于项目团队成员，RPM可以知道哪些是关键任务，并对工作过程中出现的意外进行相应的计划、处理和跟踪。

2. RPM历史背景回顾

Systemcorp公司与PMI合作开发著名的项目和项目组合管理工具——PMOffice，这是业界第一个全面支持PMI PMBOK的项目管理工具。PMOffice不仅支持PMI的方法论，而且还支持ISO 9000、RUP、IBM WWPMM等标准。

在1999年，IBM项目管理评估专家组经过6个月慎重的考察与评估，最终选择了PMOffice作为其战略的、统一的项目管理工具。PMOffice融入了大量IBM的大型项目管理的需求、经验和技术。

2004年10月，IBM宣布收购 Systemcorp公司，PMOffice集成到了Rational产品线，并

更名为IBM Rational Portfolio Manager（RPM）。

3. RPM主要特点

（1）RPM支持完整的项目生命周期管理

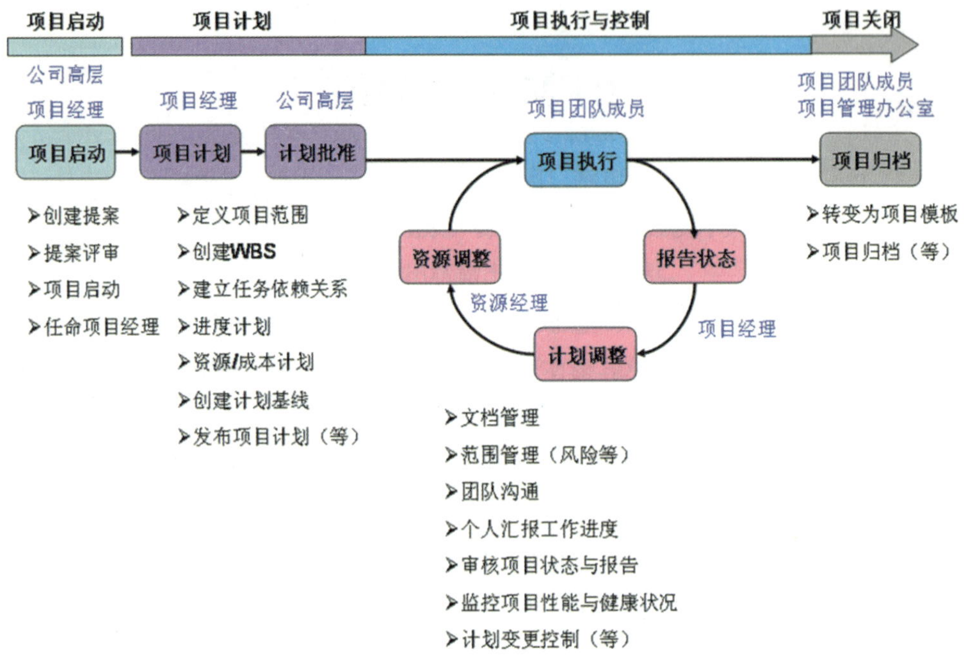

（2）RPM支持流程管理

RPM可以利用工作流固化项目管理流程，通过可视化、完备的流程设计，从而做到以下工作，并能够对相关流程进行统计分析和跟踪。

1）对流程角色以及数据访问权限进行清晰定义，每一类角色均可在立项流程中有不同的使用界面，不同角色可以访问不同的信息；

2）实现会签功能，并可以定义参与会签人的权重。定义会签结果自动流转规则，例如会签结果为通过的比率大于70%则流转到下一个流程阶段，如果不通过的比率大于40%则回到前一过程等；

3）实现工作清单检查，例如业务经理的立项申请提出必须要完成立项申请书等。

（3）RPM支持知识管理

将实际项目，特别是一些较成功的项目加以总结作为项目模板记入方法过程库。项目模板可以包括主要提交成果（文档等）、任务分解结构（WBS）、任务描述以及处理时长、任务参与人员以及人员技能要求、项目成本及费用科目、记分卡以及常见问题风险等；

可以不断根据新的情况对方法知识库进行更新。新的同类型项目可以基于模板直接完成项目诸多领域的规划和设置，从而实现基于方法过程知识库的可重用项目管理流程。

4. RPM的核心价值

确保项目与业务目标保持一致，使企业确保项目工作能够根据业务关键需求随需应变；

提升项目管理过程效率，使企业确保所有项目工作是由有效的、最优的项目管理过程所支撑；

保证资源持续高效地利用，使企业可以保证项目团队成员胜任项目工作、人尽其才。

附录二

电视工艺技术系统工艺施工规范

第一章　总　则

本规范是为保证电视中心工艺技术系统建设的工程施工质量，统一电视中心工艺技术系统工程施工规范。

本规范适用于电视中心工艺技术系统工程的建设施工。

电视中心工艺技术系统工程的建设施工应按照本规范的要求实施。对于本规范没有明确规定的特殊项目的工艺施工要求，由电视中心工艺技术系统工程建设主管单位与设计、施工单位共同商定后实施。

电视中心工艺技术系统工程的建设施工在按本规范执行过程中，如果与国家和行业现行有关标准、规范相悖，以国家和行业现行相关标准和规范为准。

第二章　机柜机架安装规范

机柜机架特指电视工艺技术系统用于安装摆放电视工艺设备的各类机柜、控制台、操作台、工作台、监视器架等，以下简称机柜。

2.1　施工基本要求

机柜施工必须依照设计图纸施工，设计图纸包括：机房布局图、机柜摆放图、机柜安装特殊要求、机柜内部安装要求及机柜接地图等。

2.2　机柜安装

2.2.1　机柜安装方式

电视工艺技术系统机房内固定使用的机柜采用底座方式与地面进行安装。

机柜的安装固定必须使用底座，不得直接放置在地板上。底座与机柜之间必须使用外部带有绝缘处理的螺栓做相互之间的紧固，既保证机柜与底座之间的绝缘，又保证相互之间的紧固。

对于下送风区分冷热通道制冷方式的机房，每个机柜应安装双侧板。

2.2.2 底座安装要求

底座与地面采用膨胀螺栓进行固定，膨胀螺栓规格应不小于M10×100mm。

螺栓的紧固必须使用弹簧垫片加平垫片，并压接稳固，不得松动。

底座的机柜安装平面应与机房静电地板平面一致，误差不大于2mm，底座的机柜安装平面应保持水平，水平误差不超过±1mm/1m，且不得有±2mm/2m以上的连续误差。

在进行膨胀螺栓安装打孔时，必须随时使用吸尘器清理施工粉尘，打孔施工作业完成后，施工现场不得遗留任何施工粉尘。

打孔前要对打孔位置进行检测，避免破坏建筑预埋件。

并排安装的底座相互之间要使用螺栓连接紧固。

底座与地面连接，使用垫片找平。

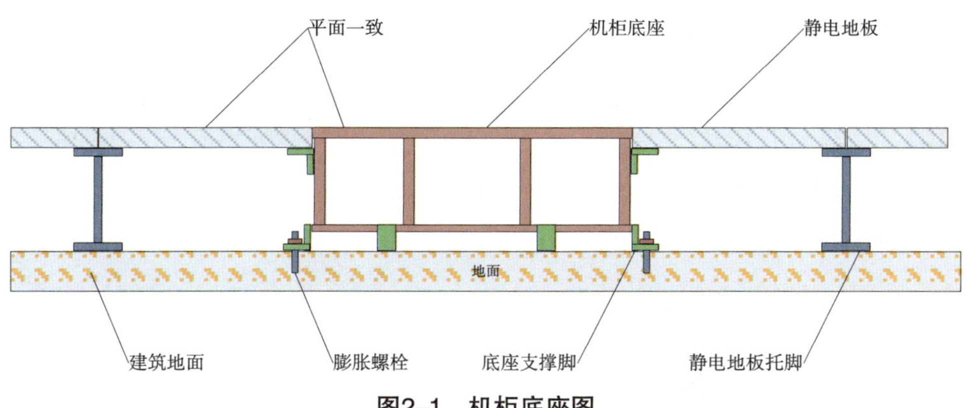

图2-1　机柜底座图

2.3　机柜安装要求

机柜安装应符合设计要求。

一列有多个机柜，先安装列头首机柜，然后依次安装其余各机柜，整列柜架容许总偏差3mm，机柜之间间隙均匀一致。安装机柜门要求位置正确，开启灵活。标志正确、清晰、齐全。

成排机柜连接时，必须逐个机柜进行水平及垂直调整，保证每个机柜的水平和垂直误差及整排机柜的水平和垂直误差在限定范围内。

操作台台面板应在一个平面上，接缝处应均匀平滑。

机柜上各种部件不得松脱或损坏，机柜表面保护完好，各种标志应正确、清晰、齐全。

机柜之间应使用螺栓进行连接和紧固，必须加装平垫片和弹簧垫片。

对于下送风区分冷热通道制冷装置的机房，机柜底部应采用底板封闭，走线孔应安装气流阻隔装置。

2.4 各类部件安装要求

机柜内部电源插板、电源接线排、绑线杆、理线架各项基础设施等必须按照设计要求进行安装。

各类部件安装必须牢固可靠，不得松脱。

2.5 机柜接地方式

机房内的机柜接地应按设计要求实施。

在机柜内必须保证大地与工艺地分开。

机柜下方与底座接触面铺垫5mm绝缘胶垫，绝缘垫阻值大于2兆欧保证机柜与建筑间的电气绝缘，机柜与底座之间的固定螺丝均加垫绝缘垫片及绝缘护套组件（详见附图）。

机柜与底座之间必须保持绝缘。

机柜的接地桩应与机柜内的设备接地铜排连接。

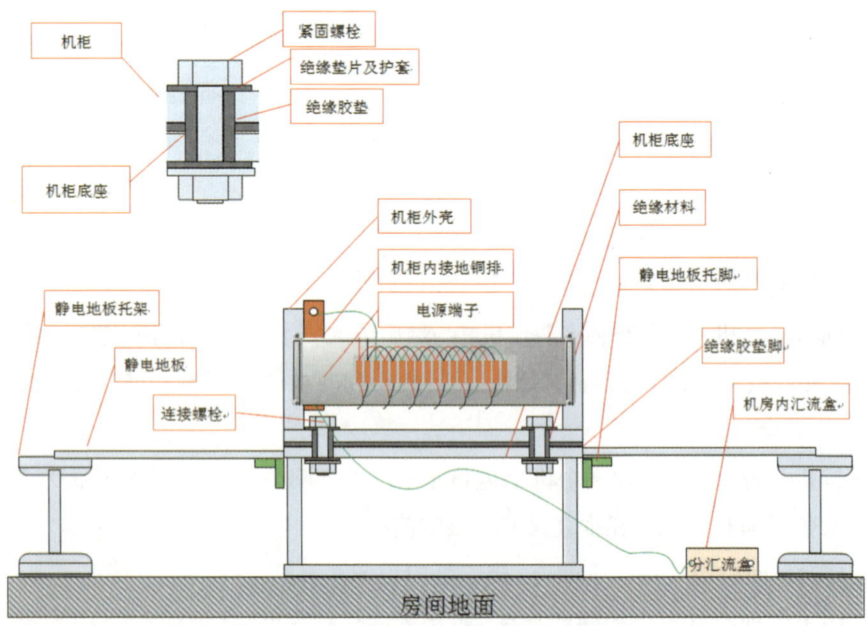

图2-2　不使用铜带的接地方式

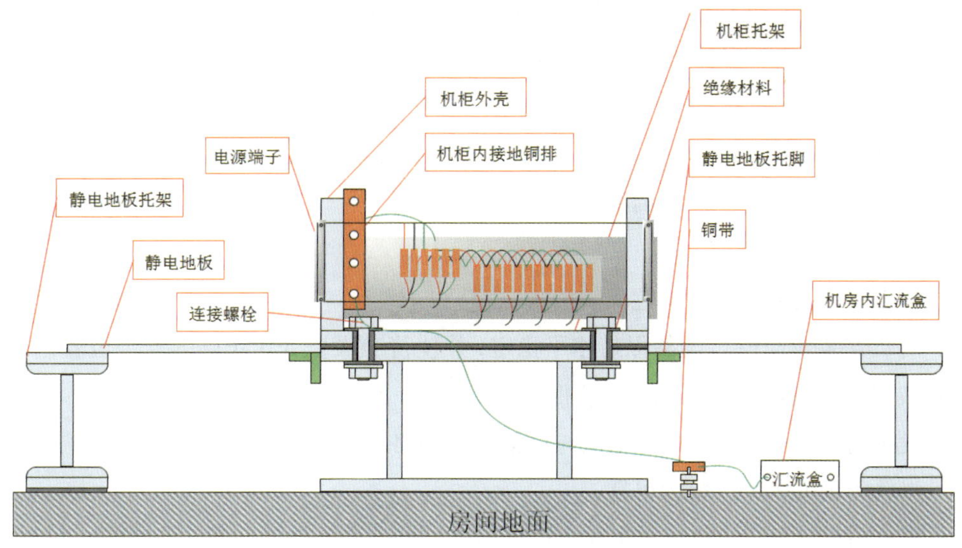

图2–3 使用铜带接地方式

第三章 设备安装规范

3.1 设备安装基本要求

设备安装必须依照设计图纸施工，设计图纸包括：机柜内设备布局图、设备清单、设备安装要求等。

设备安装前应按设备清单清点设备，核对设备安装方式及附件。

设备应在安装位置内居中放置，水平垂直偏差度不大于2mm。

在安装过程中，需注意设备保护，避免因安装施工造成设备损坏。

如无设备自备装饰钉或其他特别紧固方式要求，应采用螺栓、平垫片加弹簧垫片方式进行紧固。

设备安装应按照机柜基本安装单元对位进行安装。

安装设备时应自下而上按顺序安装。

3.2 设备安装

3.2.1 托架（托脚、托板）安装

应根据待装设备的位置安装托架。

安装完成的托架应使其所承托的设备保持水平并稳定。

托架的承载量应大于所承载设备的重量，并应配有10%以上的余量。

设备通过前面板两侧的固定孔或按设计要求的方式与机柜固定，并依靠托架承托设备重量。

托架安装位置不能影响到下方区域设备的安装。

3.2.2 滑轨安装方式

根据待装设备的安装位置安装滑轨。

滑轨安装应使待装设备保持水平稳定，并使待装设备处于正确的安装位置内居中安装，待装设备与滑轨连接后，应保持滑动顺畅，不得有阻涩。

设备通过前面板两侧的固定孔与机柜固定，并依靠滑轨承托设备的重量。

滑轨的锁紧机构应稳固可靠。

滑轨与设备之间的连接与装卸应顺畅。

IT类设备安装建议尽量采用原厂设备配套滑轨。

3.2.3 其他安装方式

采用其他安装方式，应按照具体的安装要求进行并保证待装设备的稳固可靠，符合设计要求。

未安装设备区域，应安装盲板。

3.2.4 非标准设备安装

非标准设备安装于标准19英寸安装工位时，必须通过专用安装附件转换成标准19英寸安装方式安装，原则上采用待安装设备的原厂安装附件。

3.2.5 超重设备安装

安装超重设备时，应严格按照设计图纸和设备安装手册施工。

3.3 设备接地

机柜安装的设备如有接地端子的需进行接地处理。将设备接地端子与机柜内的接地铜排采用截面积≥2.5mm^{2}带有黄绿绝缘皮的导线进行连接。

接地铜排接到机柜内的接地桩然后接至机房内的工艺地汇流端子盒。

设备端地线的端接，建议采用双螺丝固定，以确保接地安全可靠。

3.4 设备安装的检验标准

设备安装完毕后，垂直偏差度应不大于2mm。设备安装位置应符合设计要求。

设备外表面的各种零部件不得松脱或损坏，漆面无划伤。

设备的安装应牢固，如有抗震要求时，应按施工图的抗震设计进行加固。

第四章　视音频、控制缆线敷设规范

4.1　视音频、控制缆线敷设施工基本要求

视音频、控制缆线敷设必须依照设计图纸施工，设计图纸包括：机房平面图、设备布局图、视频系统图、音频系统图、通话系统图、tally系统图、控制系统图、同步系统图、时钟系统图、系统接线图、接线要求、缆线路由图和线表。并提供缆线、接插件的规格、型号、数量。

机柜下不得盘留过量余线。

强电缆线和弱电缆线不得顺行相邻布放。

缆线和接插件的型号、规格应与设计规定相符。

布放缆线应视情况留有余量。

缆线的布放应满足缆线生产厂家的技术要求。

缆线在源设备至目标设备之间必须连续，缆线中间不得因工艺施工设有接头，不得使用转接头。

架空布放缆线应采用缆线托架或缆线挂钩。

4.2　施工人员基本要求

所有施工的技术性工作必须由专门从事此类工作三年以上的技术工人完成。

如有特殊技术要求，应对参加工艺项目工程建设的工人先进行技术考核，经检查合格后方可参加工程建设工作。

4.3　视音频缆线、控制缆线敷设

4.3.1　跨机房缆线敷设

跨机房缆线的敷设应严格按照图纸中要求的路由，按指定的线槽、管孔、管井、线架施工。

布放缆线时应平稳、缓慢、匀速，不得过度拉伸缆线。

布放缆线时应保持缆线平顺，不得缠绕、打结、交织。

敷设缆线时禁止踩踏缆线或将其他设备压在缆线上。

布线过程中应注意缆线保护，避免缆线损伤。

布线路径要避开热源、水源及其他危害缆线安全的因素。

垂直线槽内10米、垂直线槽外3米的垂直缆线应在垂直缆线顶部安装支撑，缆线支撑不得造成缆线可见的变形。

不得利用设备的接口支撑垂直缆线。

不得使用黏性挂钩来固定扎线带。

缆线应根据类型分组捆扎。

扎线带的使用不得引起缆线明显的变形。

扎线带切口应平齐，不应有毛刺和尖角。

长线布放时应有适度余量，缆线在槽中应处于自然松弛状态。

4.3.2 机房内缆线敷设

不同排机柜之间的缆线必须按照机柜之间的缆线路由图敷设。

机房内缆线的敷设应严格按照图纸中要求的路由，按指定的线槽、线架施工。

布放缆线时应平稳、缓慢、匀速，不得过度拉伸缆线。

布放缆线时应保持缆线平顺，不得缠绕、打结、交织。

敷设缆线时禁止踩踏缆线或将其他设备压在缆线上。

布线过程中应注意缆线保护，避免缆线损伤。

布线路径要避开热源、水源及其他危害缆线安全的因素。

不得利用设备的接口支撑垂直缆线。

不得使用粘性挂钩来固定扎线带。

不得将扎线带固定在可移动设备上。

缆线应根据信号类型分组捆扎。

在绑结扎线带时，不应造成缆线变形。

扎线带切口应平齐，不应有毛刺和尖角。

4.3.3 机柜内部缆线敷设

机柜内缆线的敷设应遵循电源缆线与信号缆线分侧布放规则，避免电源对弱电信号的干扰。

视音频、控制缆线敷设时应顺直、无扭折，转弯均匀圆滑。

在敷设缆线时禁止踩踏缆线或将其他设备压在缆线上。

绑扎缆线时，应按缆线类型分别绑结。

在绑扎线带时，不应造成缆线变形，扎带间距应不大于20cm。

垂直方向的缆线应布放在机柜两侧，不得布放在设备的前后，缆线在到达所连接设备的位置后按水平方向引至设备端口，进线连接。

机柜内线缆绑扎时，必须使用走线杆或理线架等布线工具。走线杆、理线架到设备接口间的线缆应留有一定余量以便于线缆的插接操作。

系统间线缆的接入应设置接口板，通过接口板接入柜内。

视频接口板应使用BNC双通连接器进行连接。

音频接口板应使用XLR型卡侬座连接，输入信号应使用XLR-F型，输出信号应使用XLR-M型。

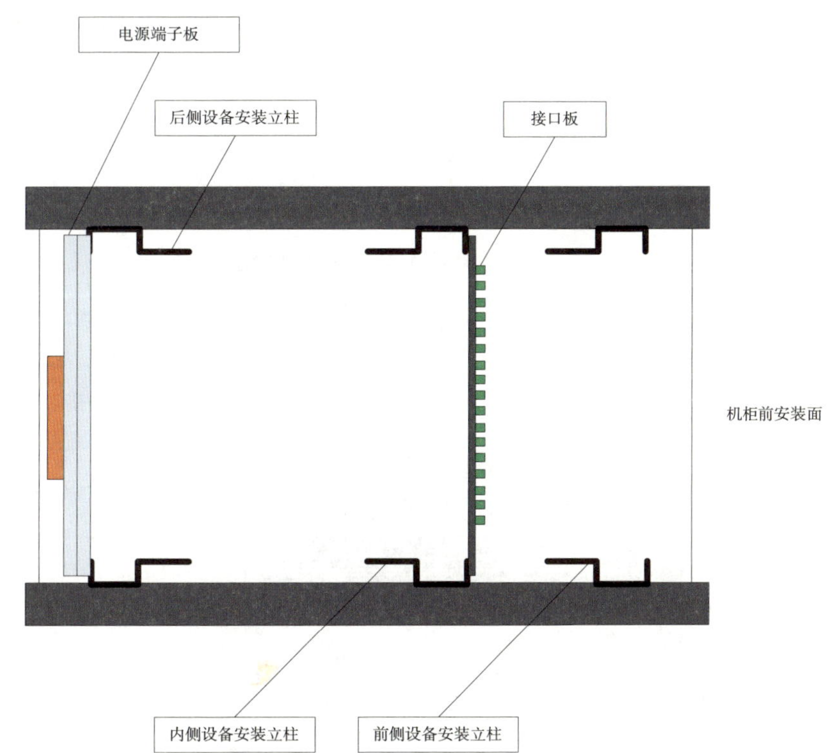

图4-1 机柜俯视图

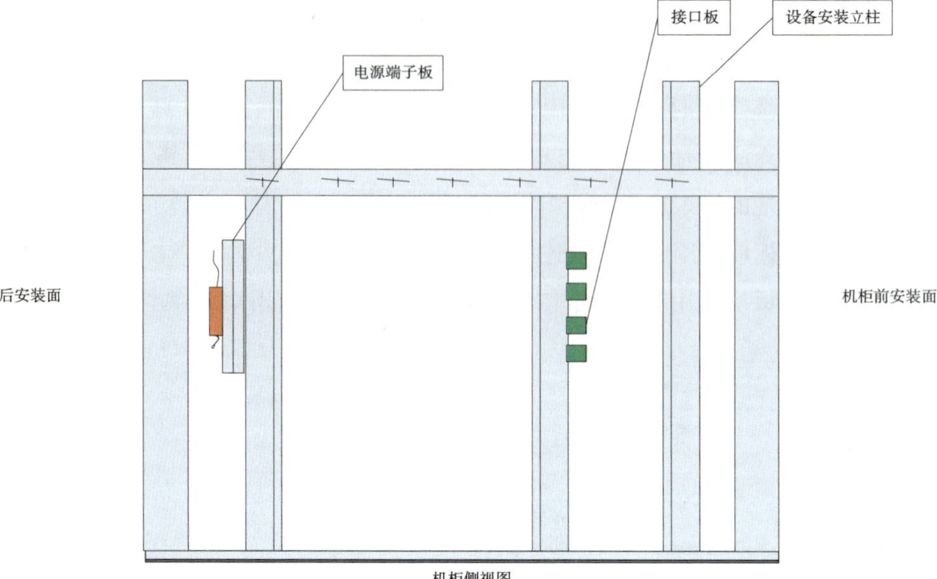

图4-2 机柜侧视图

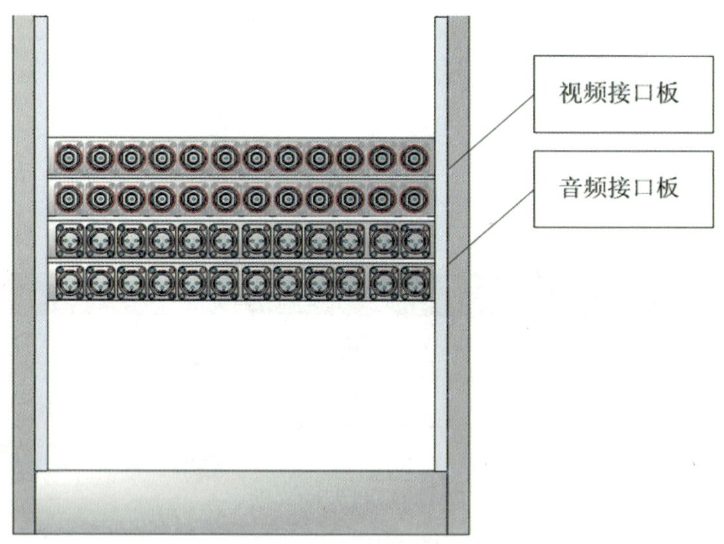

图4-3 接口板安装图

4.4 接插件制作

4.4.1 同轴电缆接插件制作

同轴电缆接插件制作应使用同轴电缆生产厂家指定的工具和接插件，具体操作规程参照工具和电缆生产厂家使用说明。

同轴电缆接插件的制作应严格按照相关厂家的工具和器材的使用说明进行。

同轴电缆接插件制作完毕后必须对全部缆线和接插件进行断路、短路测试及端口检验，并有完整的书面测试记录。

同轴电缆接插件制作完毕后必须对缆线进行抽测，对缆线与接插件压接的牢固程度进行检验。

4.4.2 压接方式接插件制作

采用压接方式进行电缆接插件制作应使用电缆生产厂家指定的配套工具和接插件，具体操作规程参照工具和接插件生产厂家使用说明。

电缆接插件制作应严格按照相关厂家的工具和器材的使用说明进行。

电缆接插件制作完毕后必须对全部缆线和接插件进行断路、短路测试及端口检验，并有完整的测试记录。

电缆接插件制作完毕后必须对缆线进行抽测，对缆线与接插件压接的牢固程度进行检验。

4.4.3 焊接方式接插件制作

焊接前应对接插件焊接端子和缆线做镀锡预处理。

焊接应使用内含松香的锡/铅比为60/40的焊料。

不得使用除松香以外的任何助焊剂。

焊接处必须使用与缆线规格相应的热缩管套接，防止芯线裸露。

焊点要求圆滑饱满，不得虚焊、漏焊。

缆线外层绝缘保护层不得因焊接受损。

焊接制作完毕后必须对全部缆线和接插件进行断路、短路测试及端口检验，并有完整的书面测试记录。

焊接制作完成后需对缆线进行抽测，检查焊接质量。

需铰接后进行焊接的缆线应按设计要求进行焊接。

XLR、RCA接插件，以及9芯以下或长度超过两米以上的一般控制线/信号缆线采用现场焊接方式，传输速率超过100M/s以上的线缆、D50，D25等多芯控制线需要购买

专业厂家的成品缆线。(如有特殊要求的制作规格集成商应在施工图中明确要求)

第五章　网络布线规范(铜缆、光缆)

5.1　网络布线施工基本要求

网络布线原则上应遵循《GBT/T 50312-2007建筑与建筑群综合布线系统工程验收规范》。

网络缆线敷设必须依照设计图纸施工，设计图纸包括：机房平面图、设备布局图、网络缆线线路图、缆线路由图和线表等。并提供缆线，接插件的规格、型号、数量。

网络缆线敷设时应顺直、无扭折，转弯均匀圆滑。

在敷设缆线时禁止踩踏缆线或将其他设备压在缆线上。

网络缆线施工应按照图纸要求施工。

强弱电缆线不得顺行相邻布放。

缆线的型号、规格应与设计规定相符。

布放缆线应视情况留有余量。

缆线的布放应满足缆线生产厂家的技术要求。

缆线在源设备至目标设备之间必须连续，缆线中间不得因工艺施工设有接头，不得使用转接头。

架空布放缆线应采用缆线托架或缆线挂钩。

光缆接头和接口模块必须安装有除尘帽，严禁裸露放置。

5.2　网络缆线的布放

网络缆线的布放应遵循《GBT/T 50312-2007建筑与建筑群综合布线系统工程验收规范》。

5.3　网络缆线接插件的制作

网络缆线接插件的制作应遵循《GBT/T 50312-2007建筑与建筑群综合布线系统工程验收规范》，六类网线应使用原厂跳线或网络配线架方式。

第六章 电源缆线施工规范

6.1 电源缆线施工基本要求

电源缆线敷设应符合《建筑电气工程施工质量验收规范》GB50303-2002的规定。

电源缆线敷设必须依照设计图纸施工，设计图纸包括：机房平面图、设备摆放图、供配电系统图、电源缆线路由图。

电源缆线施工应符合电视工艺机房有关配电的管理规定。

强弱电缆线不得顺行相邻布放，如必须相邻平行布放，两者间距离应不小于300毫米。

从事电源缆线施工的工人必须持有国家有关部门颁发的电工职业资格证书，并从事该项工作三年以上。

6.2 电源缆线的敷设

电源缆线的敷设应严格按照图纸中要求的路由，按指定的线槽、线架施工。

布放缆线时应平稳、缓慢、匀速，不得过度拉伸缆线。

布放缆线时应保持缆线平顺，不得缠绕、打结、交织。

在敷设缆线时禁止踩踏缆线或将其他设备压在缆线上。

布线过程中应注意缆线保护，避免缆线损伤。

布线路径要避开热源、水源及其他危害缆线安全的因素。

不得利用设备的接口支撑垂直缆线。

不得使用黏性挂钩来固定扎线带。

不得将扎线带固定在可移动设备上。

在绑结扎线带时，不应造成缆线变形。

扎线带切口应平齐，不应有毛刺和尖角。

所敷缆线应按不同供电级别、供电电压、交流、直流等分类成束绑扎。

电源线在线槽内有一定余量，不得有接头。应按回路编号分段绑扎，绑扎点间距不应大于2m。

6.3 电源缆线的端接

电源缆线的端接应采用端子排方式连接电源缆线。

截面积在10mm^{2}及以下的单股铜芯线直接与设备、器具的端子连接。

截面积在2.5mm^{2}及以下的多股铜芯线拧紧搪锡或压接端子后与设备、器具的端子连接。

截面积大于2.5mm^{2}的多股铜芯线，除设备自带插接式端子外，应压接端子后再与设备或器具的端子连接。多股铜芯线在压接端子前，多股铜芯线端部应拧紧搪锡。

每个设备和器具的端子接线不多于2根电线。

端接时要保持绝缘保护罩完好，并完全罩住电源端子处金属部分。

电源缆线端子与接线排、端子板、接线端子的连接应牢固可靠，接触良好。

6.4 设备电源线的端接

安装于机柜机架上的设备电源线应使用电源接线排端接。

接线端子上的接地端应连接至机柜内接地铜排。

显示器、监视器可使用电源插座方式进行电源线的连接。

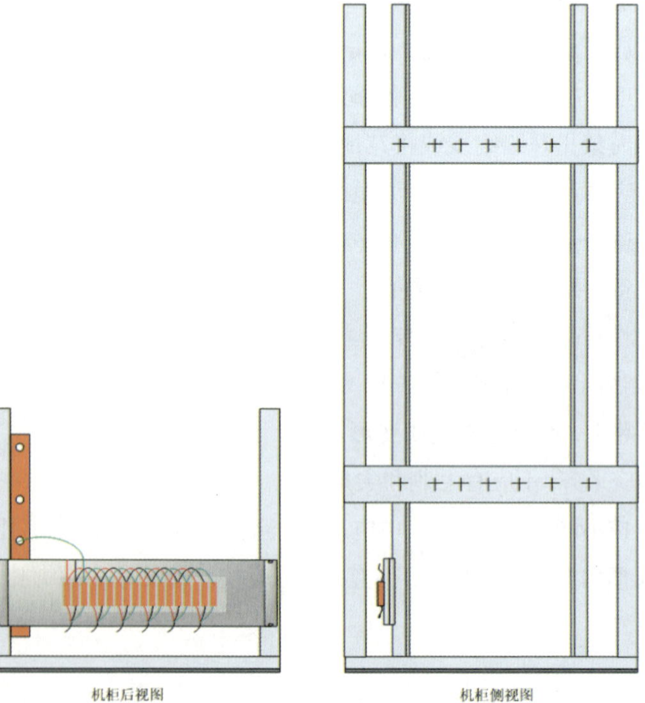

图6–1 机柜电源接线排安装位置图

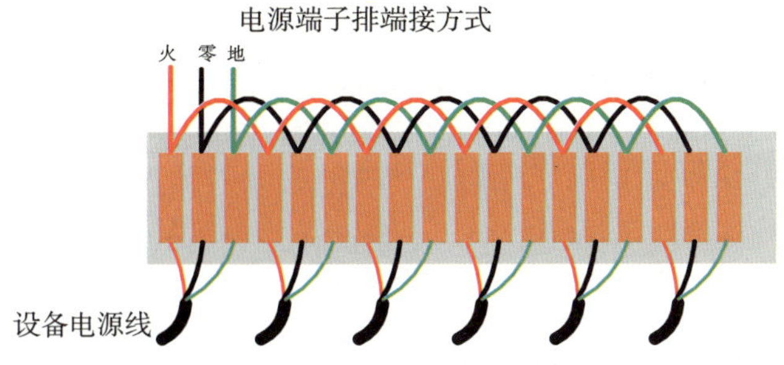

图6–2 电源端子排跳接图

6.5 电源缆线敷设施工检验

电源缆线敷设施工完毕后应对所有电源插座和接线排的电压、线序、绝缘等指标进行检测，检测数据应符合《建筑电气工程施工质量验收规范》GB50303–2002的规定和设计要求，并有完整的书面检测记录。

第七章 接地工程施工规范

7.1 接地工程施工的基本要求

接地工程施工工艺应符合《电气装置安装工程接地装置施工及验收规范》GB50169–2006中的规定。

接地工程施工必须依照设计图纸施工，设计图纸包括：机房平面图、设备摆放图、接地系统图、接地缆线路由图及接地施工要求等。

接地工程施工工人必须持有国家有关部门颁发的电工职业资格证书，并从事该项工作三年以上。

对于集成商有特殊要求的，按集成商施工规范实施，但应严格隔离工艺地与建筑地，不得双向接地。

7.2 接地工程施工

接地工程施工包括缆线敷设和缆线端接。

7.3 接地缆线的敷设

接地缆线的敷设应严格按照图纸中要求的路由，按指定的线槽、线架施工。

布放缆线时应平稳、缓慢、匀速，不得过度拉伸缆线。

布放缆线时应保持缆线平顺，不得缠绕、打结、交织。

布线过程中应注意缆线保护，避免缆线损伤。

布线路径要避开热源、水源及其他危害缆线安全的因素。

7.4 接地缆线的端接

接地缆线的端接应符合以下要求：

截面积在10mm²及以下的单股铜芯线线直接与设备、器具的端子连接；

截面积在2.5mm²及以下的多股铜芯线拧紧搪锡或接续端子后与设备、器具的端子连接；

截面积大于2.5mm²的多股铜芯线，除设备自带插接式端子外，接续端子后与设备或器具的端子连接；多股铜芯线与插接式端子连接前，端部拧紧搪锡；

端接时要保证绝缘保护罩完好，并完全罩住电源端子处金属部分。

接地缆线端子与汇流排、接地端子的连接应牢固可靠，接触良好。

接地线施工完毕后，必须测量接地电阻，接地电阻不大于设计要求（一般为≤0.1Ω），设备末端接地电阻小于1Ω。

从楼层等电位接地端子板引出的接地支线应采用截面积不小于75mm²的多股阻燃屏蔽绝缘铜缆，沿工艺桥架引至工艺机房接地汇流盒内，始端屏蔽层应接保护地。

机房内各机柜至本机房等电位接地汇流盒应采用截面积不小于10mm²的多股绝缘护套铜线，各机柜应单独引工艺地线，禁止各机柜串联接地。

机房等电位接地汇流盒每个端子对应一条接线。

机房等电位接地汇流盒至各机柜应使用相同长度线连接。

第八章　标注规范

8.1 缆线类型的标识

缆线类型的标识用缆线颜色区分。

视频缆线：

高清：黑色

标清：蓝色

模拟同步：红色

音频缆线：

数字音频：绿

模拟音频：灰

网络缆线：

CAT5e：灰色

CAT6：白色

8.2 机柜（机柜、机架、控制台、操作台、工作台等）标注

机柜的标注总原则为：排列顺序面向机柜正面自上向下，从左向右，由东向西，自南向北排序。

8.2.1 机柜标注

机柜标注按独立机房分别标注。（规定所有机柜，由东到西，由南向北。先行后列，规定首位及排布顺序，设备位自上向下，插板位自上而下，从左向右。类似01-10，表示设备从1RU到10RU。）

机柜标注：Rxx-yy

R：机柜

xx：机柜行号

yy：机柜列号

标注牌应位于机柜正面最高处中央位置。

8.2.2 控制台标注

控制台标注按独立机房分别标注。

控制台标注：XC-yy-zz （Cxx-yy类似于机柜编号，按物理位置分）

XC：控制台

VC：视频控制台

AC：音频控制台

LC：灯光控制台

yy：控制台排号

zz：控制台节号

标注牌应位于操作台背面框架最高处的左侧。

8.2.3 监视器架标注

监视器架标注按独立机房分别标注。（按单元，从左到右，从上到下）

监视器架标注：M-xx-yy

M：监视器架

xx：监视器排号

yy：本排监视器架节号

编号牌应位于监视器架背面最左侧。

8.2.4 电源柜标注

8.2.4.1机房内已有电源柜的标注

机房内已有电源柜的标注直接引用建筑图纸电源柜编号。

8.2.4.2工艺技术系统新增电源柜的标注

工艺系统新增电源柜按独立机房分别标注。

新增电源柜标注：

工艺电源柜标注：GYPR-xx

GYPR：工艺电源柜

xx：编号

UPS电源柜标注：GYUPS-xx

GYUPS：工艺UPS配电柜

xx：编号

标注牌应位于配电柜正面顶端的中央。

8.3 视音频、控制缆线标注

视音频、控制缆线标注：AAAA-BBBBB-CCCC-DDDD

AAAA：机房编号（按建筑图纸编号执行，跨机房缆线标注此项）

BBBBB：机柜机架编号（参照本规范执行）

CCCC：系统图上的设备名称代码及序号（位数视具体情况而定）

DDDD：系统图上的设备端口代码及序号（位数视具体情况而定）

8.4 网线及光缆标注

网络缆线的标注应遵循《GBT/T 50312-2000建筑与建筑群综合布线系统工程验收规范》。

8.5 电源缆线标注

电源缆线标注： BBBBB-CCCC-DDDD

BBBBB：电源柜或机柜机架编号（参照本规范执行）

CCCC：电源柜内空气开关或机柜机架内电源接线排编码（位数视具体情况而定）

DDDD：电源柜内空气开关序号或机柜机架内电源接线排上的接线端子序号（位数视具体情况而定）

8.6 缆线标注表示方式

缆线两端必须同时标注本端信息和对端信息。

本端信息使用黑色标注，对端信息使用红色标注。

8.7 线表

要求集成商编制并提供Microsoft Excel格式的详细线表。

系统线表模板如下。

序号	始端						线长	对端					
	机房编号	机柜编号	设备代码	端口代码	缆线类型	接插件类型		机房编号	机柜编号	设备代码	端口代码	缆线类型	接插件类型
1													
2													
3													
4													
5													
6													

第九章 参考标准

9.1 国家标准

序号	标准号	标准名称
1	GB/T 12365-1990	广播电视短程光缆传输技术参数
2	GB/T 17953-2000	4:2:2数字分量图像信号的接口
3	GB/T 18472-2001	数字编码彩色电视用测试信号
4	GB50311-2007	综合布线系统工程设计规范代替
5	GB/T 50312—2007	建筑与建筑群综合布线系统工程施工与验收规范
6	GB/T 7400.11-1999	数字电视术语

9.2 行业标准

序号	标准号	标准名称
1	GY/T 27–1984	电视视频通道测试仪器的配置及其技术要求
2	GY/T 110–1992	广播用图像监视器技术要求
3	GY/T 134–1998	数字电视图像质量主观评价方法
4	GY/T 155–2000	高清晰度电视节目制作及交换用视频参数值
5	GY/T 156–2000	演播室数字音频参数
6	GY/T 157–2000	演播室高清晰度电视数字视频信号接口
7	GY/T 158–2000	演播室数字音频信号接口
8	GY/T 159–2000	4:4:4数字分量视频信号接口
9	GY/T 160–2000	数字分量演播室接口中的附属数据信号格式
10	GY/T 162–2000	高清晰度电视串行接口中作为附属数据信号的24比特数字音频格式
12	GY/T 164–2000	演播室串行数字光纤传输系统
13	GY/T 167–2000	数字分量演播室的同步基准信号
14	GY/T 187–2002	多通路音频数字串行接口
15	GY/T 192–2003	数字音频设备的满度电平
16	GY/T 193–2003	数字音频系统同步
17	GY/T 165	电视中心播控系统数字播出通路技术指标和测量方法
18	GY/T 212–2005	标准清晰度数字电视编码器、解码器技术要求和测量方法
19	GY/T 224–2007	数字视频、数字音频电缆技术要求和测量方法

9.3 其他相关国际标准

序号	标准号	标准名称
1	ISO/IEC17799	关于ClassE 六类布线的最新要求
2	EN50173	有关标准
3	CCITT	接地规范
4	BS743	

9.4 国家规范

序号	标准号	标准名称
1	GB/T 14857-1993	演播室数字电视编码参数规范
2	GB/T 14919-1994	数字声音信号源编码技术规范
3	GY/T 202.1-2004	广播电视音像资料编目规范 第1部分：电视资料

9.5 行业规范

序号	标准号	标准名称
1	GY/Z 174-2001	数字电视广播业务信息规范
2	GY/T 165-2000	电视中心播控系统数字播出通路技术指标和测量方法
3	GY/T 161-2000	数字电视附属数据空间内数字音频和辅助数据的传输规范

附录三

工艺技术系统软件版本管理办法

第一章　总　则

第一条　为规范电视工艺技术系统建设工程工艺技术系统的软件使用，须对有关软件的版本进行管理，特制定本管理办法。

第二条　本管理办法适用范围：电视工艺技术系统建设工程的工艺技术系统建设工作。

第三条　本管理办法所约定的软件版本管理是指工艺技术系统建设中对软件版本所进行的一系列管理活动。

第四条　本管理办法所指的电视工艺技术系统建设是指工艺技术系统从设备安装、系统调试、试运行直至正式运行开始的全过程。

第五条　本管理办法中所指的软件是指各类系统软件（成品软件）以及为此项目定制开发的各种应用系统软件（开发软件）。

第六条　软件版本管理遵循的基本原则：

（一）规范性原则：保证工艺技术系统建设过程在软件版本管理的支持下有效、规范地进行。

（二）一致性原则：保证软件版本在工艺技术系统建设过程中始终保持一致性。

（三）专人管理原则：软件版本管理应在工艺技术系统建设工作各环节中指定专门管理人员，并明确管理人员的职、权、责。

（四）监督检查原则：在软件版本管理过程中，建立相应的监督检查机制。

（五）审核原则：软件进入系统前，软件版本须经过工艺项目建设部项目组和工艺项目办公室的审核。

第七条　工艺项目建设部项目组在系统联调开始前须向工艺项目群管理办公室质量控制部提交：

（一）与系统联调相关的应用系统软件的可安装版本的副本介质及版本说明文档。版本说明文档须明确说明相关软件的版本信息、安装配置信息及其他相关信息。

（二）与系统联调相关的系统软件的配置说明。即须明确说明相关系统软件的版本信息、安装配置信息及其他相关信息。

第八条 以上第七条所述工作的完成作为工艺技术系统软件版本管理的初始基线，并以此开始实施版本管理工作。

第九条 系统完成联调、测试，在投入试运行前，工艺项目建设部项目组应提供全部相关应用系统软件的最终介质及版本说明文档，以及相关系统软件的最终配置说明（要求同第七条），以此共同作为工艺技术系统建设软件版本管理工作的结束，并据此开始实施工艺技术系统的试运行。

第二章 组织与管理

第十条 软件版本管理的人员包括：各项目软件版本管理负责人（由工艺项目建设部各项目组指定）、项目组负责人、工艺项目办公室相关人员等。

第十一条 各项目软件版本管理负责人主要负责本项目的软件版本管理工作，提交本项目软件版本变更申请、组织实施软件版本变更工作及相关的调试工作。

工艺项目建设部项目组负责人主要负责审核项目软件版本管理负责人提交的软件版本变更申请，提出软件版本变更意见，并上报工艺项目办公室申请软件版本变更。

工艺项目办公室根据项目负责人提交的软件版本变更意见确定软件版本变更的实施。

第三章 版本管理流程

第十二条 当项目软件版本要进行变更时，项目软件版本管理负责人填写并向工艺项目建设部项目组负责人提交软件版本变更申请表。（申请表参见附件一）

第十三条 工艺项目建设部项目组负责人对该申请进行审核并提出审核意见。审核通过的，由项目组上报工艺项目办公室申请实施软件版本变更。

第十四条 工艺项目办公室根据工艺项目建设部项目组提交的软件版本变更申请表确定软件版本变更的实施。

第十五条 如工艺项目办公室确定可实施版本变更，则由工艺项目群管理办公室质量控制部通知申请版本变更的工艺项目建设部项目组可以开始实施软件版本变更，并向工艺项目办公室所属各部门发布该软件版本变更通知。

第十六条 申请软件版本变更的工艺项目建设部项目组根据工艺项目群管理办公室质量控制部的通知，开始实施有关的软件版本变更。

第十七条 其他相关工艺项目建设部项目组应根据工艺项目群管理办公室质量控制部发布的软件版本变更通知进行相关调整工作。

第十八条 在软件版本变更完成后，由相应的项目软件版本管理负责人通知工艺项目群管理办公室质量控制部软件版本变更完成。工艺项目群管理办公室质量控制部向工艺项目办公室所属各部门发布该软件版本变更工作完成通告。

第四章 附 则

本办法由工艺项目办公室负责解释。

附件1：

软件版本变更申请表

编号：__________　　　　　　　　　　　　日期：　　年　月　日

<table>
<tr><td colspan="4">基本信息</td></tr>
<tr><td>项目组</td><td></td><td>项目名称</td><td></td></tr>
<tr><td>项目组负责人</td><td></td><td>项目负责人</td><td></td></tr>
<tr><td>软件名称</td><td></td><td>属性（选择其一）</td><td>[ ] 成品软件
[ ] 开发软件</td></tr>
<tr><td>原版本号</td><td></td><td>变更后版本号</td><td></td></tr>
<tr><td colspan="4">版本变更信息</td></tr>
<tr><td colspan="4">版本变更内容：（可用附件加以说明）

预计变更的实施时间：

关联影响：
[ ] 不影响到关联系统
[ ] 影响关联系统（如影响，请详细说明）</td></tr>
<tr><td>项目软件版本
管理负责人</td><td colspan="3">签名：　　　　年　月　日</td></tr>
<tr><td>工艺项目建设部
项目组负责人</td><td colspan="3">签名：　　　　年　月　日</td></tr>
<tr><td>工艺项目办公室</td><td colspan="3">签名：　　　　年　月　日</td></tr>
<tr><td colspan="4">备注：</td></tr>
</table>

软件版本变更申请表使用说明：

1. 工艺技术系统各项目凡需要进行软件版本变更，须填写《软件版本变更申请表》（以下简称申请表）提出申请。

2. 申请表中的“编号”栏位由工艺项目群管理办公室质量控制部负责填写。

3. 各项目须在申请表“日期”栏位中填写提交此次变更申请的日期。

4. 申请表中“基本信息”各项应全部详细填写，不要使用简称。

5. 申请表中“版本变更信息”中：

（1）“版本变更内容”：须详细说明软件版本变更的原因，变更后的效果以及对本项目的影响等相关信息。如必要可使用附件加以详细说明。

（2）“预计变更的实施时间”：须填写拟实施此次软件版本变更的时间。此时间的确定应预留出各级审批及相关环节的准备时间。

（3）“关联影响”：如拟申请实施的软件版本变更对与本项目相关联的其他项目（系统）会产生影响，须详细说明受影响的项目（系统）名称及所受影响的具体情况。

6. 申请表中“项目组负责人”栏位由工艺项目建设部项目组负责人填写，应明确提出可实施变更及报工艺项目办公室审批的意见。

附件2：

软件版本变更管理流程图

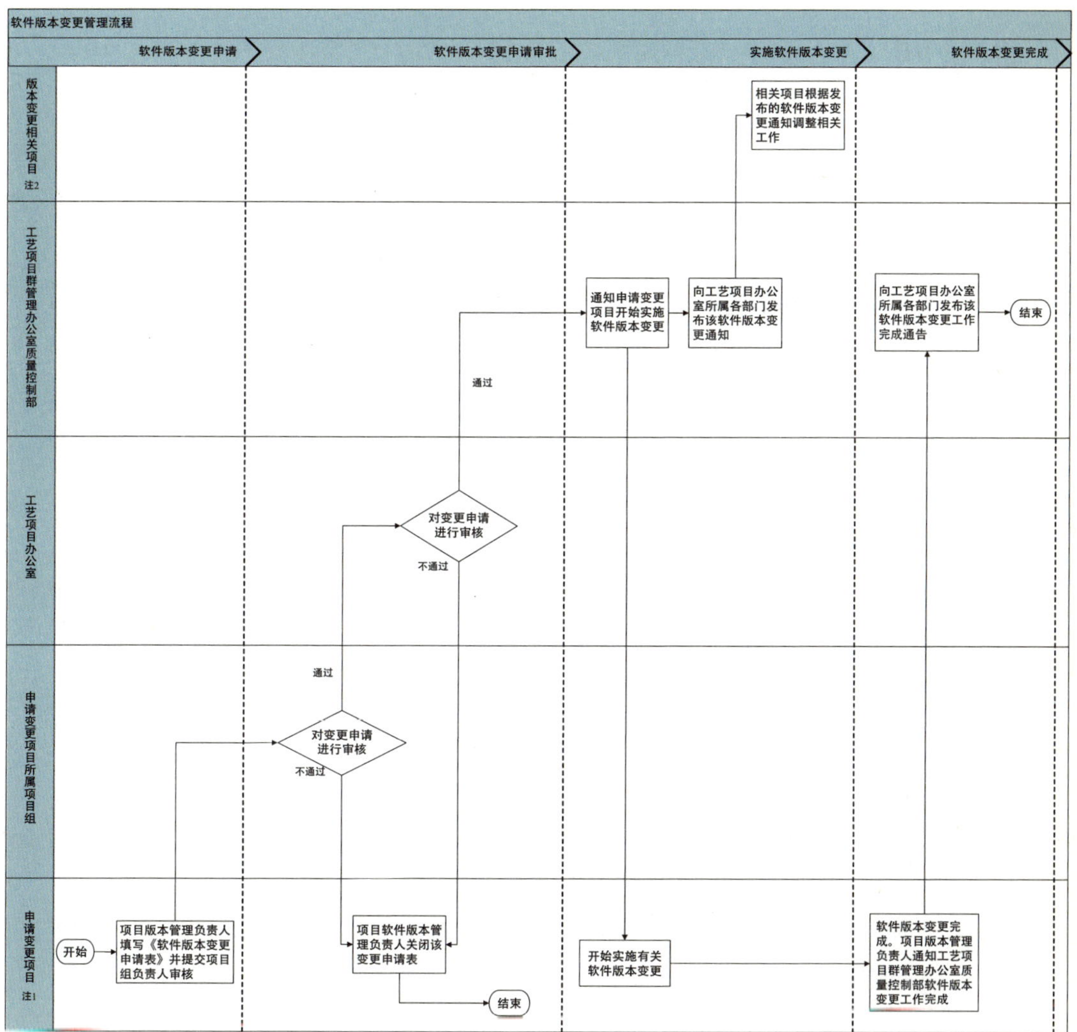

说明：

注1：“申请变更项目”——指版本发生变更的软件所在的工艺系统建设项目，通常是电视工艺技术系统中的一个具体的业务应用系统；

注2：“版本变更相关项目”——指与除版本发生变更的软件所在的业务应用系统以外的与版本发生变更的软件有关联关系的其他工艺系统建设项目（业务应用系统）。

附录四

术语解释

◎质量管理：Quality Management，质量管理应确保项目可以满足既定的目标。QA，Quality Assurance，质量保证，即所有计划的、系统的以及必要的行动都已经实施或展现，这将提供一个适当水平的信心，从而表明一个产品或服务可以满足既定的质量要求。（ISO 8402）；QC，Quality Control，质量控制，即可操作的技术和活动，用来满足质量要求，它们旨在对质量管理的各阶段进行过程监控以及消除表现欠佳的原因，以取得经济效果。（ISO 8402）

◎质量管理计划：Quality Management Plan，说明项目管理团队将如何实施项目、实施组织的质量方针。质量管理计划是项目管理计划的组成部分或分计划。质量管理计划可以是正式的或非正式的，极为详细或非常概括的，具体视项目的需要而定。（PMI 2004）

◎项目干系人：stakeholder，是指参加项目活动或对项目活动产生影响的个人或组织。

◎沟通管理：Communications management，确保及时和适当地收集、生成、传播、储存和处置项目的信息。为实现项目成功提供必要的人员、想法和信息之间的联系。

◎变更管理：Change Management，是对变更请求的处理，直到其完成。变更管理的执行可能会改变现有的基线。变更请求是在项目变更控制下请求对项目某方面或一些文档进行变更。一个被接受的请求可能产生一个或多个变更单。批准或拒绝变更请求是由相关干系人组成正式组织负责的，通常称为变更控制委员会（Change Control Board，CCB）。

◎风险管理：Risk Management，是关注项目风险的识别、分析和应对的过程。风险，是一个可能发生的事件或未来的形式，并将可能对项目产生不利的影响。风险的响应是处理已识别风险的一种方法。通常有五种类型的响应：接受，风险转移，使用保险，使用风险准备金以及风险遏制（包括风险规避和风险应急计划）。

◎项目成功的七个关键领域：Seven Keys to success ™，它是一个框架，是衡量项目健康的重要准绳。它是对一个项目在任何阶段健康状况的各个方面进行评估的方法，使得能够更好地建立和协调与客户和合作伙伴之间的沟通。它适合任何类型的项目，包括大型、复杂的项目。

◎交付成果管理：Deliverables management，是对交付成果整个生命周期进行管理，从定义到接受。交付成果是根据一个合同必须交付的工作成果。如果一个工作成果没有在合同中明确定义，则它就不是交付成果，而仅仅是一个工作的成果。

◎跟踪与控制：Tracking and control，项目跟踪需要收集和验证相关数据，以决定该项目是否按计划进行；项目控制是需要定义和执行恰当的行动，以确保项目的成功。为了获取有效的数据从而进行决策和执行正确的行动，项目过程中需要通过行之有效的方法、流程和工具进行各种信息、数据以及状态的收集、汇总和分析。

附录五

参考文献

1. PMI《项目管理知识体系指南》第四版（Project Management Body of Knowledge，PMBOK）

2. Carayannis，Kwak and Anbari “The Story of Managing Project” Chaptor 2

3. Jack R.Meredith，Samual J.mantel Jr.《项目管理：管理新视角》第七版

后 记

电视工艺技术系统的建设是一个复杂的项目实施过程，项目建设的成功与否不但体现在技术上更体现在项目过程的管理上。

在电视工艺技术系统的建设过程中实施专业的项目管理在我国还是一个新的探索。但就在为数不多的几次实践过程中，项目管理都对项目建设的成功发挥了重要作用。

从2004年在第一个全面的媒体资产管理系统的建设项目中首次引用项目管理理念对项目建设实施项目管理，到2009年在一个大型电视中心工艺技术系统的项目建设中实施全面的项目管理，我国广播电视工艺技术系统建设的项目管理从无到有，走过了一条曲折的发展道路。虽然在这一过程中经历了许多疑惑，但相关的管理团队从学习理解项目管理理论、掌握应用项目管理方法到发展创新项目管理实践，使项目管理不但有效支撑了被管理建设项目的建设，也通过成功的项目管理实践在电视工艺技术系统工程建设过程中发挥了重要作用。通过在项目管理过程中与专业的项目管理团队合作和学习，结合电视工艺技术系统工程建设的特点，通过对项目管理理论的融会贯通，将现代项目管理的理论和方法运用到广播电视工艺技术系统的工程建设中，探索总结出了一套全新的电视工艺技术系统工程建设的项目管理方法。为后续的电视工艺技术系统工程建设的项目管理，为全面实现广播电视工艺技术系统工程建设的专业化管理奠定了坚实的基础。

本书基于在电视工艺技术系统工程建设中项目管理的实施，对项目管理理论、管理方法和管理规章等方面进行了全面的论述。特别是在《管理工作手册》部分中汇集的项目管理过程中全部的业务管理流程，针对性较强，具有一定的实用性和参考价值。

本书编者希望书中由实际项目管理工作总结出的工作方法及工作流程能对我国电视中心工艺技术系统的工程建设与管理带来帮助，对整个广播电视领域在工程建设和业务运行等方面采用先进的项目管理手段起到促进和推动作用。

鸣　谢

《电视中心工艺技术系统建设》系列丛书终于出版了。

丛书的撰写编辑工作历时三年。期间有来自广播电视媒体行业的电视台、科研单位、设备生产制造厂家和系统设计集成厂家的专家和工程技术人员直接或间接参与了丛书的撰写和编辑工作，为丛书的出版做出了极大的贡献。

由于人数众多使我们难以将他们的名字在此逐一列出，《电视中心工艺技术系统建设》系列丛书编委会谨借丛书出版之际，向所有参与丛书撰写和编辑工作的专家和工程技术人员致以崇高的敬意和由衷的感谢。正是由于你们辛勤的努力，在各自承担着自身繁忙的业务工作的同时奉献出自己宝贵的业余时间参与丛书的撰写和编辑工作，才使本丛书的撰写、编辑和出版工作得以完成。

同时也向直接为丛书撰写、编辑和出版提供大力支持和协助的中央电视台、国家新闻出版广电总局广播电视规划院、中国电影电视技术学会网络与信息技术专业委员会、北京中视广信科技有限公司、北京中科大洋科技发展股份有限公司、国际商用机器（中国）有限公司表示诚挚的谢意。